中核集团核科学与技术研究生规划教材

反应堆高温力学及应用

戴守通　著

哈尔滨工程大学出版社

Harbin Engineering University Press

内 容 简 介

本书是面向新型高温反应堆研发设计的应用型高温力学前沿著作,主要包括高温蠕变疲劳基本理论、高温结构完整性评价及蠕变疲劳损伤寿命评价等内容。其中,高温蠕变疲劳基本理论包括蠕变本构模型构建、寿命外推以及疲劳断裂理论,尤其关注当今新型高温反应堆研发设计所面对的寿命问题;高温结构完整性评价包括弹性和非弹性评价方法及工程应用等;蠕变疲劳损伤寿命评价详细阐述了国内外高温反应堆设计规范关于结构与焊缝损伤评价方法、适用性和保守性等内容,给出了优化评价方法及工程实例。本书以高温蠕变疲劳基本理论为基础,以新型高温反应堆研发设计为导向,突出二者之间的逻辑关系,注重系统性和完整性,以适应我国新型高温反应堆工程研发设计的需要。

本书可供反应堆工程力学及相关专业研究生教学使用,也可供广大工程研究设计人员阅读参考。

图书在版编目(CIP)数据

反应堆高温力学及应用 / 戴守通著. -- 哈尔滨：
哈尔滨工程大学出版社,2024. 11. -- ISBN 978-7-5661
-4350-1

Ⅰ. TL32

中国国家版本馆 CIP 数据核字第 2024WD8511 号

反应堆高温力学及应用
FANYINGDUI GAOWEN LIXUE JI YINGYONG

选题策划	石 岭
责任编辑	宗盼盼
封面设计	李海波

出版发行	哈尔滨工程大学出版社
社 址	哈尔滨市南岗区南通大街 145 号
邮政编码	150001
发行电话	0451-82519328
传 真	0451-82519699
经 销	新华书店
印 刷	哈尔滨午阳印刷有限公司
开 本	787 mm×1 092 mm 1/16
印 张	14
字 数	331 千字
版 次	2024 年 11 月第 1 版
印 次	2024 年 11 月第 1 次印刷
书 号	ISBN 978-7-5661-4350-1
定 价	69.00 元

http://www.hrbeupress.com
E-mail:heupress@ hrbeu. edu. cn

前　　言

  我国新型高温反应堆如空间堆、熔盐堆等的研发设计逐步走向深入,其设计温度远高于常规反应堆,因此必须研发新型高温材料,采用新型结构设计及工艺方法,研究更为精确、合理的力学分析评价方法,才能满足高温反应堆运行寿命增加的需求。

  新型高温反应堆面临着许多需要攻关的关键技术,其结构失效模式也与常规反应堆有很大不同,由于现有材料数据和分析评价方法过分保守,其评价结果往往无法满足新型高温反应堆研发设计的要求,因此需要研究新的力学分析评价方法及评价规范。

  另外,高温蠕变疲劳损伤现象及其机理非常复杂,目前国内外学术界理论研究还不够全面和系统,迫切需要对相关领域进行深入研究,以适应我国新型高温反应堆研发设计战略的需要。

  目前,国内还没有出现全面系统地阐述高温反应堆、高温力学理论及工程应用的著作,著者结合自己10余年的新型高温反应堆研发设计经验和对其关键技术的深刻认识,以及国内外最新的研究进展,撰写了本书。

  本书以新型高温反应堆研发为导向,结合国内外高温力学研究领域的新进展,系统地阐述了高温反应堆结构蠕变疲劳基础理论、分析方法和工程案列。

  本书是基于新型高温反应堆研究设计对人才培养的需求而撰写的,不仅体现了著者对多年新型高温反应堆研发设计经验的总结,也反映了相关疑难问题和相关技术的思考。本书的出版得到了领导、朋友、同事及同人的大力支持和热心帮助,在此致以深深的谢意!

  鉴于著者水平有限,错误和不当之处再所难免,恳请广大读者多提宝贵意见和建议。

著　者

2024 年 9 月

目　　录

第 1 章　反应堆结构高温蠕变

　　当今世界,能源问题越来越紧张,使得环境问题越来越突出。所以,开发新能源和提高能源利用率是保护环境、节约资源的核心,也是践行可持续发展理念的重要举措。因此,核能、太阳能、风能等新能源技术在近年得到了长足的发展,诸多新能源工艺及装备均朝着高温、高压、大型化的方向发展。核能通过核反应释放能量,拥有能量密度高、运行维护成本低以及环境适应性好等诸多优点。核能已有近百年的发展历史,在能源领域占有重要地位。高温作为提高能源效率的重要指标,是未来核反应堆发展的必然趋势。但是,在高温环境下,由蠕变、疲劳等导致的材料性能大幅退化,很容易使构件损坏,造成严重后果和重大经济损失。因此,如何防范高温失效是高温设备安全运行的核心问题之一。

　　目前的第四代反应堆系统在持续性、安全性、可靠性、经济性、抑制核扩散与物理防护方面有明显的技术改善。新型高温反应堆的研发设计也愈发受到重视,与常规反应堆相比,新型高温反应堆的运行温度更高,运行工况更加苛刻,关键设备运行环境更加恶劣,高温失效现象也更为明显。反应堆高温结构的主要失效模式如蠕变、疲劳及其相互作用等,都与反应堆的寿命息息相关。因此,如何合理评估反应堆高温结构的寿命是高温反应堆研发设计的核心问题,其中蠕变疲劳损伤评价更是重中之重。

1.1　反应堆高温结构蠕变现象

　　反应堆设备大多在高温下运行,长期承受高温作用,将导致设备材料在持续载荷下产生缓慢累积的塑性变形。这类设备不仅包括炼油厂的加氢裂化装置、发电厂的动力锅炉部件、发动机的涡轮叶片,也包括反应堆压力容器以及其他高温部件。

　　使蠕变效应变得显著且必须考虑结构失效的温度称为蠕变温度。不同材料的蠕变温度相差较大。民用设计规范(如美国钢结构协会建筑规范和国际建筑规范)适用于室温或远低于蠕变温度的结构设计。承载构件通常受到拉、压、弯、剪、扭或其组合载荷,基本不涉及温度载荷。世界压力容器设计规范(如美国《ASME 锅炉及压力容器规范》、英国 R5 规程和欧洲标准 BS EN-13445)规定的容器设计适用温度都远远超过了蠕变温度,显然,蠕变损伤是主要的结构失效模式。显然,蠕变状态下的温度和加载条件应符合相关的压力容器设计规范。

　　通常所说的高温只是相对室温而言的,并没有明确的数值界限,设计温度从常规反应堆的 350 ℃ 到新型反应堆的 600 ℃ 乃至更高,都称为高温。美国的常规核电规范 ASME-Ⅲ分卷对材料的最高设计温度进行了界定:铁素体的最高设计温度为 371 ℃,奥氏体和镍基合金的最高设计温度为 427 ℃。显然,这些温度是以蠕变温度为基准的,也就是说,通常情况下,核反应堆工程所说的高温,是以是否需要考虑蠕变效应为基准界定的。而 ASME-Ⅲ-5 则是关于设计温度明显超过材料蠕变温度的规范。蠕变效应是结构设计必须考虑的重要失效模式,与反应堆寿命评价密切相关。故而常规核反应堆设计规范所规定的设计温度范围必须向更大范围延伸。

美国 ASME-Ⅲ-5 非强制性附录 HBBT 对可选材料的最高设计温度进行了界定:304 型和 316 型奥氏体不锈钢的最高设计温度为 816 ℃,2.25Cr-1Mo 低合金钢的最高设计温度为816 ℃,Ni-Fe-Cr 的最高设计温度为 760 ℃,镍基合金的最高设计温度为 566 ℃。显然,高温反应堆规范使常规反应堆规范的温度范围得到了必要的延伸,从而能够适用于更高温度的新型反应堆结构设计。

表 1-1-1 给出了几种高温材料结构设计时需要考虑的蠕变温度,该温度源于美国《ASME 锅炉及压力容器规范》,具体为蠕变特性开始控制许用应力时的温度。在不同的化学成分和失效模式下,这些蠕变温度可能会有较大的变化。

表 1-1-1　几种高温材料结构设计时需要考虑的蠕变温度

材料	蠕变温度/℃	材料	蠕变温度/℃
碳基低合金钢	370~480	铜合金	150
不锈钢	425~535	镍合金	480~595
铝合金	150	锑锆合金	315~345
铅	室温		

假定材料性能不会因工艺条件的不同而退化(退化对蠕变和断裂性能有显著影响)。另外,腐蚀、核辐射等环境影响也可能对合金的蠕变断裂有很大影响,设计者必须依靠工程经验和实验数据来补充理论分析的不足。

蠕变是材料在给定温度和载荷作用下,变形随时间变化而持续累积的现象。虽然从概念上讲,如果时间足够长,在任何应力水平和温度下都会发生蠕变,但在金属结构的工程应用上,蠕变效应何时变得重要,是有成熟方法可以确定的。在冶金学上,蠕变与金属微观粒子的产生和运动(位错、空腔、晶界滑动和扩散传质)有关,关于此类问题有大量的研究文献,但对于工程师来说,设计出可靠的高温结构部件并不需要掌握详细的冶金性能,需要的是对蠕变宏观特征的充分理解,以及如何制定高温部件的设计规则,从而防范结构蠕变失效。

是否存在显著的蠕变效应是高温材料性能的重要特征。考虑单轴拉伸在给定温度下承受恒定载荷的试样,如图 1-1-1(a)所示,如果温度足够低,则没有明显的蠕变,应力和应变在加载瞬间即达到最大值,只要载荷保持不变,应力和应变则不会变化。也就是说,应力和应变与时间无关。

但是,如果试样温度较高,足以产生显著的蠕变效应,应变则会随着时间的推移而增加。除了与时间有关外,应变还与温度和载荷有关,试样最终会发生断裂,如图 1-1-1(b)所示。

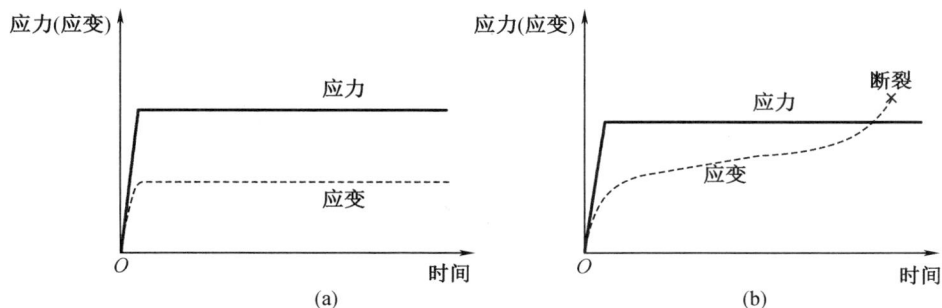

图 1-1-1 不同温度下载荷控制的加载

除了上述载荷保持恒定的情况外,还有试样被拉伸到恒定位移并保持位移不变的情况,此时,如果温度足够低,则没有明显的蠕变,应力和应变都是恒定的(图 1-1-2 中的曲线①);如果温度高到足以产生显著的蠕变,则应力将松弛(图 1-1-2 中的曲线③),而应变保持恒定(图 1-1-2 中的曲线⑤)。图 1-1-2 中,曲线①所示的行为与时间无关,曲线③所示的行为则与时间相关。

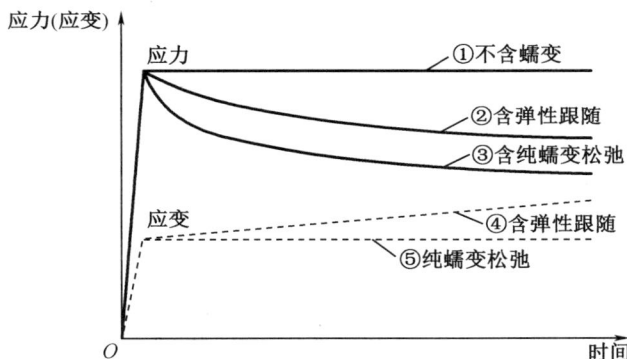

图 1-1-2 高温下变形控制的加载

此外,还要注意在恒定载荷和恒定位移作用下结构响应的差异。恒定载荷的情况称为载荷控制,应力不发生松弛,在高温下,应变将会增加,直到试样断裂。高压容器中的薄膜应力是载荷控制应力的一个典型例子。恒定位移的情况称为变形控制,应变是恒定的,应力松弛降低而不引起试样断裂。核容器中由温度分布引起的某些应力即为变形控制应力的一个典型例子。

载荷控制的应力经过一次持续加载即可导致试样断裂失效,而变形控制的应力通常需要经过反复加载才能导致试样断裂失效。然而,由于应力和应变的二次分布效应,实际的结构失效行为更为复杂。例如,如果含弹性跟随,则应力松弛将变慢,而应变将会增加,如图 1-1-2 中的曲线②和曲线④所示。因此,根据影响的大小,弹性跟随可以使变形控制的应力特征接近载荷控制的应力特征。载荷控制响应和位移控制响应之间的区别,以及弹性跟随响应的作用,或者通俗地说,随时间变化的应力和应变的二次分布,是开发和实施高温设计标准的核心。

1.2 高温蠕变行为的主要影响因素

在一定应力下,一个单向拉伸试样的蠕变变形随时间变化的速率与温度、应力、时间、组织状态有关。材料的蠕变行为主要通过本构模型来描述。本构模型需包含蠕变的主要影响因素,一般可以使用如下形式的方程表示:

$$\varepsilon = f(\sigma, t, T, S) \tag{1-2-1}$$

式中,σ 为应力;t 为时间;T 为温度;S 为材料结构因子;ε 为蠕变变形量。

一般来说,对特定的材料,蠕变实验都是对特定的试样进行的,所以材料结构因子 S 往往可以忽视,且很多实验证明,在特定材料的一定温度和应力范围内,式(1-2-1)可以分离为应力、时间、温度函数的乘积,即

$$\varepsilon = f_1(t) f_2(T) f_3(\sigma) \tag{1-2-2}$$

式中,$f_1(t)$、$f_2(T)$ 和 $f_3(\sigma)$ 分别称为蠕变的时间律、温度律和应力律。

蠕变行为的主要影响因素为时间、温度和应力,次要影响因素为相变等。

1. 时间对蠕变行为的影响

时间对蠕变行为的影响因材料、应力、温度而有所不同,可以用经验公式或理论公式表示,不同的公式的适用范围和机制有所不同。由于工程应用中以蠕变第一、二阶段为主,因此人们对蠕变第三阶段经验公式的研究不多。时间对蠕变行为影响的部分经验公式和适用范围见表 1-2-1,理论公式和适用范围见表 1-2-2。

表 1-2-1　时间对蠕变行为影响的部分经验公式和适用范围

经验公式	适用范围
Andrade 公式:$f_1(t) = (1 + bt^{1/3}) e^{kt} - 1$	蠕变第一阶段
Bailey 公式:$f_1(t) = Ft^n (1/3 \leq n \leq 1/2)$	蠕变第一阶段
Mc Vetty 公式:$f_1(t) = G(1 - be^{-qt}) + Ht$	蠕变第一、二阶段
Graham 公式:$f_1(t) = \sum a_i t^{m_i}$	蠕变第一、二阶段

表 1-2-2　时间对蠕变行为影响的理论公式和适用范围

理论公式	适用范围
MC-Cance 公式:$\varepsilon = b\ln\left(1 + \sqrt{\dfrac{t}{t_0}}\right) + B\ln\left(1 - \dfrac{t}{t_0}\right)$	扩散
Orowan 公式:$t = \dfrac{T_0}{2BC}\left(\varepsilon e^{\frac{Bh^2\varepsilon^2}{T_a}} - \int e^{\frac{Bh^2\varepsilon^2}{T_a}} d\varepsilon\right)$	位错
Smith 公式:$\dot{\varepsilon} = bf_0 kT \dfrac{1 - e^{-ct}}{t}$	位错

2. 温度对蠕变行为的影响

温度对蠕变行为的影响主要体现在两个方面:一方面是温度可以直接影响材料常数;另一方面是温度会影响材料的变形机制。在恒定应力下,当温度小于 $0.4T_m$(T_m 为材料的熔点温度)时,滑移是变形的主导作用,而随着变形的增大,蠕变速率逐渐减小,应变硬化增强,进而导致阻止位错运动的障碍增加。当温度为 $0.4T_m \sim 0.5T_m$ 时,会出现恢复蠕变,应变硬化则会逐渐减弱。当温度达到 $0.6T_m$ 时,恢复蠕变进一步加强,基本完全抵消原先的应变硬化。稳态蠕变阶段即为应变硬化与恢复蠕变达到平衡的阶段。当温度为 $0.8T_m$ 以上时,基本是纯扩散蠕变,在工程中基本没有应用,一般不做讨论。

一定温度下,上述变形机制在蠕变过程中可以通过热激活运动的公式描述。显然,蠕变与温度之间的关系为

$$\dot{\varepsilon} = \sum_i f_i(\sigma, T, S) e^{-U_i(\sigma, T, S)} \tag{1-2-3}$$

式中,$\dot{\varepsilon}$ 为蠕变变形速率;$f_i(\sigma, T, S)$ 为频率因子;$U_i(\sigma, T, S)$ 为蠕变激活能。

在不同温度区域,一般只存在一种热激活过程,且蠕变本构中的系数项对温度的依赖关系远比指数项小,因此在某一温度范围内有

$$\varepsilon = f e^{-U/kT} \tag{1-2-4}$$

式中,U 为蠕变激活能;k 为与材料特性和应力有关的常数。

进一步有

$$\dot{\varepsilon} = A e^{-Q_c} \tag{1-2-5}$$

式中,Q_c 为蠕变表观激活能;A 为与材料特性和应力有关的常数。式(1-2-5)即为 Arrhenius 公式。

温度对蠕变行为的影响规律中,蠕变激活能与温度存在一定关系,但在一定温度范围内蠕变激活能不变。实际上根据需求做恒温蠕变实验,即可得到材料更多的实验数据,而无须使用温度规律。虽然温度规律在常规工程蠕变本构的应用中价值有限,但其研究对高温反应堆仍有很高的价值,因为蠕变激活能一方面可以揭示蠕变行为的物理机制,另一方面为发展抗蠕变材料和缩短蠕变实验时间的方法奠定了理论基础。另外,在超高温反应堆设计中,得到所有高温下的蠕变行为规律非常困难且代价非常大。因此从相对高温下的蠕变行为规律得到更高温度下的蠕变行为规律具有重要意义,也就是说,蠕变行为的温度规律具有很大的工程价值。

3. 应力对蠕变行为的影响

应力对蠕变行为的影响主要表现在稳态蠕变阶段。在不同的应力和温度范围内,应力作用的效果也不同。应力对蠕变行为的影响规律的部分经验公式和理论公式见表1-2-3。

表1-2-3 应力对蠕变行为的影响规律的部分经验公式和理论公式

经验公式	理论公式
Norton 公式:$f_3(\sigma) = K\sigma^m$	Францевич 公式:$\dot{\varepsilon} \propto e^{-A(\sigma_R - \sigma)^2}$

表 1-2-3（续）

经验公式	理论公式
Mc Vetty 公式：$f_3(\sigma)=A\sinh\dfrac{\sigma}{\sigma_0}$	Kauzmann 公式：$\dot{\varepsilon}\propto\sinh(A\tau)$
Dorn 公式：$f_3(\sigma)=Ce^{\frac{\sigma}{\sigma_0}}$	—
Johnson 公式：$f_3(\sigma)=D_1\sigma^{m_1}+D_2\sigma^{m_2}$	—
Garofalo 公式：$f_3(\sigma)=A\left(\dfrac{\sinh\sigma}{\sigma_0}\right)^{m}$	—

可见，理论公式与相应的经验公式的形式相似。根据不同情况和需求，将以上的不同规律组合，可以得到不同的蠕变本构模型。

描述蠕变第一、二阶段的经典 Norton-Bailey 本构模型为

$$\varepsilon=f_1(t)f_2(T)=A\sigma^n t^m \tag{1-2-6}$$

考虑时间硬化效应和应变硬化效应，可以得到时间硬化模型和应变硬化模型分别为

$$\dot{\varepsilon}=A_1\sigma^{n_1}t^{m_1} \tag{1-2-7}$$

$$\dot{\varepsilon}=A_2\sigma^{n_2}\varepsilon^{m_2} \tag{1-2-8}$$

Norton-Bailey 本构模型结构简单，需要拟合的参数较少，对蠕变行为的描述效果较好，是当前应用最广泛的蠕变本构模型。当然，也有部分蠕变模型的拟合效果比 Norton-Bailey 本构模型更准确，但其缺点是需要拟合的参数过多，一方面需要获取大量符合需求的实验数据，另一方面拟合过程过于复杂，且往往还具有较高的敏感性，只能适用于部分特殊情况，在工程实际中很难推广应用。

以上所述的诸多公式，基本都能对蠕变第一、二阶段进行描述，部分也可以扩展到第三阶段，但由于第三阶段蠕变损伤以及裂纹的快速生长与第一、二阶段的蠕变机制存在很大不同，因此描述效果很差。

θ 投影模型是典型的蠕变第三阶段模型，其认为金属材料的蠕变过程由蠕变第一阶段的应变硬化和第三阶段的应变软化过程组成，没有第二阶段，表达式如下：

$$\varepsilon_c=\theta_1(1-e^{-\theta_2 t})+\theta_3(e^{\theta_4 t}-1) \tag{1-2-9}$$

式中，ε_c 为蠕变应变；θ_1 和 θ_3 分别是第一、三阶段的应变速率；θ_2 和 θ_4 分别是第一、三阶段的应变速率。$\theta_i(i=1,2,3,4)$ 与应力和温度存在一定关系：

$$\theta_i=a_i+b_i T+c_i\sigma+d_i T\sigma \tag{1-2-10}$$

式中，a_i、b_i、c_i 和 d_i 均为材料参数。

θ 投影模型可以通过较短时间内的蠕变行为拟合，成功描述较大范围的蠕变行为且精度较高，但在实际应用中，在确定复杂部件的 θ_i 时尚存在很多问题，材料参数的拟合也比较困难，因此其应用范围有限。

4. 相变对蠕变行为的影响

浙江工业大学的一篇博士论文对 SA508-Ⅲ钢的蠕变机理及本构模型进行了详细的研究。其结合 SA508-Ⅲ钢等温奥氏体相变动力学,建立了相变阶段的材料模型,成功预测了材料在相变阶段的蠕变行为。

相变前,SA508-Ⅲ钢的蠕变行为可根据规则化应力 $[\sigma/\sigma_T(\sigma_T$ 为材料在测试温度下的抗拉强度)] 分为三个应力区,即低应力区 $(\sigma/\sigma_T \leqslant 0.25)$、中应力区 $(0.25<\sigma/\sigma_T<0.5)$ 和高应力区 $(0.5 \leqslant \sigma/\sigma_T)$,其应力指数和蠕变激活能分别对应晶界滑移(GBS)、晶内位错攀移(IDC)和位错滑移(IDG)机制。人们通过获得的材料常数和模型参数,建立了相变前温度区间的 DMTS 蠕变模型,给出的稳态蠕变速率和蠕变曲线与实验值有较好的符合性,并在该温度区间,DMTS 蠕变模型较好地预测了材料的特定蠕变应变时间和蠕变断裂寿命。

相变后,不同温度下 SA508-Ⅲ钢的稳态蠕变速率与规则化应力分布较为集中,无明显的温度单调性,并且无明显的应力分区现象。通过对该温度区间的应力指数和微观分析,判断该温度区间的主导变形机制为晶界滑移机制。在此基础上,结合奥氏体等温长大模型,采用加入了晶粒尺寸和应力阈值效应的改进型 DMTS 蠕变模型,对该温度区间的稳态蠕变速率和蠕变曲线进行了建模分析,并给出了较好的蠕变应变时间和蠕变断裂寿命预测结果。

在相变阶段,由于存在铁素体和奥氏体双相共存的现象,因此考虑了根据双相体积分数建立该温度区间的蠕变模型。通过基于 JMA 方程的等温奥氏体相变动力学,可获得 SA508-Ⅲ钢相变阶段的奥氏体转化率。根据相变前 DMTS 蠕变模型(铁素体)和相变后改进型 DMTS 蠕变模型(奥氏体),结合等温奥氏体相变转化规律,建立相变阶段的蠕变模型,并给出稳态蠕变速率和蠕变曲线较好的预测结果。

1.3　高温蠕变微观机理及断裂机制

高温蠕变力学分析所面对的结构失效模式,如蠕变变形、蠕变屈曲、蠕变松弛等,都属于宏观范畴的概念,而宏观力学性能是基于工程评价的角度提出的。显然,宏观力学性能的变化可以追溯到材料微观性能的变化,或者说,高温结构宏观力学性能的变化是由材料微观性能的退化或转变导致的。因此,高温结构宏观力学性能的研究,必须从高温材料微观性能的机理研究开始。

1. 蠕变微观机理

高温下金属材料蠕变是多种机制共同及相互作用的结果,这一点可以从变形和断裂两个角度进行说明。

蠕变变形的主要机制分为三种,即扩散蠕变、位错蠕变和晶界蠕变。在温度很高且应力很低时,应力会导致空位浓度不同,形成空位浓度梯度进而引发空位扩散,在与空位流相反方向产生原子扩散,最终导致材料变形。此类变形主要由应力作用下的空位、原子等定向流动造成,蠕变速率与应力成正比,被称为扩散蠕变。在高温情况下,热激活过程较为活跃,位错可以借助外应力和热激活的共同作用越过障碍滑移进而导致变形;部分位错可以通过原子扩散向垂直于滑移面的方向攀移进而导致变形,此类变形主要由位错移动造成,被称为位错蠕变。在高于一定温度时,晶界两侧晶体可以在切应力作用下发生相对运动,产生晶界滑动进而导致变形,此类变形由晶界滑动造成,被称为晶界蠕变。

目前蠕变断裂主要通过孔洞的形核、长大和合并来解释,其中孔洞长大一般在材料蠕变失效中占据主导地位。从微观上看,材料中总存在一定的缺陷,如空位、位错等,部分观点认为,高温下空位的扩散和凝聚导致孔洞形核。孔洞长大机理主要分为三种:当应变率或应力水平较低及孔洞较小时,孔洞吸收沿着晶界扩散的空位而长大,即扩散控制孔洞长大;当应变速率较高及孔洞较大时,孔洞周围材料的塑性变形使孔洞长大,即塑性控制孔洞长大;当应力水平较低且孔洞区域变形速率超过周围材料变形速率时,孔洞生长速率会受到约束,即受约束孔洞长大。孔洞合并即部分已有孔洞互相连接形成较大的孔洞,最终导致蠕变断裂失效。

可见,蠕变是一种复杂的时间效应,受材料、应力、温度及时间的共同影响。严格来说,金属材料在任意温度下都会有蠕变的可能,但对反应堆结构而言,低温环境下蠕变现象不是很明显,其对材料性能退化造成的影响可以忽略;而温度较高时(大于金属熔点的30%),蠕变现象就较为显著,且在温度升高的过程中,材料的强度极限会逐渐降低,常温下金属强化手段的效果也会减弱。

Dyson 在前人的研究基础上并结合大量的蠕变实验,归纳总结了各种微结构演化行为对蠕变损伤的影响,提出了基于物理本质的蠕变损伤本构模型,并将损伤项耦合进连续介质蠕变损伤力学(continuum creep damage mechanics,CDM)模型,建立了基于连续介质蠕变损伤力学模型预测蠕变寿命的统一框架。这些由微观结构演化造成的损伤项主要包括以下五类。

(1)位错运动

位错是一种晶体线缺陷,其演化行为主要包括萌生、增殖和湮灭;其运动方式主要是滑移、攀移和交滑移,且攀移总是伴随着点缺陷运输。在蠕变第一阶段,位错通过滑移的方式越过障碍处形成位错堆积。在蠕变第二阶段,位错通过攀移和滑移运动大量增殖与湮灭,这是形成亚结构、小角度晶界等面缺陷以及材料微裂纹形核的主要诱因。

(2)亚结构形成与多边形化

在蠕变第二阶段,晶体内部形变及应力均出现各向异性,初生奥氏体晶粒在应力作用下被切分或碎化,并与大量位错缠结凝聚,形成亚晶界或亚晶粒,破坏了原本的晶粒结构。

(3)第二相粒子粗化与聚集

在蠕变第一阶段,析出相粒子能够对位错运动起到有效的钉扎作用,在宏观上表现为材料的应变强化;在稳态蠕变阶段,析出相粒子密度增大,能起到固溶强化作用,对提高金属材料抵抗蠕变的性能具有重要意义。而在蠕变第三阶段,随着析出相粒子的粗化,第二相粒子间距增大,密度降低,从而降低了对位错的吸收和钉扎的有效性,并导致晶界处孔洞的形成,宏观表现为材料蠕变抵抗能力急剧下降。

（4）溶质原子贫化

在蠕变加速阶段，随着第二相粒子的大量析出，通过固溶强化作用添加到合金中用于增强材料蠕变抗性的合金元素会发生迁移和再分布，宏观上造成材料持久强度快速下降。

（5）孔洞、微裂纹形成与长大

孔洞形核核心一般有两类，一类是原始晶格中的空位或杂质，另一类是蠕变过程中析出相粒子的周围以及亚晶界处。孔洞在晶界形核后，在外部应力作用下不断长大或者聚集，互相联结形成微裂纹，微裂纹进一步扩展导致宏观裂纹的出现，造成材料最终断裂失效。

2. 蠕变断裂机制

由图1-3-1可以确定金属材料在既定温度或者应力下的蠕变断裂机制。P91钢是一种由第二相粒子弥散强化的钢种，在双对数坐标系中，由外部应力 σ 与 Orowan 应力 σ_{Orowan} 的大小关系可知，稳态蠕变速率 $\dot{\varepsilon}_{\text{m}}$ 是外部应力 σ 的分段函数。

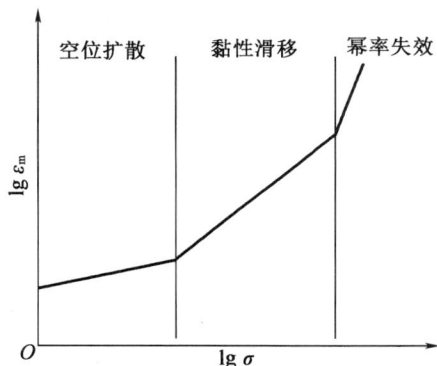

图1-3-1　稳态蠕变速率与外部应力的关系

Norton 幂律本构方程为

$$\dot{\varepsilon}_{\text{m}} = A\sigma^n, \lg \dot{\varepsilon}_{\text{m}} = n\lg \sigma + \lg A \qquad (1-3-1)$$

（1）当外部应力 σ 很小时，应力指数 $n=1$，$\varepsilon_{\text{m}} \propto \sigma$，空位扩散蠕变机制为主导，蠕变速率由晶格扩散控制。

（2）当外部应力 $\sigma < \sigma_{\text{Orowan}}$ 时，$n=3\sim9$，$\varepsilon_{\text{m}} \propto \sigma^n$，位错蠕变机制（位错以攀移、交滑移或黏性滑移的方式越过第二相粒子）为主导，蠕变速率仍由晶格扩散控制。

（3）当外部应力 $\sigma > \sigma_{\text{Orowan}}$ 时，$n=11\sim40$，此时，位错按照 Orowan 机制绕过第二相粒子，$\lg \varepsilon_{\text{m}}$、$\lg \sigma$ 之间不再是线性关系，出现幂律失效现象。

此时的蠕变机制较为复杂，以位错蠕变和晶界蠕变机制为主导，蠕变速率由管道扩散的方式来控制，n 一般大于11。600 ℃时，9Cr-1Mo 钢在高应力范围内，蠕变变形机制是由刃型位错的攀移速率控制的，此时应力指数 $n=3\sim7$。

1.4　蠕变曲线与等时应力-应变曲线

1. 蠕变曲线

单轴蠕变应变随时间变化的曲线即蠕变曲线。蠕变曲线可表征蠕变变形特性。蠕变特性分为单轴和多轴两种情况。在实际工程中,构件一般处于多轴应力状态,但多轴蠕变实验较为复杂、实验设备要求高且成本高,直接表征多轴蠕变行为是不现实的,而通过单轴蠕变实验得到蠕变曲线则相对较为容易实现,所以,实验室普遍通过单轴蠕变实验研究材料的蠕变特性。

单轴蠕变的特点与材料种类、应力、温度有关。典型的单轴蠕变曲线如图 1-4-1 所示。其中,OA 段为初始弹性应变,蠕变尚未发生。在很多蠕变曲线中,弹性部分均占比较小,一般情况下都可以直接忽略不做讨论。在实验数据处理中,弹性应变数据也往往可以被扣除,得到纯粹的蠕变应变数据。从蠕变速率变化上区分,蠕变一般可分为减速蠕变阶段、恒速蠕变阶段和加速蠕变阶段。

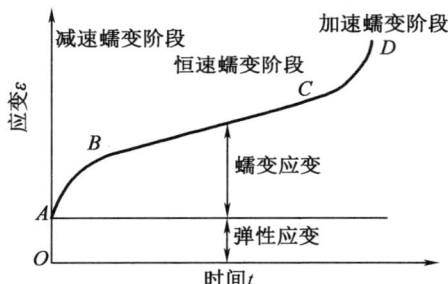

图 1-4-1　典型的单轴蠕变曲线

蠕变第一阶段 AB 段为减速蠕变阶段:材料产生硬化,以抵抗外来蠕变,图线上表现为蠕变速率不断降低。

蠕变第二阶段 BC 段为恒速蠕变阶段:材料对外载荷的抵抗能力与加载能力持平,图线上表现为蠕变速率保持恒定。

蠕变第三阶段 CD 段为加速蠕变阶段:随着外载荷的持续作用,材料对外载荷的抵抗能力快速下降,图线上表现为蠕变速率快速增加,并最终导致材料快速断裂。

金属材料高温蠕变过程的宏观表现与材料微观结构演化密切相关,如图 1-4-2 所示。可见,在第一阶段(减速蠕变阶段,即应变强化阶段),主要机制为位错滑移,其蠕变应变速率逐渐降至最低时,进入第二阶段(恒速蠕变阶段),材料微观表现为亚结构形成与多变形化,伴随位错增殖和攀移运动。对大多数金属材料来说,恒速蠕变易于描述,在科研及工程中被广泛应用,是蠕变实验的主要对象。当恒速蠕变阶段维持一定时间后,即进入第三阶段(加速蠕变阶段),材料在该阶段析出物粗化并聚集,溶质原子贫化,孔洞、微裂纹形成并长大。进入第三阶段后,蠕变应变速率开始迅速增大,并很快导致材料断裂。

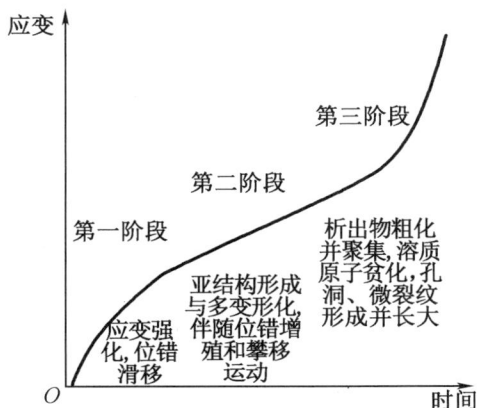

图1-4-2　金属材料高温蠕变过程与材料微观结构演化

材料、实验温度和应力复杂多样,一般情况下,蠕变曲线都符合上述三阶段的特性。在温度较高且应力较大时,第二阶段持续时间较短,甚至几乎没有第二阶段的恒速蠕变阶段,而是由第一阶段减速蠕变阶段直接跨越到第三阶段加速蠕变阶段。在温度较低且应力较小时,第二阶段持续时间较长。而对于某些材料,如超高温情况下的某些镍基合金,第一和第二阶段蠕变几乎可以忽略不计,整个实验几乎都处于第三阶段蠕变[图1-4-3(a)],在此类情况下,工程上一般采用最小蠕变速率来代替恒速蠕变速率。而在应力较低的情况下,蠕变实验则可能表现为前两个阶段持续时间较长,迟迟无法进入第三阶段。

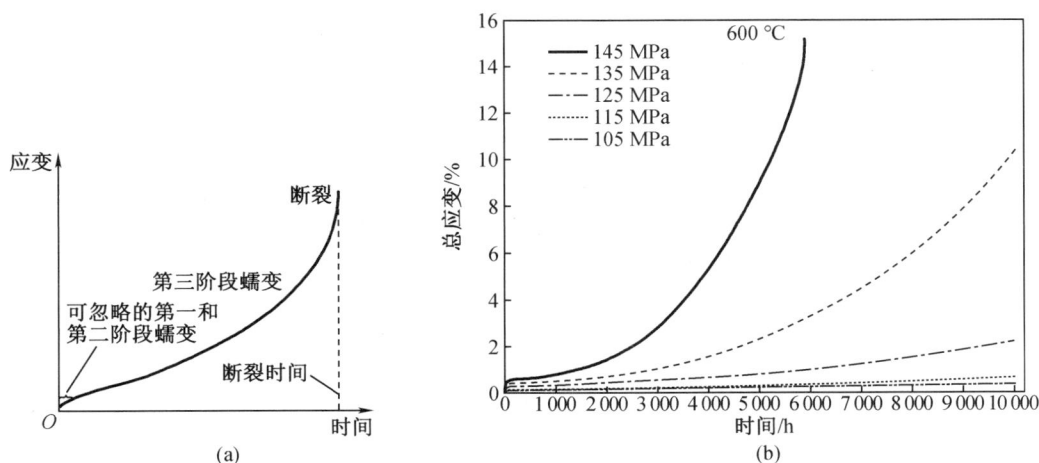

图1-4-3　某不锈钢在600 ℃不同应力水平下的蠕变曲线

图1-4-3(b)为某不锈钢在600 ℃下的蠕变曲线,实验测试共布置105 MPa、115 MPa、125 MPa、135 MPa、145 MPa 5个应力点。600 ℃下蠕变应力低于该温度下材料的屈服强度,因此初始弹性应变占比较小,蠕变应变占主要部分。在145 MPa高应力下,试样很快进入加速蠕变阶段,至6 000 h左右时试样断裂;在135 MPa应力下,蠕变10 000 h后明显进

入加速蠕变阶段。这两种情况的蠕变曲线虽然都包含了完整的第一、第二和第三阶段蠕变,但第一、第二阶段时间特别短,可以忽略。但在 105 MPa、115 MPa、125 MPa 的三挡较低应力下,蠕变 10 000 h 后,也没有出现明显的加速蠕变阶段特征,说明蠕变第一、第二阶段时间较长。

2. 等时应力-应变曲线

表征蠕变特性的另一种形式是等时应力-应变曲线,这也需要一系列复杂的实验和数据处理过程。

从表面上看,等时应力-应变曲线类似于传统的应力-应变曲线,其横坐标的应变是在给定时间内由纵坐标的应力所产生的,通常绘制为某温度下的一系列的应力-应变曲线,每条曲线对应一个确定的蠕变时间,这些曲线是由某应力水平下的多条单向拉伸蠕变曲线取应变平均值而得到的,故称平均等时应力-应变曲线。316H 不锈钢在 30 000 h、677 ℃下的平均等时应力-应变曲线如图 1-4-4 所示。

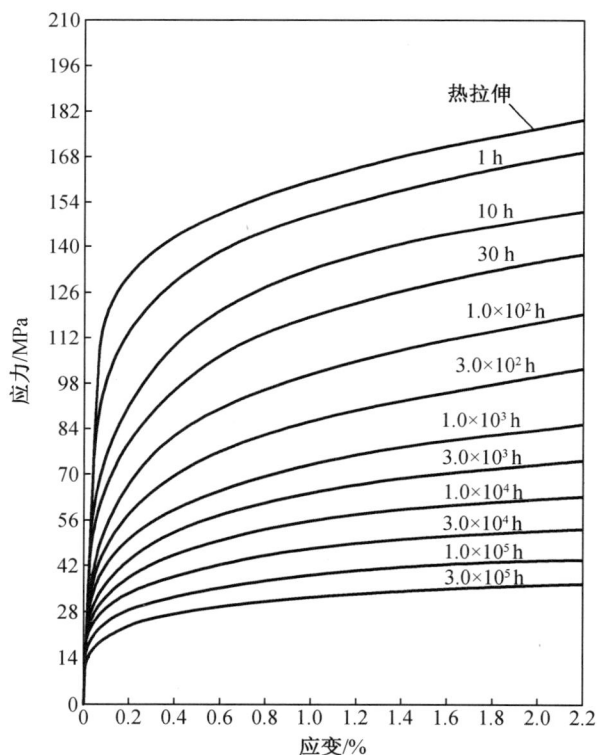

图 1-4-4 316H 不锈钢在 30 000 h、667 ℃下的平均等时应力-应变曲线

从理论上讲,应力-应变曲线可以直接通过数据绘制出来,但这些曲线通常是从蠕变规律中生成的,而蠕变规律又从蠕变实验中得到,并将恒定温度下的应力、应变和时间联系起来。

等时应力-应变曲线在高温结构设计中非常有用,在某些情况下,它们可以作传统的应力-应变曲线使用,如评估屈曲和不稳定性,并可作为近似累积应变的手段。

材料在任何温度和时间下的等时应力-应变曲线均可以用剩余寿命法来构造。等时应力-应变曲线是弹性、塑性和蠕变的复合曲线，下面对其有关构造方程式进行详细说明。

高温环境下运行工作的结构的总应变 ε_t 可表示为弹性应变 ε_e、塑性应变 ε_p 和蠕变应变 ε_c 之和，即

$$\varepsilon_t = \varepsilon_e + \varepsilon_p + \varepsilon_c \tag{1-4-1}$$

弹性应变 ε_e 为

$$\varepsilon_e = \varepsilon/E \tag{1-4-2}$$

式中，E 为弹性模量。

ε_p' 定义为

$$\varepsilon_p' = \gamma_1 + \gamma_2 \tag{1-4-3}$$

γ_1 和 γ_2 的表达式相当长，可表示为包含屈服应力和抗拉强度等许多常数的函数。γ_1 表达式可用各种常数表示为

$$\gamma_1 = 0.5(\sigma_t/\alpha_1)^{1+(1/m_1)}\{1-\tanh[2(\sigma_t-\alpha_2)/\alpha_3]\}$$

式中，σ_t 为总应力；$m_1 = \dfrac{\ln R + (\varepsilon_p' - \varepsilon_{ys})}{\ln\left[\dfrac{\ln(1+\varepsilon_p')}{\ln(1+\varepsilon_{ys})}\right]}$，其中 $R = \sigma_{ys}/\sigma_u$（σ_{ys} 为屈服极限，σ_u 为抗拉极限），

ε_{ys} 为屈服应变；$\alpha_1 = \dfrac{[\sigma_{ys}(1+\varepsilon_{ys})]}{[\ln(1+\varepsilon_{ys})]^{m_1}}$；$\alpha_2 = \sigma_{ys} + K(\sigma_u - \sigma_{ys})$，其中 $K = 1.5R^{1.5} - 0.5R^{2.5} - R^{3.5}$；

$\alpha_3 = K(\sigma_u - \sigma_{ys})$

同理，γ_2 可表示为

$$\gamma_2 = 0.5(\sigma_t/\alpha_4)^{1+(1/m_2)}\{1+\tanh[2(\sigma_t-\alpha_2)/\alpha_3]\}$$

式中

$$\alpha_4 = \frac{\sigma_u \exp m_2}{m_2}$$

材料参数 ε_p' 和 m_2 都是有温度限制的。

蠕变应变 ε_c 可通过下列公式得到：

$$\varepsilon_c = -\frac{1}{\Omega}\ln(1 - \dot{\varepsilon}_{co}\Omega t) \tag{1-4-4}$$

式中，$\Omega = \dfrac{\partial \ln \dot{\varepsilon}}{\partial \varepsilon} = m + p + c$，其中 $\dot{\varepsilon} = \varepsilon_{co}\exp[\varepsilon(m+p+c)]$（$p$ 为微结构损伤因子，c 为参数，m 为与应力应变有关的诺顿应力指数修正值，ε_{co} 为内部应变）。

由式(1-4-1)可得到等时应力-应变曲线，其中，ε_e 由式(1-4-2)得到，ε_p 由式(1-4-3)得到。

1.5　国内外高温蠕变研究现状

蠕变是材料在一定温度、一定恒定持续应力作用下产生并随时间缓慢累积的塑性变形的现象。对于金属材料,蠕变是材料高温强度的核心问题,早在18世纪人们就注意到了蠕变现象,并对其进行了大量研究。无论是实验研究还是理论研究,最终的落点都是得到能够精确描述材料蠕变变形行为的本构模型,具体而言就是蠕变变形与时间的函数关系,再通过本构模型预测材料的蠕变行为,进而评价结构的蠕变寿命。可见,蠕变本构模型研究是高温蠕变研究的核心内容。

蠕变本构模型种类繁杂,研究方向多种多样,根据研究角度的不同,可以分为宏观唯象本构模型研究和微观机制本构模型研究。在蠕变本构模型研究发展的过程中,微观角度与宏观角度相辅相成。蠕变本构模型研究根据蠕变因素相互耦合作用的分析方式的不同,可以分为分离型本构模型研究和统一型本构模型研究。分离型本构模型研究进行了较大的简化假设,因而简单易行,在工程上使用较多;统一型本构模型研究不做过多简化假设,因而过于复杂,尚不具备普遍适用价值。下面分别对上述本构模型研究进行具体阐述,并对蠕变模型优化研究进行讨论。

1. 宏观唯象本构模型研究

由于条件限制,早期研究的本构模型多以宏观唯象本构模型和分离型本构模型为主。1910年,Andrade首次提出了蠕变的概念,指出了典型的三阶段蠕变曲线,并给出了与时间相关的经验公式,描述了部分曲线。1929年,Norton在对长期工作进行整理后,提出了描述蠕变第二阶段的经典Norton模型,该模型简单实用,其他模型大多是在此基础上建立和修正的。1935年,Bailey提出了Bailey模型,并将其与Norton模型相结合,提出了描述蠕变第一阶段的Norton-Bailey模型,该模型是代表性最强、应用最广泛的蠕变本构模型,时至今日,许多工程设计规范都在使用。其他应用较为广泛的蠕变本构模型有Mc Vetty模型、Graham模型和Garofalo模型等。

21世纪以来,受科学技术发展的影响,唯象本构模型研究中出现了大量非线性科学的内容,如分形几何、人工神经网络等理论。Mandelbrot指出,金属断裂表面具有统计的自相似性质,可视为一种分形结构,并提出小岛法求得分形维数 D_f。仪建章等采用垂直剖面法分析高温循环蠕变性能的关系,结果表明,断裂应变 ε_f 随着分形维数 D_f 的增加呈线性增长趋势,并推导出了最小蠕变速率 ε_{min}、时间 t_f 与分形维数 D_f 的经验关系式,且根据蠕变实验结果直接推断出断裂时间。分形几何方法通过分形维数 D_f 描述分形结构的断裂表面的粗糙度,其取决于金属的微观结构,与材料的力学性质存在相关关系,因此,通过对断裂面的分形研究,可以了解材料的结构、组织和力学性能。

美国伊利诺伊大学学者Warren和Walter提出了简单的神经网络模型,指出了人脑中的神经细胞本质上是一种可进行逻辑计算的元件,因此,可以用人工网络来模拟人脑的神经行为。随着计算机技术的发展,人工神经网络的研究愈发深入,在各个领域被广泛应用。

国内将人工神经网络应用于蠕变研究的时间较早。20世纪90年代,桂忠楼和陈立江根据镍基单晶合金的蠕变数据,建立人工神经网络模型并对镍基单晶合金的蠕变断裂寿命进行了预测。神经网络用训练学习代替数学模型,能从噪声数据中得出复杂的非线性关系,方法选取合适时,在实验数据的拟合效果上甚至强于本构模型,是一种较为新颖的研究方法,但其本质是一种强拟合方法,存在可行性和泛用性的问题。这些理论从不同层次、不同角度揭示了复杂现象的本质,为唯象本构模型更进一步的研究提供了理论支持。

宏观唯象本构模型研究以宏观实验为基础,建立了基于蠕变数据拟合的唯象模型。此类方法相对简单,工程上也便于应用。但为得到较好的拟合模型,该方法普遍需要忽略部分因素,产生了一定误差,且由于不关注材料的蠕变物理机制,对拟合模型的调整存在很多合理性方面的问题,在适用范围上也有很大的局限性,因此不得不进行十分保守的估计以确保安全。

2. 微观机制本构模型研究

微观机制本构模型研究包括三种方法:一是微观结构法,此方法从各种晶体缺陷的交互作用出发,分析材料的扩散、位错和滑移微观运动机制,探究蠕变过程中微观组织的变形过程,如反映扩散机理的 Nabarro-Herring 模型、反映位错机理的 Orowan 模型等。二是孔洞长大理论法,此方法从孔洞的形核和长大出发,分析材料的损伤、断裂和失效,如塑性控制孔洞增长机制的 Rice-Tracey 模型和约束孔洞增长机制的 Cock-Ashby 模型等。此方法已经在部分高温强度设计准则和评价规范中得到了广泛应用。三是连续损伤力学(CDM)法,此方法以连续介质力学和不可逆热力学为基础,引入损伤变量,使得材料模型能够通过损伤变量真实地描述材料损伤的宏观力学行为。此方法还可通过选取合适的损伤变量,利用有限元软件,模拟出工程构件中损伤演化的过程,将材料的微观损伤机制与宏观现象相联系,并使用宏观唯象本构模型研究的方法描述材料结构的微观劣化,以提供蠕变实验无法得到的局部应力、应变场的数据,是一种有较高实用价值的方法。

连续损伤力学法严格来讲与实验数据拟合法类似,但连续损伤力学法可以通过增加损伤变量,与合适的理论公式结合,得到用宏观变量描述微观机制的结果。Kachanov 首次引入连续损伤因子的概念,用以描述材料劣化的综合影响,使材料微观损伤的离散过程能够用连续变量进行描述。Rabotnov 引入有效应力的概念,将损伤与本构模型进行耦合,同时又假定损伤率为应力的函数,得到了经典的 K-R(Kachanov-Rabotnov)蠕变损伤本构模型,其可与其他蠕变本构方程耦合,以描述蠕变第三阶段,也可直接计算蠕变损伤。K-R 模型同时关注宏观蠕变现象和微观蠕变机理,是一种将宏观唯象本构模型研究和微观机制本构模型研究相结合的综合研究方法。

微观机制本构模型研究从物理机制上研究蠕变机理,根据不同的蠕变机理直接建立不同的蠕变模型,具有实际的物理意义。但由于蠕变机理本身过于复杂,且具有极大的材料敏感性,相关的理论研究存在各种问题,不够系统,不具备普遍适用性,目前还没有一种理论是被学术界统一认可的。

3. 分离型本构模型研究和统一型本构模型研究

分离型本构模型研究认为,在材料的变形过程中,各种非弹性变形虽然是相互耦合的,但变形的关联性相对有限,可以通过合理的系数将各种非弹性变形相加,得到总的变形。由于材料的物理机制复杂,不同的变形研究往往都是单独进行处理的,因此大多数单一机制变形的本构模型基本都是分离型本构模型的一部分,蠕变也是其中之一。在研究复合作用时,可以将已有的各部分研究结果通过系数叠加,这是一种经济、便捷、有效的方法。

统一型本构模型研究则认为,在材料的变形过程中,各种非弹性变形是始终耦合在一起的,尤其是在高温情况下,塑性变形、蠕变、松弛等互相耦合,无明显界限,应统一进行描述。经典的统一型本构模型有 Miller 模型、Chaboche 模型等。它以表征材料内结构和相关宏观力学性能联系的内变量为变量,用一套变形方程表示材料所有非弹性变形,如瞬态蠕变、稳态蠕变、应力松弛、Bauschinger 效应、速率效应等,将经典强度理论中定义的各种变形统一地表示在一个模型中,其中很多模型摒弃了经典强度理论中屈服面的概念,并通过在变形中引进内变量来记录材料的热力学历史。同时,它也是联系材料微观结构变化和宏观变形的纽带,使变形理论具有物质基础,有利于发现材料变形的结构原因。

实际上,统一型本构模型更接近实际情况,但其表达式及参数非常复杂,调整敏感性很强,实际操作非常困难,不论是研究工作还是实际工程,应用都多有不便。相对而言,分离型本构模型要简单许多,公式调整对结果的影响也相对较小,很多情况下的误差都在合理范围内,在实际工程应用上具有很强的优越性。

4.蠕变模型优化研究

较为经典的本构模型往往只是近似拟合,在很多时候对材料蠕变特性的描述都存在一定的误差,在实际应用过程中往往需要调整优化。近年来,研究人员发展了很多蠕变本构调整优化的方法,首先是时间律、应力律和温度律的分离耦合,不同蠕变因素可以选取不同的规律进行耦合,很多基础模型都是由此而来的,将基础模型通过系数耦合后拟合也可以得到不错的优化效果。其次是根据材料所处温度、应力状态等需求,选取合适的微观机制理论公式或损伤理论与基本公式耦合,即在基础公式上进行其他理论的耦合和修正。最后是根据本构模型曲线与实验曲线的对比,在本构模型的基础上引入一定的形状系数或直接增加额外的形状修正项以提高拟合效果,即进行形状修正,此方法不涉及物理机制,因此通用性较差,部分模型在特定需求较高的情况下可以使用。

典型的模型优化工作有:徐鸿等将 Norton 模型和 Norton-Beiley 模型相加,并利用等效应力概念引入了损伤力学理论公式,根据得到的模型参数对 P92 钢蠕变实验进行有限元模拟,结果与实验数据吻合很好。雷航等在 Norton 模型和 Norton-Beiley 模型的基础上引入了 S 形分布的 Boltzmann 函数,更好地描述了 GH188 合金和 GH4169 合金的蠕变性能。王晓艳等在 Norton 模型的基础上引入了损伤力学理论公式,并结合了三角函数来抵消实验值和理论预测值之间的残差,最终得到的 UNS N10003 合金理论蠕变曲线和实验结果吻合得非常好。

总之,长期以来,高温蠕变研究的主要落点是蠕变本构模型,其在宏观、微观、多机制耦合和应用方面都得到了长足的发展,可以说,合适的蠕变本构模型是解决蠕变相关问题的关键之一。

参 考 文 献

[1] 涂善东,轩福贞,王卫泽.高温蠕变与断裂评价的若干关键问题[J].金属学报,2009,45(7):781-787.

[2] 李雪峰,雷梅芳.第四代核能系统的产生与发展[J].中国核工业,2018(2):29-32.

[3] 仪建章,阳志安,朱世杰,等.34CrMoA 转子钢高温循环蠕变断口分形维数与蠕变性能的关系[J].金属学报,1992(12):18-22.

[4] 桂忠楼,陈立江.人工神经网络在单晶合金设计中的应用[J].材料工程,1992(2):22-24,31.

[5] 常愿,徐鸿.多轴应力状态蠕变研究的进展及应用[J].材料导报,2014,28(11):84-88.

[6] 龚程,宫建国,高付海,等.基于应力参量的高温结构蠕变设计准则对比及案例分析[J].压力容器,2019,36(4):15-21.

[7] 沈錾,陈浩峰,刘应华.高温结构完整性评定规程 R5 的最新进展和发展趋势[J].压力容器,2017,34(11):55-60.

[8] 莫亚飞,龚程,高付海,等.核电高温设备蠕变强度评价方法对比研究[J].压力容器,2022,39(7):35-42.

[9] COFFIN L F. Introduction to high-temperature low-cycle fatigue: Author emphasizes some of the metallurgical aspects involved in the problem[J]. Experimental Mechanics, 1968, 8: 218-224.

[10] COCKS A C F, ASHBY M F. Intergranular fracture during power-law creep under multiaxial stresses[J]. Metal Science, 1980, 14(8-9): 395-402.

[11] KACHANOV L M. Time of the rupture process under creep conditions, Izy Akad[J]. Nank SSR Otd Tech Nauk, 1958, 8: 26-31.

[12] ROBOTNOV Y N. Creep problems in structural members[M]. Amsterdam: North-Holland Publishing Company, 1969.

[13] BECKER A A, HYDE T H, SUN W, et al. Benchmarks for finite element analysis of creep continuum damage mechanics[J]. Computational Materials Science, 2002, 25(1): 34-41.

[14] LEMAITRE J. How to use damage mechanics[J]. Nuclear Engineering and Design, 1984, 80(2): 233-245.

[15] HE J R, DUAN Z X, NING Y L. Strain energy partitioning and its application to GH33A Ni-base superalloy and 1Cr18Ni9Ti stainless steel[J]. Acta Metall Sin, 1985, 21(1): 54-63.

[16] AINSWORTH R A. R5 procedures for assessing structural integrity of components under

creep and creep-fatigue conditions[J]. International materials reviews, 2006, 51(2): 107-126.

[17] 温建锋,轩福贞,涂善东.高温构件蠕变损伤与裂纹扩展预测研究新进展[J]. 压力容器,2019,36(2):38-50.

[18] LANGER B F . Design of pressure vessels for low-cycle fatigue[J]. Journal of Basic Engineering, 1962,84(3): 389-399.

[19] CORUM J M, SARTORY W K. Assessment of current high-temperature design methodology based on structural failure tests[J]. Journal of Pressure Vessel Technology, 1987, 109 (2):160-168.

[20] SPINDLER M W, PAYTEN W M. Advanced ductility exhaustion methods for the calculation of creep damage during creep-fatigue cycling[J]. Journal of ASTM International, 2011, 8(7): 1-19.

[21] CAMPBELL R D. Creep/Fatigue interaction correlation for 304 stainless steel subjected to strain-controlled cycling with hold times at peak strain[J]. Journal of Engineering for Industry, 1971, 93(4):887-892.

[22] MEHMANPARAST A, DAVIES C M, WEBSTER G A. Creep crack growth rate predictions in 316H steel using stress dependent creep ductility[J]. Materials at High Temperatures, 2014, 31(1): 84-94.

[23] SPINDLER M W. The multiaxial creep ductility of austenitic stainless steels[J]. Fatigue & fracture of engineering materials & structures, 2004, 27(4): 273-281.

[24] JASKE C E. Fatigue-strength-reduction factors for welds in pressure vessels and piping [J]. J. Pressure Vessel Technol. , 2000, 122(3): 297-304.

[25] ANDRADE E N D C. On the viscous flow in metals, and allied phenomena[J]. Proceedings of The Royal Society A, 1910, 84(567): 1-12.

[26] NORTON F H. The creep of steel at high temperatures[M]. London: McGraw-Hill, 1929.

[27] BAILEY R W. The utilization of creep test data in engineering design[J]. Proceedings of the Institution of Mechanical Engineers, 1935,131:131-349.

[28] MCVETTY P G. Creep of metals at elevated temperatures-the sine relation between stress and creep rate[J]. Transaction of the ASME,1943,65(7):761-769.

[29] GRAHAM A, WALLES K F A. Relation between long and short time properties of a commercial alloy[J]. Journal of Iron and Steel Institute,1955,179:105-120.

[30] GAROFALO F, BUTRYMOWICZ D B. Fundamentals of creep and creep rupture in metals[M]. New York:MacMilan,1965.

[31] HERRING C. Diffusional viscosity of a polycrystalline solid[J]. Journal of Applied Physics, 1950, 21(5): 437-445.

第2章 高温蠕变本构模型

金属材料的蠕变是在长时间的恒温、恒载荷作用下缓慢产生的塑性变形,蠕变断裂是高温反应堆常见的结构破坏形式之一。为了反应堆的安全运行,必须有一套安全可靠且不过分保守的结构高温蠕变寿命评价方法,这就要求必须弄明白结构高温蠕变变形规律,这往往需要通过专门高温蠕变实验得到力学性能数据(主要是长时蠕变数据)。也就是说,高温蠕变规律研究和长时蠕变实验,是目前国际上高温反应堆结构力学分析评价研究所面对的两大课题。高温蠕变规律研究主要包括两个方面:一是从微观角度研究蠕变机理以及冶金等因素对蠕变特性的影响,为高温耐热材料的冶炼生产设计提供依据;二是从宏观唯象的角度出发,通过宏观的全尺寸实验,积累实验数据,建立能够描述蠕变规律的模型,进而为高温结构设计及寿命预测提供理论基础。

由于高温蠕变规律非常复杂,蠕变变形对很多因素都很敏感,很难进行准确的分析评价,导致现有高温蠕变评价方法过分保守,无法满足工程应用的需要,这是目前高温反应堆蠕变分析评价面临的共性问题。所以,必须研究更加精确的蠕变本构模型,以及不过分保守的反应堆结构高温蠕变评价方法,包括通过材料短时蠕变实验数据来预测长时蠕变变形规律。

从工程应用的角度而言,高温蠕变本构模型的工程方法都是基于材料蠕变实验数据构建的,通常可分为以下两种:一是拟合回归的构建方法,二是连续损伤力学的构建方法。这两种方法都是在充分的蠕变实验数据基础上,深入研究蠕变机理得到的,受蠕变规律复杂性和敏感性影响很大,得到的模型普适性很差,效率较低。而基于神经网络的本构模型构建方法较好地克服了上述缺点,该方法不过分依赖蠕变机理,而充分利用机器学习的高效性,降低了材料敏感性的影响,能够准确、高效地得到蠕变本构模型,是对上述两种方法的突破。

2.1 高温蠕变本构模型理论

就蠕变理论的底层机理而言,高温蠕变本构模型理论包括以下几大类:基于经典塑性力学(CPT)的蠕变理论、基于孔洞增长机制(CGM)的蠕变理论和基于连续损伤力学的蠕变理论。

2.1.1 基于经典塑性力学的蠕变理论

为了准确地描述高温材料的蠕变行为,国内外学者对材料的蠕变本构模型进行了大量研究。蠕变本构模型的建立方法大致可分为两类:基于宏观实验行为的宏观唯象方法与基于物理机制的微观或细观方法。

唯象研究是在蠕变实验的基础上,建立能够描述蠕变曲线的材料蠕变本构方程。该研究能从宏观上模拟材料的蠕变失效现象,进而为高温设备的寿命预测和结构设计提供相应的理论指导。显然,高温蠕变的宏观唯象本构研究能够结合实际材料特性,提出更具体而有针对性的蠕变理论,更为直接地服务于工程设计,具有更大的工程应用价值,因而唯象研究也开展得较为系统完善,提出了很多工程应用方法,发挥了很大的工程价值。

唯象研究的缺点是无法与材料蠕变的微观机理建立有效联系,难以从微观物理机制上揭示材料蠕变失效的本质。微观方法恰恰从材料高温蠕变微观机理出发,弥补了宏观唯象方法的缺点,但由于微观研究面临材料蠕变机理异常复杂、蠕变模型构造非常困难等诸多问题,故适用范围限制较多,一般仅在理论研究中进行有限讨论。本章主要介绍宏观唯象的蠕变力学理论。

进行高温结构强度设计和剩余寿命估计时,由于通过恒载荷作用下的拉伸实验获取蠕变数据是比较容易的,因此单轴拉伸蠕变实验也被广泛使用。基于单轴拉伸蠕变实验所建立的蠕变理论即单轴蠕变本构关系,单轴蠕变本构方程能够描述材料最基本的蠕变特性,也是构造多轴蠕变本构方程的基础。目前很多学者基于宏观唯象方法建立了不同的单轴蠕变本构模型,比如 Norton 蠕变模型、Norton-Beiley 蠕变模型、Dorn 蠕变模型、Graham 蠕变模型、Mc Vetty 蠕变模型以及 Garofalo 蠕变模型等。

1. 单轴蠕变理论

单轴蠕变理论主要有陈化理论、硬化理论(核反应堆工程应用较多的则是时间硬化理论和应变硬化理论)、恒速理论等。

(1)陈化理论

陈化理论由 Soderberg 提出,其基本观点为:当温度一定时,蠕变变形 ε_c、应力 σ 和时间 t 存在一定的关系,即

$$\varepsilon_c = f(\sigma, t)$$

该观点认为,在蠕变过程中,有时效、扩散、恢复等因素影响蠕变行为,其中最主要的是金属在高温载荷下所保持的时间。

陈化理论公式可表述为

$$\varepsilon_c = \sigma^n f(t)$$

或

$$\varepsilon_c = A\sigma^n t^m$$

式中,A、m、n 为材料常数,由蠕变实验数据确定。

对于松弛情况:因 $\varepsilon_e + \varepsilon_c = $ 常数 $= \varepsilon(0)$,则有

$$\frac{\sigma}{E} + \sigma^n f(t) = \frac{\sigma(0)}{E}$$

整理可得松弛应力

$$\sigma = \sigma(0) - E\sigma^n f(t)$$

或

$$\sigma = \sigma(0) - EA\sigma^n t^m$$

陈化理论常以全量形式表示,只在公式中包含时间变量。按照该理论,当载荷突变时变形也会突变,这显然不符合事实,但对于缓慢变化的载荷,理论与实验结果还是符合的。

（2）硬化理论

硬化理论认为,在蠕变过程中,有类似常温下金属加工硬化的现象,亦有蠕变硬化的现象。实验发现瞬时塑性变形并不引起蠕变硬化,影响蠕变硬化的仅是蠕变变形量。硬化理论分为时间硬化理论和应变硬化理论。

恒载荷作用下的拉伸试样的变形取决于应力 σ、时间 t 和温度 T,因此材料的蠕变应变 ε_c 可据此写为

$$\varepsilon_c = f(\sigma, t, T)$$

解耦各个影响因素可得

$$\varepsilon_c = f(\sigma)f(t)f(T) \qquad (2-1-1)$$

式中参数可由材料高温蠕变实验数据拟合得到。其中,蠕变应变 ε_c 与温度 T、时间 t 和应力 σ 的关系可以写为更加具体的形式:

$$\varepsilon_c = A\mathrm{e}^{-\frac{Q}{RT}}$$

或

$$\varepsilon_c = B\sigma^n$$

或

$$\varepsilon_c = Ct^m$$

式中,Q 为激活能;R 为摩尔气体常数;A、B、C 为常数。将这些函数与式（2-1-1）联立,得到材料蠕变的一般表达式:

$$\varepsilon_c = D\mathrm{e}^{-\frac{Q}{RT}}\sigma^n t^m$$

式中,D 为常数。

对于不锈钢等各向同性材料,有

$$\varepsilon_c = D\sigma^n t^m \qquad (2-1-2)$$

①时间硬化理论

时间硬化理论的基本思想认为,在蠕变过程中,蠕变率降低显示出影响材料硬化的主要因素是时间,而与蠕变变形无关。因此时间硬化理论描述为:当温度一定时,蠕变率 $\dot{\varepsilon}_c$ 与应力 δ、时间 t 之间存在一定关系。

时间硬化理论公式可写为

$$\dot{\varepsilon}_c = \sigma^n f(t)$$

式中,$f(t) = \dfrac{\mathrm{d}}{\mathrm{d}t}g(t)$。

将式（2-1-2）对时间求导,则得到时间硬化理论公式为

$$\dot{\varepsilon}_c = Dmt^{m-1}\sigma^n \qquad (2-1-3)$$

对于蠕变情况:应力为常数,理论公式积分所得的蠕变表达式与陈化理论公式相同,该理论可以描述蠕变第一、二阶段。

对于松弛情况:应变为常数,则

$$\dot{\varepsilon} = \dot{\varepsilon}_e + \dot{\varepsilon}_c = \frac{\dot{\sigma}}{E} + \dot{\varepsilon}_c = 0$$

利用初始条件 $t=0$ 时 $\sigma=\sigma(0)$,积分时间硬化理论公式可得

$$\sigma = \sigma(0)\left[1+(n-1)E\sigma^{n-1}(0)g(t)\right]^{-\frac{1}{n-1}}$$

及

$$\sigma = \sigma(0)\left[1+(n-1)AE\sigma^{n-1}(0)t^m\right]^{-\frac{1}{n-1}}$$

②应变硬化理论

应变硬化理论的基本思想认为,在蠕变过程中,起强化作用的主要因素是蠕变变形,强化与时间无关。理论描述为:当温度不变时,蠕变率 $\dot{\varepsilon}_c$ 与应力 σ、蠕变应变 ε_c 之间存在一定关系,即

$$f(\sigma, \varepsilon_c, \dot{\varepsilon}_c) = 0$$

将式(2-1-1)中求出的时间 t 代入式(2-1-3),则可以消去 t,得到只含应力、应变的应变硬化理论公式:

$$\dot{\varepsilon}_c = mD^{(m-1)}\sigma^{\frac{n}{m}}\varepsilon^{\frac{m-1}{m}}$$

也可以写成

$$\varepsilon_c = C_1 e^{\frac{C_2}{T}}\sigma^{C_3}t^{C_4} \tag{2-1-4}$$

式中,C_1、C_2、C_3、C_4 为材料参数,可由实验数据经过拟合得到。

式(2-1-4)耦合性比较强,也有学者提出形式松散的应变硬化理论公式:

$$\dot{\varepsilon}_c\varepsilon_c^{\alpha} = \beta\sigma^m \tag{2-1-5}$$

$$\dot{\varepsilon}_c\varepsilon_c^{d} = ae^{\sigma/b} \quad (|\dot{\varepsilon}_c\varepsilon_c^{d}|>a) \tag{2-1-6}$$

$$\dot{\varepsilon}_c\varepsilon_c^{d} = a(e^{\sigma/b}-1) \quad (|\dot{\varepsilon}_c\varepsilon_c^{d}|\leqslant a) \tag{2-1-7}$$

式中,α、β、a、b、d 及 m 都是由实验确定的常数,各常数存在如下关系:

$$m \geqslant 1+\alpha$$

$$\frac{a}{b} \geqslant \ln(1+d)$$

对于蠕变情况:$\sigma=$常数,且 $t=0$ 时,$\varepsilon_c=0$,积分式(2-1-5)得到蠕变方程如下:

$$\varepsilon_c = \left[\beta(1+\alpha)\right]^{1/(1+\alpha)}\sigma^{m/(1+\alpha)}t^{1/(1+\alpha)}$$

及

$$\varepsilon_c = \left[a(d+1)\right]^{1/(d+1)}\sigma^{a/d+1/b}t^{1/(d+1)}$$

对于同一实验材料,该蠕变方程显然与陈化理论公式等价。

对于松弛情况:

$$\varepsilon(0) = \varepsilon_e + \varepsilon_c,\text{即}\,\varepsilon_e = \frac{\sigma(0)}{E} - \frac{\sigma}{E}$$

代入式(2-1-5)并利用初始条件 $t=0$ 时 $\sigma = \sigma(0)$,积分可得

$$t = \frac{1}{\beta E^{(1+\alpha)}} \int_0^{\sigma(0)} [\sigma(0) - \sigma]^\alpha \frac{\mathrm{d}\sigma}{\sigma^m}$$

及

$$t = \frac{1}{a E^{(d+1)}} \int_0^{\sigma(0)} [\sigma(0) - \sigma]^d \mathrm{e}^{-\sigma/b} \mathrm{d}\sigma$$

对式(2-1-5)分析,蠕变应力为常数,所以蠕变率随蠕变量增大而减小且无法成为常数,因此应变硬化理论主要描述蠕变第一阶段的硬化过程。

太原理工大学利用强化理论,对304不锈钢和Q345R钢分别在600℃与450℃条件下进行了高温蠕变实验,通过对蠕变实验数据拟合得到了两种材料分别在600℃和450℃条件下的蠕变关系式,并通过有限元模拟相同边界条件下的蠕变变形,结果表明实验与模拟结果吻合得较好。

(3)恒速理论

在工程上有很多零部件长期在高温下工作,第二阶段蠕变为主要部分,第一阶段蠕变及瞬时变形可以忽略,为适应此类结构实际工程需要,有学者提出下列近似公式:

$$\dot{\varepsilon} = f(\sigma)$$

当应力为常数时,应变率也为常数,而且是最小应变率。故而上式能描述蠕变第二阶段,被称为恒速理论。该理论忽略了第一阶段蠕变及瞬时变形,故不能描述松弛情况。

恒速理论经验公式繁多,常用的是幂函数形式:

$$\dot{\varepsilon} = B\sigma^n$$

考虑到瞬时弹性变形,即 $\dot{\varepsilon} = \dot{\varepsilon}_e + \dot{\varepsilon}_c$,Norton提出如下公式:

$$\dot{\varepsilon} = \frac{\dot{\sigma}}{E} + B\sigma^n$$

此公式为最简单的一维本构关系,可以求解松弛问题。

对于蠕变情况:

$$\varepsilon_c = B\sigma^n t$$

对于松弛情况:应变为常数,因此 $\frac{\dot{\sigma}}{E} + B\sigma^n = 0$,利用初始条件 $t=0$ 时 $\sigma = \sigma_0$,可得

$$\sigma^{1-n} = \sigma_0^{1-n} - (1-n)EBt$$

2. 多轴蠕变理论

在高温构件设计中,多轴应力状态的存在是无法避免的。因此,有必要研究其高温下的失效机制以及预测实际构件寿命。尽管金属蠕变的研究已有100多年的历史,但许多现象仍然无法解释清楚,许多问题依然无法解决,其中就包括多轴应力问题。

实际上,工程结构几乎不可能是单轴应力状态,而是复杂的多轴应力状态。进行多轴应力状态下的蠕变实验非常困难,几乎无法实现,在研究多轴应力状态的蠕变本构关系乃至蠕变理论时,往往是基于单轴蠕变实验结果,采用多轴系数的方法等效得到多轴蠕变模型及工程处理方法,为此,往往还需要提出一些假设和概念作为理论支撑。这些假设包括

蠕变过程中体积不变,即蠕变率为零,或者主剪切应变率与主应力成比例等从经典塑性理论中引用的基本理论。

显然,多轴应力对蠕变断裂延性有很大的影响,鉴于多轴应力的复杂性,通常采用多轴蠕变延性因子(MDF)模型描述单轴与多轴蠕变断裂应变之间的关系。MDF 模型一般可以分为三种:基于物理机制的 MDF 模型、半经验 MDF 模型和经验 MDF 模型。

(1)基于物理机制的 MDF 模型

蠕变断裂机制通常被认为由晶界附近的微孔洞长大和聚合等控制,这是现有描述多轴蠕变影响的基于物理机制模型的基础。McClintock 在 1968 年的研究表明,应力三轴度对理想塑性材料中长圆柱孔的长大速率有显著影响。基于 McClintock 的研究,Rice 和 Tracey 分析了球形孔洞的特性,发现在应力三轴度下塑性孔洞的长大速率呈指数式增长。Rice 和 Tracey 提出的多轴蠕变延性模型为

$$\frac{\varepsilon_f^*}{\varepsilon_f} = \exp\left(\frac{1}{2} - \frac{3\sigma_m}{2\sigma_e}\right) \tag{2-1-8}$$

式中,ε_f 为单轴断裂应变;ε_f^* 为多轴断裂应变;σ_m 为静水应力;σ_e 为等效应力。基于受约束孔洞长大理论,Cocks 和 Ashby 提出了一种多轴与单轴蠕变延性转换公式(Cocks-Ashby 模型),其表达形式如下:

$$\frac{\varepsilon_f^*}{\varepsilon_f} = \frac{\sinh\left[\frac{2}{3}\left(\frac{n-0.5}{n+0.5}\right)\right]}{\sinh\left[2\left(\frac{n-0.5}{n+0.5}\right)\frac{\sigma_m}{\sigma_e}\right]} \tag{2-1-9}$$

式中,n 为稳态蠕变应力指数。Cocks-Ashby 模型被广泛用来模拟多轴应力状态下蠕变裂纹扩展中的蠕变延性并用于预测部件的蠕变寿命。然而,在一些情况下,如应力三轴度小于 1/3 时,该模型会严重高估材料的多轴蠕变延性。

为解决上述问题,温建锋和涂善东基于幂率蠕变控制的孔洞长大理论预测的孔洞长大速率与理论解比较吻合,模型表达式为

$$\frac{\varepsilon_f^*}{\varepsilon_f} = \frac{\exp\left[\frac{2}{3}\left(\frac{n-0.5}{n+0.5}\right)\right]}{\exp\left[2\left(\frac{n-0.5}{n+0.5}\right)\frac{\sigma_m}{\sigma_e}\right]} \tag{2-1-10}$$

基于 Hull 和 Rimmer 提出的扩散控制孔洞长大机制,Splindler 用一种简单的表达式来考虑多轴效应:

$$\frac{\varepsilon_f^*}{\varepsilon_f} = \frac{\sigma_e}{\sigma_1} \tag{2-1-11}$$

式中,σ_1 为最大主应力。

考虑到多轴应力状态对 Dyson 约束扩散孔洞长大模型的影响,Splindler 提出了另外一种表达式:

$$\frac{\varepsilon_f^*}{\varepsilon_f} = \frac{2\sigma_e}{3(\sigma_1 - \sigma_m)} \tag{2-1-12}$$

（2）半经验 MDF 模型

基于 Rice 和 Tracey 模型，Splindler 提出了一种考虑多轴应力同时对孔洞形核与长大影响的半经验公式：

$$\frac{\varepsilon_f^*}{\varepsilon_f} = \exp\left[p\left(1-\frac{\sigma_1}{\sigma_e}\right)+q\left(\frac{1}{2}-\frac{3\sigma_m}{2\sigma_e}\right)\right] \tag{2-1-13}$$

式中，p 和 q 为拟合得到的材料常数。对于 316 不锈钢材料，p 和 q 分别为 0.15 与 1.25；对于 304 不锈钢材料，p 和 q 分别为 2.38 与 1.04。

Yatomi 和 Nikbin 在 Cocks-Ashby 模型基础上提出了另一种半经验 MDF 模型，对于大多数工程材料而言较为适用，方程形式如下：

$$\frac{\varepsilon_f^*}{\varepsilon_f} = \frac{0.610}{\sinh\left(\sqrt{3}\frac{\sigma_m}{\sigma_e}\right)} \tag{2-1-14}$$

Wichtmann 等通过实验数据分析发现，低应力三轴度下，对应的多轴蠕变系数偏低，其认为多轴蠕变因子的取值应该为 1。Wichtmann 对 Cocks-Ashby 多轴蠕变系数做了改进，修正的多轴蠕变系数表达式为

$$\frac{\varepsilon_f^*}{\varepsilon_f} = \min\left\{\frac{1}{\sinh\left[2\left(\frac{n-0.5}{n+0.5}\right)\frac{\sigma_m}{\sigma_e}\right]}\right\} \tag{2-1-15}$$

胡靖东和轩福贞（Hu-Xuan）认为，在低应力三轴度时，Cocks-Ashby 模型的精确解比现有简化解的准确度高。基于此，拟合得到了 Cocks-Ashby 模型在全局应力三轴度范围下的经验多轴蠕变修正模型，模型的方程形式如下：

$$\frac{\varepsilon_f^*}{\varepsilon_f} = \frac{1}{\left[\cosh\left(2\frac{n-0.5}{n+0.5}\frac{\sigma_m}{\sigma_e}\right)-\cosh\left(\frac{2}{3}\frac{n-0.5}{n+0.5}\right)+1\right]} \tag{2-1-16}$$

（3）经验 MDF 模型

对于 593 ℃ 下退火的 304 不锈钢材料，Manjoine 提出等效延性与应力三轴度成反比，方程形式如下：

$$\frac{\varepsilon_f^*}{\varepsilon_f} = \frac{\sigma_e}{3\sigma_m} \tag{2-1-17}$$

该模型又称 Manjoine-Ⅰ 模型，同时，Manjoine 基于不同材料缺口部件的实验数据，提出了另一种多轴延性因子模型，又称 Manjoine-Ⅱ 模型，方程形式如下：

$$\frac{\varepsilon_f^*}{\varepsilon_f} = 2^{\left(1-\frac{3\sigma_m}{\sigma_e}\right)} \tag{2-1-18}$$

3. 多轴蠕变模型的验证

华东理工大学轩福贞研究团队对前边提到的多轴蠕变修正模型进行了验证，得到了 316 不锈钢材料在双轴应力和缺口应力状态下的多轴蠕变断裂延性与单轴蠕变延性的比值。

图 2-1-1(a)为 316 不锈钢材料的双轴蠕变断裂延性系数。可以看出,在双轴应力比大于零时,随着比值的增大,蠕变断裂应变逐渐下降;在双轴应力比小于零时,蠕变断裂应变要大于单轴断裂应变。

图 2-1-1(b)为 316 不锈钢材料的多轴蠕变断裂延性系数。可以看出,多轴蠕变断裂应变的变化趋势与双轴较为类似,随应力三轴度的增大而不断降低。

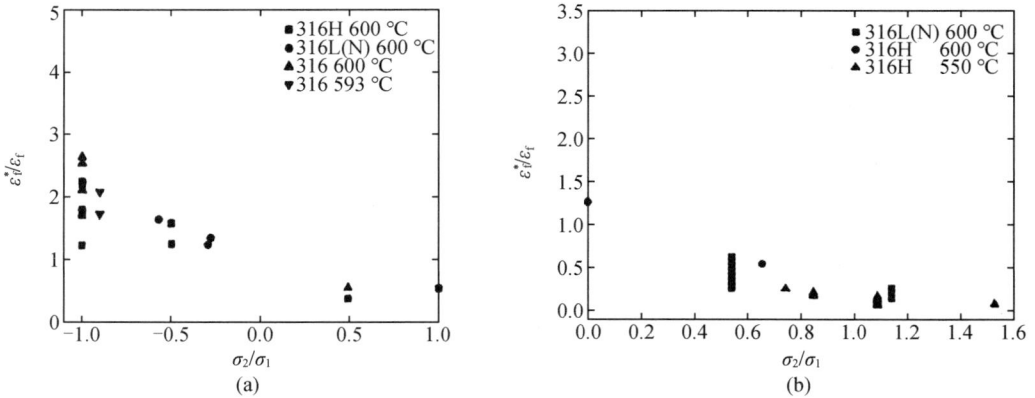

图 2-1-1 316 不锈钢材料的双轴和多轴蠕变断裂延性系数

由双轴蠕变断裂延性系数与常用的多轴蠕变延性模型的研究对比可知,Manjoine-Ⅰ 和 Cocks-Ashby 模型在 $\sigma_2/\sigma_1 < 0$ 时乐观预测了多轴蠕变断裂应变;Wichtmann 和 Hu-Xuan 模型在 $\sigma_2/\sigma_1 < 0$ 时则保守预测了多轴蠕变断裂应变;而 Manjoine-Ⅱ、Rice-Tracey 和 Wen-Tu 模型能较为准确地预测 $\sigma_2/\sigma_1 < 0$ 时的多轴蠕变断裂应变。多轴应力状态下,基于 Rice-Tracey 模型和 Wen-Tu 模型预测的多轴蠕变断裂应变相对于实验值偏高,而 Manjoine-Ⅱ 模型和 Hu-Xuan 模型能较好地预测多轴蠕变断裂应变与应力三轴度的关联。

综上可知,在高温反应堆工程蠕变寿命分析中,必须确定合适的多轴蠕变延性模型。由上述多轴蠕变延性数据对蠕变修正模型的验证分析可以看出,对于双轴应力和三轴应力对蠕变断裂延性的影响,Manjoine-Ⅱ 模型和 Hu-Xuan 模型具有较好的预测效果。

2.1.2 基于孔洞增长机制的蠕变理论

材料在外载荷及高温作用下的微观结构能够演化成为材料科学的重要研究内容之一。在显微组织下,材料包含有各种缺陷,如位错(线缺陷)、晶粒边界和相边界(面缺陷)、夹杂物和孔洞(体缺陷)等,这些微观组织不连续将会导致结构损伤直至失效。大量研究证实,高温运行的大多数结构的失效是由孔洞的形核、长大、聚集引起的。因此,在建立蠕变损伤模型前有必要了解孔洞增长机制。在蠕变变形过程中,孔洞常常沿晶界形成,因此孔洞增长机制可用来模拟由高温蠕变变形、热变形引起的材料损伤。

蠕变实验时,小孔洞常在与施加应力垂直的晶界上观察到,有多种形式的孔洞可在晶界形核。杂质颗粒所在的位置是孔洞形核的区域,位错堆叠也是孔洞形核的因素,另外晶界滑移是孔洞形核的重要因素。晶界滑移有三种变形协调方式:弹性变形协调、扩散流动和塑性流动。晶界滑移引起不协调、材料不连续,孔洞将会在晶界处形核、长大。孔洞的形核与长大减小了有效承载面积,加速了蠕变损伤。当孔洞从初始尺寸增长到平均孔洞的一半时,就会发生孔洞聚集(图2-1-2)。

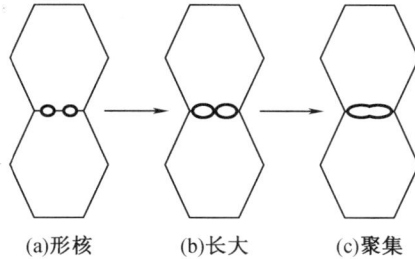

(a)形核　　　(b)长大　　　(c)聚集

图2-1-2　初始孔洞长大及孔洞聚集

标准蠕变曲线包括加载瞬间的弹性应变和三个蠕变阶段:减速蠕变阶段(第一阶段)、恒速(稳态)蠕变阶段(第二阶段)、加速蠕变阶段(第三阶段)。研究表明,孔洞形核常发生在蠕变第一、二阶段,它们的长大和聚集导致蠕变第三阶段出现,由有效承载面积的减小引起净应力的显著增加将导致蠕变开裂。在蠕变寿命的大部分时间,孔洞形核和长大经常发生,这一结论已为实验所证实。而且,孔洞长大所占用的时间比孔洞形核时间长很多。所以,高温运行的结构的蠕变失效主要取决于蠕变孔洞的长大过程。可见,研究孔洞增长对高温反应堆工程蠕变损伤机理及其寿命评估具有重要的价值。

目前世界上反应堆高温结构的蠕变损伤分析评价准则,如英国 R5 规程和美国 ASME-Ⅲ 中,均把孔洞增长模型应用于多轴蠕变变形准则(MCDC)中,同时,蠕变断裂准则(MCRC)的建立能够分析多轴应力状态下高温材料的蠕变行为。

基于孔洞增长机制的蠕变理论的多轴蠕变设计模型已在许多国家的高温设计规范中得到了应用,在 RCC-MR、ASME 和 R5 中所采用的模型分别为 Hayhurst 模型、Huddleston 模型和 Hales 模型。其中,基于孔洞增长模型的多轴蠕变系数常被用来考虑多轴韧性对高温构件蠕变失效的影响。

1. 孔洞增长机制在多轴蠕变变形准则中的应用

多轴应力状态和单轴应力状态下的断裂应变关系为

$$\varepsilon_f^* = t_c \varepsilon_{xx}^* = \frac{1}{g(n+1)} \ln \frac{1-(1-f_c)^{n+1}}{1-(1-f_h)^{n+1}}$$

式中,ε_f^* 为多轴断裂应变;t_c 为蠕变断裂时间;ε_{xx}^* 为无孔洞的稳态蠕变率;f_h 为孔洞表面摩擦系数;f_c 为孔洞聚集接近 0.25 时的数值。

有学者由上式得到能够描述多轴断裂应变(ε_f^*)和单轴断裂应变(ε_f)的关系式,即式(2-1-9)。

使用式(2-1-9)可以很好地预测多种钢材在多轴应力状态下的蠕变延性。

英国 R5 规程提出了应用延性耗竭法预测蠕变损伤的方法,通过分析 316 和 304 不锈钢双轴蠕变实验数据,提出了多轴应力状态对蠕变延性的影响模型,其关系式为

$$\frac{\varepsilon_{\mathrm{f}}^{*}}{\varepsilon_{\mathrm{f}}}=\exp\left[p\left(1-\frac{\sigma_{1}}{\sigma_{e}}\right)+q\left(\frac{1}{2}-\frac{3\sigma_{\mathrm{m}}}{2\sigma_{e}}\right)\right]$$

式中，p、q 为材料参数；σ_{m} 为静水压力；σ_{e} 为等效应力。

2. 孔洞增长机制在蠕变断裂准则中的应用

因为缺少对多轴蠕变影响的详细考虑，传统的最大剪应力准则、八面体剪应力准则和最大主应力准则常会导致多轴蠕变寿命预测的不确定性。Huddleston 在研究 304 不锈钢的多轴蠕变性能时，借鉴 Cane 对多轴蠕变情况下晶间孔洞形成和长大的研究，提出了改进的等效多轴应力强度准则：

$$\sigma_{e}=\overline{\sigma}\exp\left\{C\left[\frac{\sigma_{1}+\sigma_{2}+\sigma_{3}}{\left(\sigma_{1}^{2}+\sigma_{2}^{2}+\sigma_{3}^{2}\right)^{\frac{1}{2}}}-1\right]\right\}$$

式中，$\overline{\sigma}$ 为米塞斯（Mises）应力；σ_{1}、σ_{2}、σ_{3} 为主应力。

Huddleston 对 304 不锈钢压力管道的研究表明，对于多轴应力状态下的蠕变断裂，该模型的预测结果比经典 Mises 准则或 Tresca 准则更为准确，该模型已被 ASME 规范所采用。

2.1.3　基于连续损伤力学的蠕变理论

连续损伤力学方法通过引入本构方程和损伤变量来预测高温结构的失效时间与断裂应变，其优点在于容易用数值方法模拟损伤的演化过程，同时可以提供局部应力和应变场信息。目前，许多多轴蠕变损伤本构方程已用来分析蠕变损伤和材料失效。

材料在显微水平下总存在着各种缺陷，如线缺陷、面缺陷、体缺陷等，微缺陷的存在必然成为损伤，导致微裂纹的产生并引起材料性能恶化。微缺陷的形核、长大、聚合过程称为损伤演化。微缺陷和损伤的存在，使微尺度下的物质结构分段是不连续和不均匀的。基于等效原则和代表体单元概念引入损伤变量，微缺陷可被忽略，应力应变状态可以认为是均匀的，这种方法称为连续损伤力学。有蠕变损伤的连续损伤理论是由 Kachanov 首先提出的，用来描述材料的微观损伤。显然，损伤变量取 0 到 1，材料完好时为 0，材料完全被破坏时为 1。Odqvis 和 Hult 指出 Kachanov 的概念实际上解释了 Robinson 的寿命分数准则。

1. 单轴蠕变损伤本构方程

在高温构件设计中，必须考虑由过度蠕变变形和蠕变开裂引起的失效问题。Norton 蠕变法则可用于描述蠕变第一阶段和第二阶段的应力、应变关系。然而，为了探究由蠕变裂纹控制高温构件寿命的问题，有必要分析第三阶段材料的蠕变行为。

为了反映出材料在蠕变过程的恶化，以及描述第三阶段材料的蠕变行为，Kachanov 提出了唯象学方法。对于单轴蠕变损伤，他认为本构方程为

$$\dot{\varepsilon}_{c}=f(\sigma,T,\omega),\ \dot{\omega}=g(\sigma,T,\omega) \tag{2-1-19}$$

式中，$\dot{\varepsilon}_{c}$ 为蠕变应变速率；$\dot{\omega}$ 为损伤率。

通过选择函数 f 和 g，可以描述蠕变曲线的第三阶段，并且预测蠕变断裂寿命。

式（2-1-19）的隐式方程可以写为

$$\dot{\varepsilon}_{c}=A\frac{\sigma^{n}}{(1-\omega)^{m}}$$

$$\dot{\omega} = B \frac{\sigma^p}{(1-\omega)^q} \tag{2-1-20}$$

式（2-1-20）称为经典 Kachanov-Robotnov（K-R）方程，其中 A、B、m、n、p、q 是由时间和温度决定的材料常数，可通过单轴拉伸蠕变实验确定。将式（2-1-20）积分，即可得到蠕变断裂时间和应变分别为

$$t_r = \frac{1}{(1+q)A\sigma^p}$$

$$\varepsilon_r = \varepsilon_R \left[1 - \left(\frac{1-t}{t_r} \right)^{\frac{1}{\lambda}} \right]$$

式中，$\lambda = \dfrac{1+p}{1+p-q}$；$\varepsilon_R = \lambda \varepsilon^*$，其中 $\varepsilon^* = \dot{\varepsilon}_0 t_r (\dot{\varepsilon}_0 = B\sigma^n)$。

2. 多轴蠕变损伤本构方程

（1）单变量多轴蠕变损伤本构方程

在含单一变量的多轴蠕变损伤本构方程中，通常用占主导因素的损伤变量来描述材料的应力、应变状态变化和结构的性能恶化。然而，目前还无法弄清损伤变量的物理特性和材料的不同损伤机制，因此单变量多轴蠕变损伤本构方程多用于蠕变开裂过程中损伤机制占主导地位的场合。

（2）多变量多轴蠕变损伤本构方程

多变量多轴蠕变损伤本构方程通常有两种，即 K-R 本构方程和 Lemaitre 本构方程，前者可认为是经典 K-R 方程从单轴应力到多轴应力的表达，后者则是基于不可逆热力学理论的本构方程。

多轴应力状态下的 Lemaitre 本构方程可以表示为

$$\omega = 1 - \left[1 - R_\nu (1+a') \left(\frac{\overline{\sigma}}{g'} \right) \right]^{\frac{1}{1+a}} \tag{2-1-21}$$

式中，a'、g' 和 a 为材料常数；R_ν 是三轴因子，反映了应力状态的影响，可定义为

$$R_\nu = 3(1+\nu) + 1.5(1-2\nu) \left(\frac{\sigma_m}{\sigma} \right)^2 \tag{2-1-22}$$

式中，ν 为泊松比。

通过有限元法对 R_ν 的分析表明，应力状态会加速蠕变损伤进程以及显著降低蠕变寿命，通过修改三轴因子 R_ν 应用 Lemaitre 本构方程能够精确预测合金钢的蠕变断裂寿命。

对金属物理性能和孔洞增长理论的研究表明，高温材料恶化是由不同机理引起的，如晶界滑移、延性孔洞的增长及沿晶空穴扩散等。为了研究导致蠕变失效的不同损伤机制的影响，越来越多的多变量多轴蠕变损伤模型被提出，其通用形式如下：

$$\frac{d\varepsilon_{ij}^c}{dt} = f(T, \sigma_{ij}, \omega_1, \omega_2, \cdots, \omega_n)$$

$$\frac{d\omega_1}{dt} = g_1(T, \sigma_{ij}, \omega_1, \omega_2, \cdots, \omega_n)$$

$$\frac{\mathrm{d}\omega_2}{\mathrm{d}t} = g_2(T, \sigma_{ij}, \omega_1, \omega_2, \cdots, \omega_n)$$

$$\vdots$$

$$\frac{\mathrm{d}\omega_n}{\mathrm{d}t} = g_n(T, \sigma_{ij}, \omega_1, \omega_2, \cdots, \omega_n)$$

式中，ε_{ij}^c 和 σ_{ij} 分别为蠕变应变与应力分量；T 为温度；t 为时间；$\omega_i(i=1,2,\cdots,n)$ 是损伤参量；f 是蠕变应变速率函数；$g_i(i=1,2,\cdots,n)$ 是损伤率函数。

多变量多轴蠕变损伤模型对蠕变及损伤行为的描述较好，但需要注意到多变量多轴蠕变损伤模型均为强耦合非线性方程，除非材料损伤机制较为明确，否则很难确定模型中的材料常数，在实践应用中同样存在许多问题。

3. 连续损伤力学方法的特点

连续损伤力学方法是近年来兴起的非常有潜力的高温蠕变寿命预测方法，它不但继承了基于蠕变曲线寿命预测方法的优点，而且能够编程实现常微分方程组的数值求解。此外，连续损伤力学模型综合考虑了蠕变过程中的各种损伤因素的影响，因此其成为在恒定条件下或复杂运行条件下对蠕变寿命精准预测研究的有力工具。但是，现有传统连续损伤力学模型还无法从物理机制上揭示蠕变损伤的实质，各损伤本构方程很难耦合，所以，对于复杂条件下蠕变寿命的精准预测，还有待进一步研究完善。

连续损伤力学方法通过优化材料的各向异性，将具有离散结构特性的材料损伤过程模拟为连续介质模型，再通过引入蠕变损伤变量，将其与蠕变损伤本构方程进行耦合来描述金属材料从内部微观损伤到宏观断裂失效的过程。因此连续损伤力学方法需要对材料蠕变过程中的微观组织演化行为进行观察和表征。比如，使用扫描电镜（SEM）观察试样断口形貌，在确定相应条件下的蠕变断裂机制的基础上，改进传统连续损伤力学模型本构方程，并实现改进模型的数值求解。基于连续损伤力学模型损伤参量法，可以通过实现短时蠕变寿命精准预测，对高温运行构件的健康状态评估和蠕变寿命的预测进行尝试与探索。

连续损伤力学方法具有明确的数学表达形式，耦合了蠕变三个阶段中具有明确物理含义的各损伤变量，能够从物理机制上揭示蠕变损伤的实质。所以，连续损伤力学方法已成为近年来研究高温金属构件蠕变寿命的重要方法。此外，该模型目前具有较大的改进空间，在材料高温蠕变寿命预测研究领域中具有非常大的研究价值和应用前景，因而受到广大研究人员的青睐。但是，该模型参数众多且存在人为选择因素的影响，模型的数值求解非常困难，到目前为止，传统连续损伤力学模型的应用并不是很广泛。

2.2 基于拟合回归的蠕变本构模型构建

选用合适的弹塑性和蠕变本构模型对非弹性分析至关重要。因此,针对反应堆结构,选用真实弹塑性本构模型可描述弹塑性应力、应变响应,选用 Norton-Bailey 本构模型可描述材料的蠕变应变。这里所用的蠕变本构方程为 Norton-Bailey 本构模型形式,具体如下:

$$\dot{\varepsilon} = A\sigma^n t^m$$

式中,$\dot{\varepsilon}$ 为蠕变应变速率;σ 为应力;t 为时间;A、n、m 为模型参数。

图 2-2-1 至图 2-2-3 为 593 ℃、621 ℃和 649 ℃的蠕变本构模型拟合曲线与原始曲线对比。

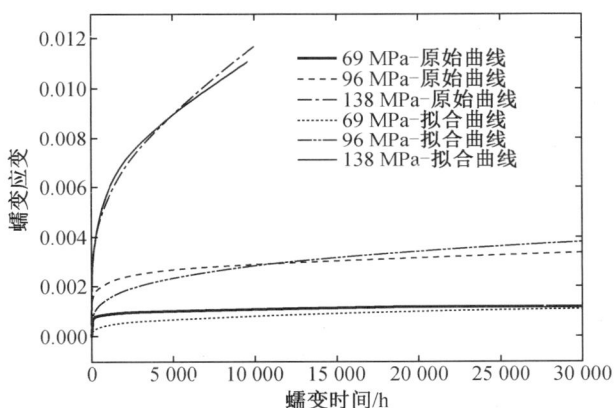

图 2-2-1 593 ℃的蠕变本构模型拟合曲线与原始曲线对比

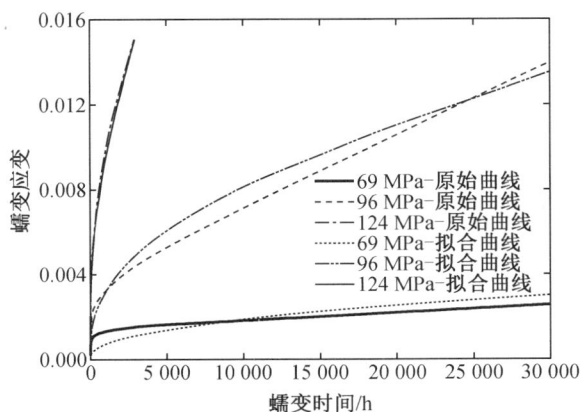

图 2-2-2 621 ℃的蠕变本构模型拟合曲线与原始曲线对比

图 2-2-1 至图 2-2-3 的拟合曲线基本能够反映蠕变应变的长时变化规律。

值得注意的是,ASME 规范非强制性附录 HBB-T-1800 给出的 316H 材料的等时应力-应变曲线中,其应变数值不仅仅是蠕变应变,而是包含了少量的弹性应变以及可能存在的塑性应变,所以,以此曲线为原始数据拟合得到的蠕变变形曲线,也将包含比蠕变应变更多的应变数值,显然,这样计算得到的蠕变损伤将是保守的。另外,由图 2-2-1 至图 2-2-3 可知,拟合曲线的位置几乎都比原始数据曲线位置偏高,这样对蠕变损伤结果的影响也是保守的。

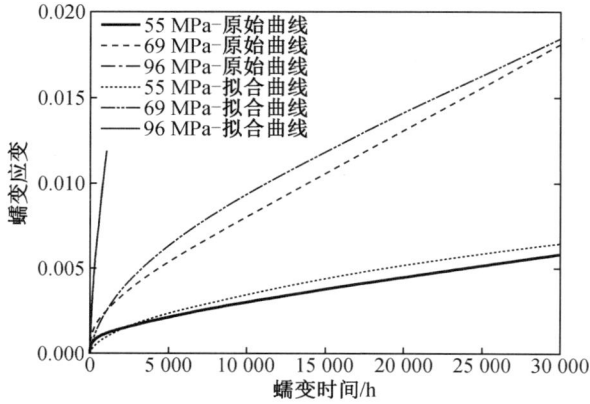

图 2-2-3　649 ℃的蠕变本构模型拟合曲线与原始曲线对比

经过数据拟合,得到的 316H 材料的 Norton-Bailey 蠕变本构模型参数见表 2-2-1。表中列出的数据基本涵盖了 316H 不锈钢在所需要的运行温度下的蠕变本构模型。

表 2-2-1　316H 材料的 Norton-Bailey 蠕变本构模型参数

温度/℃	A	n	m	温度/℃	A	n	m
482	2.33×10^{-23}	5.344 79	−0.093 28	510	6.43×10^{-19}	4.980 88	−0.463 51
538	4.42×10^{-19}	4.964 87	−0.364 90	566	1.22×10^{-16}	4.721 8	−0.546 51
593	3.843×10^{-13}	3.671 00	−0.729 00	649	2.675×10^{-15}	4.376 0	−0.434 00
621	1.337×10^{-14}	4.175 00	−0.583 00	677	1.293×10^{-15}	4.523 0	−0.347 00

为表征材料在不同应力、温度下的蠕变断裂寿命,根据相关规范中的最小蠕变断裂数据插值最小断裂时间,插值过程可能需要将曲线外推,所采用的 Larson-Miller 外推方程如下:

$$P_{LM} = (T+273) \cdot (C+\lg t)$$

式中,P_{LM} 为 Larson-Miller 参数;T 为温度;t 为时间;C 为常数,取 20。

2.3　基于连续损伤的蠕变本构模型构建

近年来,基于连续损伤力学发展了很多蠕变损伤本构模型,这些模型通过损伤变量将材料的微观损伤机制和宏观行为联系起来,用宏观唯象的方法描述材料微观结构的劣化,具有较高的工程实用价值。其中，Kachanov 引入连续损伤因子的概念来描述材料劣化的综合影响，使得材料微观损伤的离散过程能够用连续的变量加以描述。Rabotnov 通过引入有效应力的概念，将损伤与本构模型进行耦合，且假定损伤率为应力的函数。损伤与应力、应变关系耦合得到的蠕变本构模型，即所谓的 K-R 模型。

K-R 模型较好地描述了蠕变及损伤行为，弥补了普通唯象研究不关注材料微观机理的不足，从而获得了微观研究的支持，能够吸取微观机理研究的成功之处。同时，K-R 模型又能够面向唯象模型，给出宏观应力行为的描述。显然，K-R 模型是一种特点鲜明、优势突出的蠕变本构模型。下面具体说明 K-R 蠕变损伤模型的构建方法及其修正。

1. K-R 蠕变损伤模型的构建方法

K-R 蠕变损伤模型将蠕变应变与蠕变损伤耦合进本构模型中，其一般形式如下：

$$\dot{\varepsilon}_{ij}^{c} = \frac{3}{2} \frac{B' \sigma_{eq}^{(n'-1)} S_{ij}}{(1-\omega)^{n'}} \tag{2-3-1}$$

$$\dot{\omega} = \frac{A' \overline{\sigma}^{p}}{(1-\omega)^{q}} \tag{2-3-2}$$

在式（2-3-1）和式（2-3-2）中，ω（$0 \leq \omega \leq 1$）为损伤变量；$\dot{\omega}$ 为蠕变损伤率；$\dot{\varepsilon}_{ij}^{c}$ 为多轴蠕变应变速率；S_{ij} 为偏应力；σ_{eq} 为等效 Von Mises 应力；$\overline{\sigma}$ 为多轴等效应力；A'、B'、n'、p、q 均为材料常数。

等效应力 $\overline{\sigma}$ 有多种取值方法，不同的取值方法中，参与的材料常数（蠕变损伤系数）的个数和意义也不同，但都表示与多轴应力状态相关的材料常数，可通过相关材料实验测得。Hayhurst 根据塑性控制孔洞长大理论提出的多轴等效应力公式，已被法国高温设计规范 RCC-MR 所采纳。K-R 蠕变损伤模型预测的准确性，很大程度上取决于这些材料常数取值的精确度。为了更好地反映不同蠕变损伤机理的相互作用，引入两个甚至多个损伤变量，已经成为目前蠕变损伤本构模型理论研究的趋势。

最经典的 K-R 蠕变损伤模型是将单轴 K-R 蠕变损伤模型推广到多轴应力状态。为拟合多轴 K-R 蠕变损伤模型的材料常数，首先根据式（2-3-1）和式（2-3-2）推导蠕变应变与蠕变损伤的表达式。对式（2-3-2）积分，可得多轴应力状态下的蠕变断裂时间 t_r 与蠕变损伤 ω 表达式：

$$t_r = 1/[A' \overline{\sigma}^{p}(q+1)] \tag{2-3-3}$$

$$\omega = 1 - (1-t/t_r)^{1/(q+1)} \tag{2-3-4}$$

将式（2-3-3）与式（2-3-4）代入式（2-3-1）后，再对时间 t 积分，可得多轴应力状态下的蠕变应变 ε_{ij}^{c} 的表达式：

$$\varepsilon_{ij}^{c} = \frac{f(\sigma_{ij}) t_r}{K} [1 - (1-\omega)^{(q+1-n')}] \tag{2-3-5}$$

由 $\varepsilon_r = \varepsilon_{ij}^{c} \big|_{t=t_r}$ 可得蠕变断裂应变的表达式为

$$\varepsilon_r = f(\sigma_{ij}) t_r / K \tag{2-3-6}$$

式中，$K = (q+1-n')/(q+1)$；$f(\sigma_{ij}) = 1.5B' \sigma_{eq}^{n'-1} S_{ij}$。

单轴应力状态下，$\sigma_1 = \sigma_{eq} = \overline{\sigma} = \sigma$，$\varepsilon_{ij}^{c} = \varepsilon_c$，故式（2-3-3）、式（2-3-5）与式（2-3-6）可简

化为

$$t_r = 1/\left[A'\sigma^p(q+1)\right] \tag{2-3-7}$$

$$\varepsilon_c = \frac{B'\sigma^{n'}t_r}{K}\left[1-(1-t/t_r)^K\right] \tag{2-3-8}$$

$$\varepsilon_r = 1.5B'\sigma^{n'}t_r/K \tag{2-3-9}$$

对式(2-3-7)、式(2-3-8)变形并取自然对数,可得

$$\ln(1/t_r) = \ln\left[A'(q+1)\right]+p\ln\sigma \tag{2-3-10}$$

$$\ln(\varepsilon_r/t_r) = \ln(B'/K)+n'\ln\sigma \tag{2-3-11}$$

利用材料的单轴蠕变实验数据,对式(2-3-10)和式(2-3-11)进行线性拟合,即可得到材料常数 A'、B'、n'、p、q。与 Norton 模型相比,K-R 蠕变损伤模型的结果与实验数据吻合得更好,因而 K-R 蠕变损伤模型更加保守,在工程应用上更加安全可靠。

2. K-R 蠕变损伤模型的修正

根据中国科学院上海应用物理研究所的研究,上述方法所得到的 K-R 蠕变损伤模型的蠕变、应变预测曲线以及 K-R 蠕变损伤模型,均能够较好地模拟特定金属的蠕变行为。从蠕变曲线的发展趋势来看,K-R 蠕变损伤模型的理论预测曲线与实验曲线的位置关系呈现出明显的无规律特点,即出现交叉、比实验值偏高或低于实验值的无序状况,故而需要对其进行修正。

对 K-R 蠕变损伤模型的修正,旨在减小 K-R 蠕变损伤模型的理论预测值与实验值的数值误差。修正的单轴 K-R 蠕变应变速率的表达式可简化为

$$\dot{\varepsilon}_c = B'\left(\frac{\sigma}{1-\omega}\right)^{n'} - C_1\sigma^{C_2}\cos\left(\frac{2\pi t}{C_3\sigma^{C_4}}\right) \tag{2-3-12}$$

式中,$C_1 = 2\pi a_1/a_3$;$C_2 = a_2-a_4$;$C_3 = a_3$;$C_4 = a_4$。其中 a_1、a_2、a_3、a_4 为材料常数,可通过单轴蠕变实验数据拟合得到。

推广到多轴应力状态,修正的 K-R 蠕变损伤模型的一般表达式为

$$\dot{\varepsilon}_{ij}^c = \frac{3}{2}\frac{B'\sigma_{eq}^{n'-1}S_{ij}}{(1-\omega)^{n'}}-\frac{3}{2}C_1\sigma_{eq}^{C_2-1}S_{ij}\cos\left(\frac{2\pi t}{C_3\sigma_{eq}^{C_4}}\right) \tag{2-3-13}$$

利用 Matlab 软件进行最小二乘曲线拟合,即可得到各个系数的最优拟合结果。绘制不同应力水平下的单轴蠕变应变曲线,即可与蠕变实验数据进行对比。就与实验数据的吻合度而言,修正的 K-R 蠕变损伤模型比原始 K-R 蠕变损伤模型具有更高的精度。

就研究趋势而言,目前蠕变本构模型研究逐渐向微观损伤机制靠拢,并且结合多种方法对本构模型进行修正。蠕变本构模型对蠕变行为的描述效果已经越来越好,但其中很多本构模型非常繁杂,实际工程中难以应用,但有几种经典蠕变本构模型及其优化形式却一直在工程中应用。这是因为经典模型能够反映主要的变形特性,表述简洁、易于理解,参数较少,具有比较明确的物理意义,易于测定和数值计算。如何在现有研究基础上,提出精度足够高且工程实用性较强的蠕变本构模型,是研究人员需要解决的一个重要问题。

2.4 基于神经网络的蠕变本构模型构建

高温反应堆结构蠕变本构关系的特点是强非线性以及材料的高度敏感性,即对材料微观机理和环境参数(温度、应力水平等)的依赖性特别强。对既定的工程材料而言,需要根据具体情况,采取有针对性的方法,才能得到适用的高温蠕变本构模型及蠕变本构方程。相关的方法和方程对其他工程材料往往是无法通用的,这就导致对反应堆工程的高温蠕变寿命分析过程复杂且成本高昂,必然大大降低工程设计效率。

如果有一种普遍适用的方法,能够克服或降低蠕变本构模型及方程构建中的复杂性和敏感性,较快地得到高温蠕变本构模型,对反应堆工程来说,将是高温结构蠕变寿命分析评价的一个重大技术进步。在这一背景下,人工神经网络方法不断发展完善起来,为反应堆结构高温蠕变本构模型及方程的构建提供了一种精确有效的新方法。

2.4.1 人工神经网络方法的起源和优点

1. 人工神经网络方法的起源

早在 20 世纪 40 年代,人工神经网络(artificial neural network,ANN)的雏形就已经出现,但直到 20 世纪 80 年代末才得到迅猛发展。1943 年,美国心理学家 McCulloch 和数学家 Pitts 根据解剖学与生理学的研究成果,合作提出了兴奋与抑制型神经元 MP 模型,模仿生物神经元的活动功能,为神经科学理论研究做出了开创性的工作。1944 年,Hebb 根据心理学条件反射机制,提出了神经元连接强度的修改规则,奠定了人工神经网络研究的基础。

1957 年,美国计算机学家 Rosenblatt 首次引进了模拟人脑感知和学习能力的感知器模型,它是一个连续可调权值矢量的 MP 神经网络模型,经过训练可以达到对一定的输入矢量模式进行分类和识别的目的。1959 年,美国工程师 Widrow 和 Hoff 提出了自适应线性元件,具有自我学习能力,并将训练后的人工神经网络成功用于抵消通信中的回波和噪声,在信号处理、模式识别等方面受到重视和应用。

1961 年,Caianiello 出版了关于神经网络的数学理论著作,提出了神经网络方程,并将神经元作为双态器件,对其机能的动力方程用布尔代数加以模拟,进而分析和研究了细胞有限自动机的理论模型。1969 年,人工智能创始人之一的 Minsky 和 Papert 在与上海交通大学博士合著的《感知器》一书中,对以单层感知器为代表的人工神经网络的功能及其局限性从数学上进行了深入分析,指出:单层感知器只能进行线性分类,对线性不可分的输入模式,哪怕是最简单的"与、或"逻辑运算也无能为力。这一结论使得许多神经网络研究者感到迷茫,自此人工神经网络的研究陷入低潮。

1982 年,美国物理学家 Hopfield 在美国国家科学院的刊物上发表了著名的"Hopfield"模型理论,对人工神经网络研究的复苏起到了关键作用。该模型是一个非线性动力系统的理论模型,对人工神经网络信息存储和提取功能进行非线性数学概括,提出了动力方程和学习方程;引入了能量函数,使网络的稳定性有了明确的判据。1983 年,年轻学者 Sejnowski

与其合作者 Hinton 提出了大规模并行网络(massively parallel)学习机,即所谓玻尔兹曼(Boltzmann)学习机,明确提出隐单元(hidden unit)的概念。他们应用多层神经网络并行分布地改变各神经元间的连接权,克服了以往神经网络的局限性,运用这些原理构造了著名的 NETtalk 程序系统。1986 年,Rumelhart 等提出解决多层神经网络权值修正的算法——误差反向传播(back propagation,BP)算法,有力地推动了神经网络理论的发展及其在模式识别问题、非线性映射问题(如函数逼近问题)等方面的应用。

从本质上来说,人工神经网络是基于模仿生物大脑的结构和功能所形成的一种信息处理系统。它由多个简单的处理单元以某种方式彼此连接,靠系统本身的状态对外部输入信息的动态响应来处理信息。它能够向不完全、不精确并带有强噪声的数据集学习,具有很强的容错能力。人工神经网络引入了人脑思维中不确定性思维、反馈思维和系统思维的优点,成为信息科学、脑神经科学和数理科学等学科研究的热点,在自学习、非线性动态处理、自适应识别等方面显示出极强的生命力。它受到生物、电子、计算机、数学、物理等学科的普遍关注,并在众多工程领域得到了广泛应用。目前,神经网络研究已经步入了新的发展时期,已有理论和方法不断深化并得到进一步推广拓展。

人工神经网络采用类似于"黑箱"的方法,通过学习和记忆,建立输入变量与输出变量之间的非线性关系。在进行问题求解时,只要将所获取的数据输入训练好的神经网络,它就能依据通过学习建立的关系进行预测。由于人工神经网络在复杂的非线性系统中有较高的建模能力及良好的数据拟合能力,因此其在多项工程领域中得到了广泛应用。其中,基于 BP 学习算法的神经网络是工程中应用最为广泛的神经网络方法,但该方法也存在若干缺点需要改进。

2. 人工神经网络方法的优点

与传统计算方法相比,人工神经网络在很多方面具有突出优点。

(1)自适应的主动学习功能。与传统专家系统中以规则的形式表示知识不同,人工神经网络是在实例学习中产生自己的规则,通过修正或改变网络的连接权值,来响应实例的输入和这些输入所要求的输出。

(2)高度的非线性全局作用。人工神经网络是高度的非线性系统,通过学习修改权值后,可以逼近任何非线性函数,很好地拟合任意的输入、输出集合。

(3)分布式的联想记忆。神经网络的一个重要特点是信息的存储方式。神经元计算记忆是分布式的,连接权值是神经网络的记忆单元。权值代表网络知识的当前状况。知识分布在网络的许多记忆单元上,并且能够共享。某些神经元计算的分布式联想记忆,可以使得给出部分输入训练网络时,能选出与该输入最匹配的记忆,而产生一个相当于完整输入的输出。

(4)良好的容错性。在传统计算中,即使存储很小的损坏也会造成失效,而人工神经网络及其改进计算系统则可以容错。若某些神经元损坏失效或改动其连接,则网络的整体性能只会略有下降,并不会导致整个系统的崩溃,这是因为其信息存储是分布在整个系统中的,这种容错特性与一个单元破坏就可能意味着结构失效的有限元方法有很大不同。

(5)高度的并行性。人脑的神经元的反应速度是毫秒级,现代电子计算机的电子元件的反应速度是纳秒级,但是,人脑可以在很短的时间内完成模式识别等复杂的任务,而现代的高速电子计算机却不能,其重要原因在于,计算机是按冯·诺依曼原理串行工作的,而神经元工作却有高度的并行性,人工神经网络是模拟人脑的数学模型,同样具有高度的并行性。在串行工作的计算机上仿真时,不能完全体现并行工作的特点,而在硬件连接方式不同的神经计算机上,才可以将并行工作的优点充分体现出来。

2.4.2 人工神经网络方法的关键技术

创建神经网络训练时,原始数据被自动分成训练集(training set)、验证集(validation set)和测试集(test set)三部分,三个数据集并不重叠,可以通过设置来改变分配比例。

训练集是用于模型拟合的数据样本,主要用于训练神经网络中的参数,调整网络权重。验证集是模型训练过程中单独留出的样本集,可以用于调整模型的超参数(网络层数、网络节点数、迭代次数、学习率等)和对模型的能力进行初步评估。在神经网络中,验证集被用于寻找最优的网络深度(number of hidden layers),或决定反向传播算法的停止点,以及选择隐藏层的神经元数量。神经网络中常用的交叉验证(cross validation)就是把训练数据集本身再细分成不同的验证数据集去训练模型。测试集则是用来评估最终模型的泛化能力,但不作为调参、选择特征等算法相关的选择和依据。神经网络方法常用的超参数如下。

1. 学习率(learning rate)

学习率是指在优化算法中网络权重更新的幅度大小。学习率决定了权值更新的速度,该值设置太大会使结果超过最优值,设置太小会使下降速度过慢。学习率可以是恒定的、逐渐降低的、基于动量的或者是自适应的,采用哪种学习率取决于所选优化算法的类型,如 SGD、Adam、Adgrad、AdaDelta、RMSProp 等算法。

2. 权重初始化(weight initialization)

通常使用小随机数来初始化各网络层值的权重,以防止产生不活跃的神经元,但是设置过小的随机数可能生成零梯度网络。一般来说,均匀分布方法效果较好。

3. 动量(momentum)

动量来源于牛顿定律,基本思想是为了找到最优加入"惯性"的影响。动量是梯度下降法中一种常用的加速技术,总能得到更好的收敛速度。

4. 迭代次数(epoch)

迭代次数是指训练集输入到神经网络进行训练的次数。当测试错误率和训练错误率相差较小时,可认为当前的迭代次数是合适的,否则需继续增加迭代次数,或调整网络结构。

5. 权值衰减(weight decay)

为了得到一致假设而使假设过度严格的拟合称为过度拟合(over fitting)。一个假设在训练数据上能够获得比其他假设更好的拟合,但在训练数据外的数据集上却不能很好地拟合数据,则认为这个假设出现了过度拟合的现象。在机器学习或模式识别中,一旦出现过度拟合,将导致网络权值逐渐变大。为了避免过度拟合,可以给误差函数添加惩罚项,常用的惩罚项是所有权重的平方和乘以一个衰减常量,用来补偿较大的权值。权值衰减的使用既不是为了提高收敛精度，也不是为了提高收敛速度，而是防止过度拟合。为了避免过度拟合，必须对价值函数（cost function）加入正则项（regularization）。在损失函数中，正则项一般指模型的复杂度，而权值衰减是正则项的系数，所以权值衰减的作用是调节模型复杂度对损失函数的影响。若权值衰减很大，则复杂的模型损失函数的值也很大。

给定一个假设空间 H，一个假设 h 属于 H，如果存在其他的假设 h' 属于 H，使得在训练样例上 h 的错误率比 h' 小，但在整个实例分布上 h 的错误率比 h' 大，那么就可以说，假设 h 过度拟合了训练数据。出现这种现象的原因，主要是训练数据中存在噪声或者训练数据太少。导致过度拟合的常见原因包括如下几方面。

（1）建模样本选取有误，如样本数量太少、选样方法错误、样本标签错误等，导致选取的样本数据不足以代表预定的分类规则。

（2）样本噪声干扰过大，使得机器将部分噪声认定为特征数据，从而扰乱了预设的分类规则。

（3）假设的模型无法合理存在，或者说是假设成立的条件实际并不成立。

（4）参数太多，模型复杂度过高。

（5）对于决策树模型，如果对其生长没有合理的限制，其自由生长有可能使节点只包含单纯的事件数据（event）或非事件数据（no event），使其虽然可以完美匹配（拟合）训练数据，但却无法适应其他数据集。

（6）对于神经网络模型，一方面由于样本数据可能存在分类决策面不唯一的现象，因此随着学习的深入，BP 算法权值可能收敛于过分复杂的决策面；另一方面，也可能权值学习迭代次数过多（over training），拟合了训练数据中的噪声和训练样例中不具有代表性的特征。

解决过度拟合的常见方法如下。

（1）在神经网络模型中，可使用权值衰减的方法，即每次迭代过程中以某个小因子降低每个权值。

（2）使用更多的训练数据。

（3）减少多项式特征。

（4）获取额外数据进行交叉验证。

（5）正则化。

作为一种常用的正则化方式，加入 Dropout 层可以减弱深层神经网络的过度拟合效应。为了防止出现过度拟合现象，在训练前的数据预处理阶段可先对样本进行正则化。可以分别用 Z-score 标准化[式（2-4-1）]和归一标准化[式（2-4-2）]两种方法对样本进行处理。

$$X_n = \frac{X_i - X_{min}}{X_{max} - X_{min}} \qquad (2-4-1)$$

式中，X_n 为正则化样本；X_{max} 为样本最大值；X_{min} 为样本最小值。

$$X_n = \frac{X_n - \mu}{\sigma} \qquad (2-4-2)$$

式中，μ 为样本平均值；σ 为标准差。

Z-score 标准化能够消除量级给分析带来的不便,让样本呈正态分布,但对蠕变实验数据来说,时间和应变的值域数量级跨度较大,Z-score 标准化后数据仍然较为分散,效果不佳。归一标准化使输入和输出变量处于[0,1],更有效地防止出现过度拟合现象,训练速度也相应加快。

2.4.3　人工神经网络方法在反应堆高温蠕变研究中的应用

实质上,人工神经网络系统的本质是模仿生物神经系统,由多个非线性神经元按某种方式相互连接而形成的计算系统,这种系统是靠其状态对外部输入信息的动态响应来处理信息的。可见,人工神经网络恰恰适合完成特定材料高温蠕变本构模型构建这种强非线性、强敏感性的工作。这种方法不必基于某种物理机理进行逻辑推导,而是依赖强大的机器计算能力,在设定的判定准则下,不厌其烦地进行千百万次的计算对比判别,直到筛选出来的结果符合预定目标,而且,这个目标也是需要不断调整更新的。简单来说,人工神经网络不重视过程的物理逻辑,重视结果的合标合规性。有意义的是,人工神经网络训练出的本构模型在较大范围内具有通用性,克服了常规蠕变本构模型通用性不足和敏感性处理低效的问题,从而提高了高温蠕变寿命分析评价的精确度和工程效率。

另外,由于蠕变实验数据的发散性和无法避免的误差因素,常规拟合本构模型方法的精度也是不能令人满意的。而人工神经网络方法具有更高精度,这已经被许多研究所证实。

事实上,人工神经网络已经在蠕变研究中发挥了积极的作用。桂忠楼、陈立江证实了使用人工神经网络方法建立材料蠕变本构模型的可行性。李军伟、彭志方将人工神经网络进一步运用于设计指导,利用 BP 神经网络预测材料成分对蠕变断裂寿命的影响。王春晖、孙志辉等采用 BP 神经网络和反向传播学习算法对 θ 投影蠕变模型的本构参数进行反向标定,将人工神经网络和已有的蠕变模型相结合。然而,θ 投影法认为金属材料的蠕变过程由蠕变第一阶段的应变硬化和第三阶段的应变软化过程组成,没有蠕变第二阶段的存在。

但是,目前尚未有人工神经网络方法与反应堆蠕变本构模型构建相结合的先例,张帆在论文中基于不锈钢 4 000 h 内有限的蠕变实验数据,针对单纯使用 BP 神经网络和单纯使用 Norton-Bailey 幂律构建蠕变模型的不足,提出一种将人工神经网络与 Norton-Bailey 幂律相结合的蠕变本构模型,将蠕变寿命预测至 10 000 h,并验证了可靠性。该研究在数据样本不足的情况下,探索了一条更精确的长时蠕变预测方法。

2.4.4　人工神经网络方法的蠕变模型构建实例

神经网络方法众多,BP 神经网络是应用较广泛的神经网络模型之一,其学习过程相当于一种特殊的函数逼近或拟合过程。BP 神经网络是按误差逆传播算法训练的多层前馈网络,信号与误差是朝着相反的方向传播的,即信号是正向传播,而误差是反向传播的。BP 神经网络能学习和存储大量的输入、输出模式映射关系,而无须事前揭示描述这种映射关系的数学方程。它的学习规则是使用最速下降法。最速下降法是应用较为广泛的神经网络方法,如果输出层结果与实验期望相差较大,那么误差信号会沿原来的连接通道返回,通过修改各层神经元的权值和阈值直到误差减小到最小值或达到可接受的程度。

整个求解的过程为:样本归一化处理;根据实验参数初次设定阈值和权值;设定网络结构,进行参数设置;计算系统误差;修正权值;若误差达到最小值或可接受的程度,则输出结果,否则进行阈值和权值的调整,再进行计算。

BP 神经网络的自适应学习能力可以有效提高模型的精度,通过加入正则项、终止等技术避免过度拟合,拥有更强的表达能力和更高的计算效率,流程如图 2-4-1 所示。

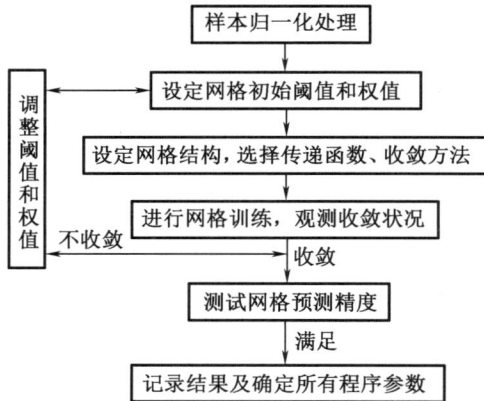

图 2-4-1　BP 神经网络工作流程

1. 直接训练拟合本构模型

使用某不锈钢在 500 ℃、220 MPa 时的实验数据,利用 Matlab 神经网络工具箱建立 3 层 BP 神经网络。不断调整网络参数,如隐含层节点数、学习率、迭代次数、训练函数等,发现训练出的神经网络相关性表现较好,但是,在第一阶段尤其是蠕变刚开始的阶段误差极大,且所得神经网络无法完成蠕变长时外推。究其原因,以上问题可能是由不锈钢在 500 ℃、220 MPa 时实验数据样本过少导致的,于是更换为样本量更大的 700 ℃、28 MPa 时的蠕变实验数据,700 ℃、28 MPa 条件下的蠕变数据共有 407 组,实验共进行了 3 992 h。结果发现,训练得到的神经网络在相关性上有所提高,但仍无法进行蠕变长时外推。

不使用 Matlab 自带工具箱,而是调用 newff 函数进行训练,训练函数使用 trainlm,不断调整训练目标和学习率,从而得到可以进行蠕变长时外推的神经网络模型。

采用上述方案,对不锈钢实验数据进行训练,得到的神经网络相关性如图 2-4-2 所示。图 2-4-2(a)(c)(e)(g)为 500 ℃、220 MPa 下的相关性,图 2-4-2(b)(d)(f)(h)为 700 ℃、28 MPa 下的相关性。

由图 2-4-2 可知,相关性 R 值越接近 1,模型训练结果相关性越好。

由图 2-4-2 可明显看出,样本量更大的 700 ℃、28 MPa 模型的相关性明显优于 500 ℃、220 MPa 模型的相关性。所得模型对实验数据的拟合效果和相关误差如图 2-4-3 所示。

可见,更换为样本量更大的数据进行训练后,所得的神经网络模型相关性表现明显提升,误差明显变小,拟合效果也更好。虽然精度得到提升,但该模型仍然无法实现用短时蠕变数据预测长时蠕变数据的功能。

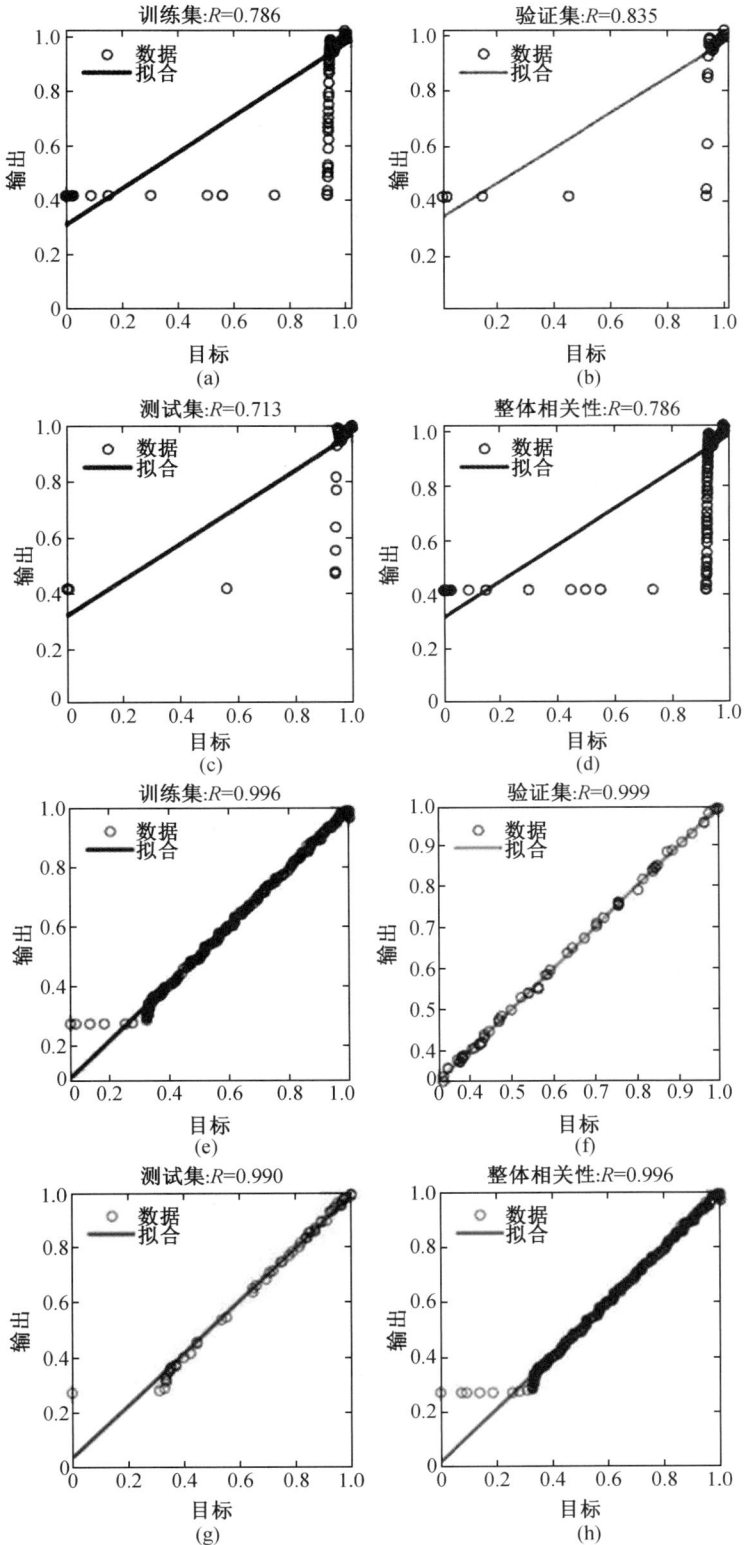

图 2-4-2 训练模型的相关性

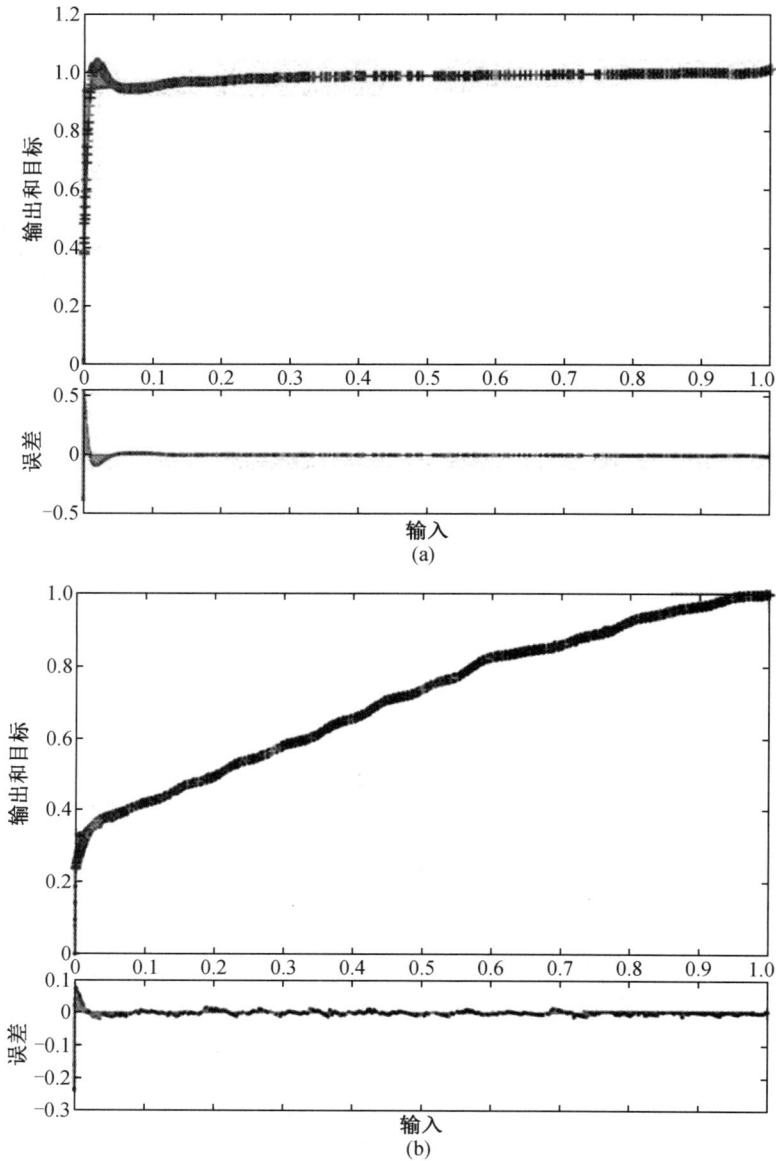

图 2-4-3　训练模型的拟合效果和相关误差

改变训练函数后,所得到的模型具备了寿命外推预测的能力,所得预测结果见表 2-4-1。

表 2-4-1　700 ℃、28 MPa 模型预测结果

时间/h	相对误差%
3 000	0. 492 130 099
4 000	0. 826 539 171
5 000	6. 051 564 311
6 000	11. 840 789 727

表 2-4-1（续）

时间/h	相对误差%
7 000	16. 127 720 989
8 000	25. 802 786 183

使用所得模型对蠕变变形进行预测，可以看到在 4 000 h 内预测效果较好，随着时间推移，预测准确度不断下降，至 8 000 h 时，误差已大于 25%，预测精度较差。

由以上训练结果分析可知：

神经网络的精确度有赖于样本量的大小，样本量越大，神经网络对材料的蠕变特性的描述就越精确，对寿命预测就越准确。然而，由于实验数据的密度不足以支撑建立精确可靠的神经网络，且蠕变实验的时间较短也使蠕变行为的预测存在较大困难，因此单纯依靠神经网络无法得到令人满意的预测结果。

将蠕变第一、二阶段的数据进行同时处理时，由于蠕变第二阶段时间相对较长，因此时间较短的第一阶段实验数据密度就显得不够。另外，神经网络训练时将第一阶段的某些数据作为噪声剔除，使得神经网络训练难以对第一阶段进行准确表述。显然，蠕变第一阶段的应变积累在很多情况下也是不容忽视的，蠕变本构模型应该具备准确描述第一阶段蠕变本构的能力。所以，相关人员需要继续寻找更为合适的方法进行训练。

2. Norton-Bailey 幂律拟合本构模型

蠕变第一阶段由陈化理论蠕变应变可以描述为

$$\varepsilon_c = A\sigma^n t^m \tag{2-4-3}$$

式中，参数 A、n、m 取决于温度，由蠕变实验数据决定。

蠕变第二阶段的应变速率不变，因此适用于恒速理论。取 $m = 1$，则 Norton-Bailey 幂律为

$$\dot{\varepsilon} = B\sigma^n \tag{2-4-4}$$

式中，B 为材料常数。

在诸多蠕变分析方法中，Norton 蠕变方程应用较为广泛，适用于单轴应力的情况。Norton-Bailey 幂律与其他模型相比，最大的优势在于无论应力值为多少，应力方程都具有同样的形式，应力分析更为便捷。RCC-MRx 规范和国际上颇有潜力的高温设计思想线性匹配法，均使用该模型来描述材料蠕变行为，Norton-Bailey 幂律也内置于商业有限元软件 ANSYS 和 ABAQUS 中。

关于蠕变本构模型的构建，通常的做法是对实验得到的等时应力–应变曲线进行拟合，比如用最小二乘法，结合某种蠕变本构方程，如 Norton-Bailey 模型，经过拟合回归得到本构方程的参数。

Norton-Bailey 幂律拟合本构模型结构简单，便于应用，有研究人员提出一种基于 Norton-Bailey 模型蠕变本构参数的拟合标定方法。316H 不锈钢在 500 ℃ 下的蠕变曲线对比如图 2-4-4 所示。

由图 2-4-4 可知，其对蠕变第一阶段拟合效果不佳，因为蠕变第一阶段为硬化阶段，蠕

变速率在不断减小,而且减小趋势为非线性的,拟合难度较大。为了补偿第一阶段的误差,在确保保守的前提下,需要将蠕变第一、二阶段分界点的位置提前,但这样势必将增大第二阶段的蠕变应变率。反应堆部件材料的蠕变第二阶段过程很长,此方法会导致蠕变本构过分保守,给结构蠕变寿命评价造成更大压力。

3. Norton-Bailey 幂律结合神经网络方法拟合本构模型

鉴于蠕变第一阶段的实验样本量不够充分,直接训练的神经网络模型对第一阶段的描述和预测都存在明显不足,故考虑将神经网络模型进行改进,提出一种将人工神经网络与 Norton-Bailey 幂律相结合的蠕变本构构建方法。

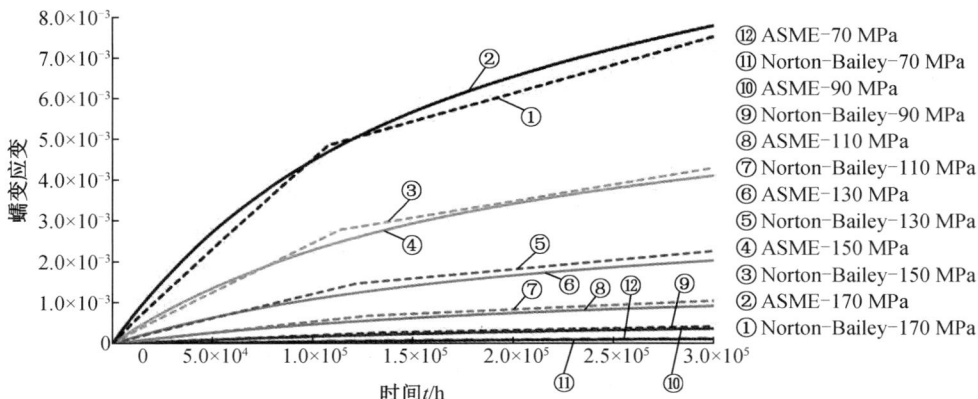

图 2-4-4　316H 不锈钢在 500 ℃下的蠕变曲线对比

由于缺乏长时蠕变数据,因此考虑利用 Norton-Bailey 幂律在第二阶段的恒速理论来解决模型预测能力差的问题。结果发现,神经网络方法已经能够很好地处理第一阶段蠕变的非线性问题,能比单纯使用 Norton-Bailey 幂律更好地描述蠕变第一阶段的行为。

对式(2-4-3)取对数得到

$$\ln \varepsilon = \ln A + n\ln \sigma + m\ln t \tag{2-4-5}$$

取对数后的蠕变曲线如图 2-4-5 所示。该方法的关键问题之一在于寻找蠕变第一、二阶段的分界点,第一阶段开始部分时间太短难以描述,求对数后该部分被放大,将有助于寻找蠕变第一、二阶段的分界点。

由于蠕变第一阶段实验数据样本过少,噪声影响较大,因此在寻找分界点前应先对样本进行高斯降噪处理,调整窗长度,得到更有助于寻找分界点的平滑曲线。

设置阈值 N,以应变率导数小于阈值为判据进行第一次筛选,筛除由实验刚开始进行时变形过小却导致斜率过大的部分不合理数据。

第一次筛选后的数据更加集中,为了进一步防止噪声扰动对斜率判断的影响,采用更大的窗长度。Bin Yang 做出蠕变应变率曲线,认为当蠕变应变率的导数等于零时,蠕变第一阶段结束。由式(2-4-5)可知,在蠕变第一、二阶段的分界处,求对数后的应变率的数值趋近于 1,以此为判据最终找到蠕变第一、二阶段的分界点。

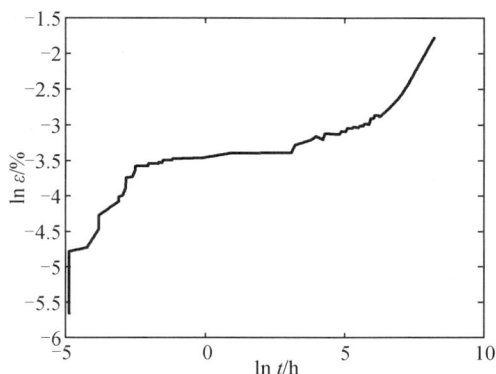

图 2-4-5 取对数后的蠕变曲线

然而,使用以上程序并未找到分界点,对斜率平稳的部分进行线性回归,发现即使在图 2-4-5 斜率平稳处,其斜率大小也未超过 0.5,即在该温度和应力水平下,实验所用的不锈钢并未进入蠕变的第二阶段。

更换为 700 ℃、40 MPa 的数据,按上述方法找到了蠕变第一、二阶段的分界点,将蠕变第一、二阶段的数据分别归一化进行训练,蠕变的第二阶段使用线性神经网络进行训练。经过 10 000 次迭代所得蠕变第二阶段线性神经网络模型的参数值为 1.046 712 30 和 -0.016 049 07,则表达式为

$$\ln \varepsilon = 1.046\ 712\ 30\ln t - 0.016\ 049\ 07 \qquad (2-4-6)$$

可见,线性神经网络可以很好地规避噪声数据带来的影响,防止数据分散对结果的干扰。组装蠕变第一、二阶段模型,最终得到整体的蠕变本构模型。

继续使用 700 ℃、40 MPa 的数据,在经过两次筛选找到了蠕变第一、二阶段的分界点的基础上,对蠕变第一、二阶段的数据分别进行训练,得到相应的蠕变模型。在此基础上,得到蠕变第一、第二阶段模型的相关性曲线分别如图 2-4-6(a)、图 2-4-6(b)所示,图 2-4-6(c)为神经网络直接训练所得模型的相关性曲线。可见,图 2-4-6(a)、图 2-4-6(b)所展示的分界点界定之后的模型相关性,明显优于图 2-4-6(c)所展示的神经网络直接训练所得模型的相关性。

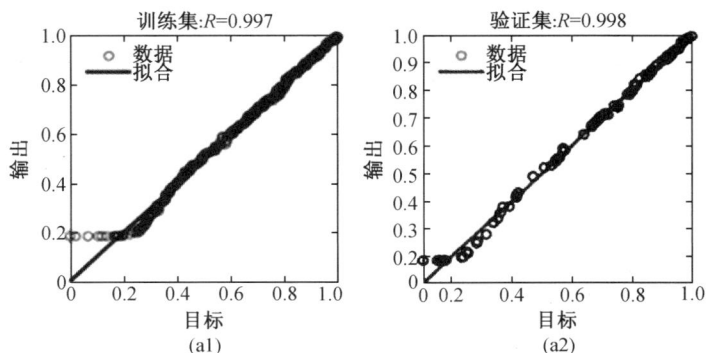

图 2-4-6 第一、二阶段模型及神经网络直接训练所得模型的相关性曲线

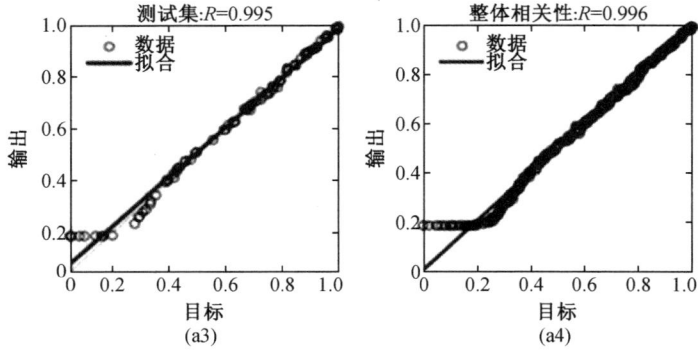

（a）

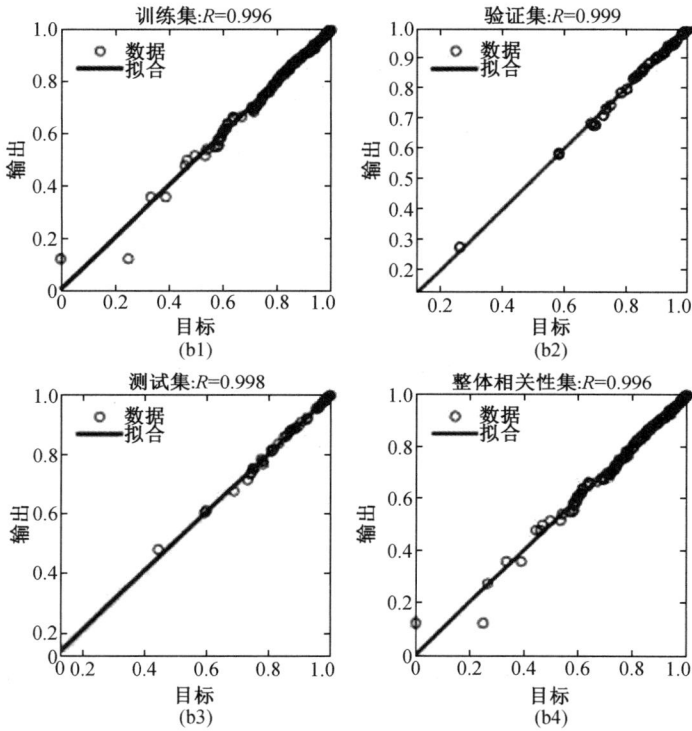

（b）

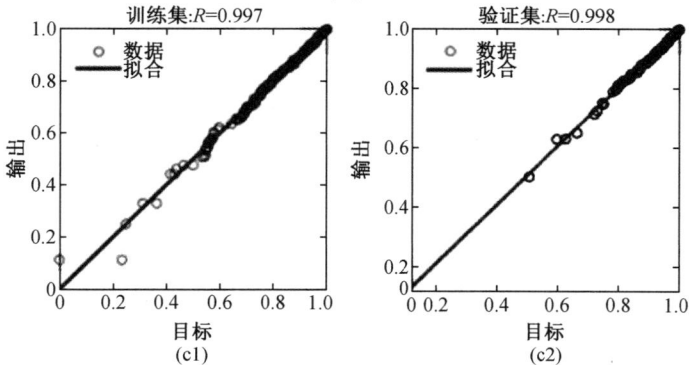

图 **2-4-6**（续1）

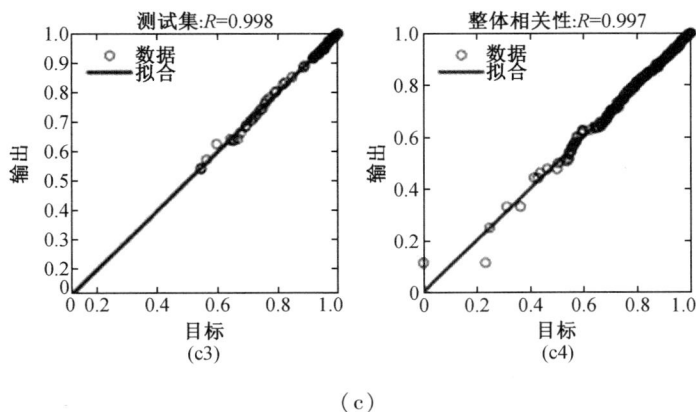

（c）

图 2-4-6（续 2）

　　将第一、二阶段模型组合,归一化后得到 Norton-Bailey 幂律与神经网络相结合的蠕变模型。图 2-4-7(a)为直接训练所得模型与实验数据的拟合曲线,图 2-4-7(b)为组合优化模型与实验数据的拟合曲线。可以看出,将 Norton-Bailey 幂律与神经网络方法结合优化后模型的相关性明显优于直接训练所得模型的相关性。

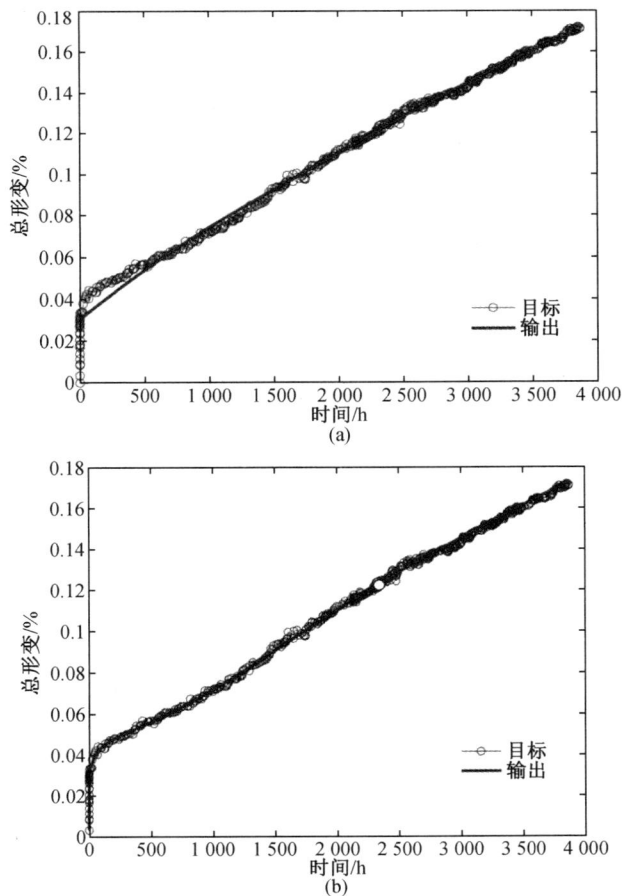

(a)

(b)

图 2-4-7　直接训练所得模型与优化模型的蠕变曲线

可见,组合优化模型的拟合效果与实验数据的逼近程度明显优于神经网络直接训练所得模型,两种模型的预测结果见表2-4-2。

表2-4-2　两种模型的预测结果

时间/h	组合优化模型预测值/%	组合优化模型相对误差/%	神经网络直接训练所得模型预测值/%	神经网络直接训练所得模型相对误差/%
3 000	0.143 586 343 7	1.084 785 961	0.144 455 181 6	1.696 447 835
4 000	0.175 789 788 5	0.836 529 549	0.174 814 688 6	1.386 585 917
5 000	0.205 664 370 5	2.957 294 339	0.201 593 571 4	4.878 100 377
6 000	0.233 805 251 5	4.079 896 819	0.225 004 511 7	7.690 456 759
7 000	0.260 581 682 0	6.403 314 206	0.245 335 313 3	11.879 560 954
8 000	0.286 242 929 9	6.532 920 837	0.262 908 426 5	14.152 350 535
9 000	0.310 967 412 2	8.477 818 480	0.278 051 585 2	18.165 419 734
10 000	0.334 888 462 5	11.234 383 436	0.291 078 580 3	22.846 641 356

4. 小结

相较于直接训练的模型,优化后的蠕变模型在利用短时数据预测长时蠕变性能方面表现更佳,误差更小,结果更可靠。316H不锈钢在700 ℃、28 MPa条件下,3 000 h内仍处于蠕变的第一阶段,可见该材料蠕变第一阶段时间较长。

对蠕变第一阶段较长的材料,相同温度下应力水平的提升会明显加速蠕变进入第二阶段的进程。对于此类材料,难以直观判断蠕变是否进入第二阶段,机器判断更为合理可靠。

直接使用神经网络对第一、二阶段数据同时进行训练时,由于第一阶段样本量不足,而第二阶段蠕变量较多,导致机器学习结果冲淡了样本量较少的第一阶段数据,即直接训练所得到的模型对第一阶段的回归效果不好。因此,找到蠕变第一、二阶段的分界点,实现对实验数据分段处理,可以很好地解决两个阶段数据密度不均衡带来的问题。

以上提出了一种寻找蠕变第一、二阶段的分界点的方法,即首先将数据进行降噪处理,滤掉特异性较大的数据,根据蠕变特性进行多次筛选,根据不同的判据多次分段,直至找到误差符合设定阈值的点,该点即为蠕变第一、二阶段的分界点。对实验数据的实际操作也验证了这一方法的可靠性,该方法为蠕变实验数据的处理提供了合理可靠的方案。

就长时蠕变的预测效果而言,神经网络与Norton-Bailey方程相结合得到的模型,比直接训练得到的模型效果更好,可以得到更精确的蠕变本构模型。

神经网络训练效果的准确性依赖于样本的密度,在实际工程中,难以得到数据密度足够的长时蠕变数据,使单纯依靠神经网络学习得到的模型无法得到真实蠕变规律。比如,由于第一阶段样本量不足,大量的第二阶段蠕变数据会导致机器训练结果无法充分体现第一阶段的特性,导致模型对第一阶段的回归效果不够理想。

上述方案不仅对实验数据拟合具有理论参考价值,而且对蠕变实验数据采集方案也具有积极意义,可以在实验前有目的地决定实验数据采集密度,从而更方便地得到蠕变精确的不同阶段的变形规律曲线。

简而言之,本节提出了一种将已有蠕变理论和神经网络相结合的模型优化方法,并由此实现了对蠕变第一、二阶段的准确描述,以及长时蠕变预测的良好效果。该优化模型明显优于直接训练,结果更为精确可靠。所得优化模型,对高温反应堆结构蠕变实验数据处理和结构蠕变寿命分析评价,都具有重要的指导意义和理论参考价值。

参 考 文 献

[1] 丛爽. 面向 MATLAB 工具箱的神经网络理论与应用[M]. 合肥:中国科学技术大学出版社,2003.

[2] 桂忠楼,陈立江. 人工神经网络在单晶合金设计中的应用[J]. 材料工程,1994(10):22-24,31.

[3] 李军伟,彭志方. 用人工神经网络法预测镍基单晶高温合金的蠕变断裂寿命[J]. 金属学报,2004(3):257-262.

[4] 孟广伟,沙丽荣,李锋,等. 基于神经网络的结构疲劳可靠性优化设计[J]. 兵工学报, 2010, 31(6): 765-769.

[5] BRIAN D. Use of CDM in materials modeling and component creep life prediction[J]. Pressure Vessel Techn,2000,122(3):281-296.

[6] DOMEN S,MARKO N. Unification of the most com-monly used time-temperature creep parameters[J]. Mater Sci Eng A,2011,528(6):2804-2811.

[7] KOUICHI M,HASSAN G A,KYOSUKE Y. Multiregion analysis of creep rupture data of 316 stain-less steel[J]. Pressure Vessels Piping,2007,84(3):171-176.

[8] COCKS A C F,ASHBY M F. On creep fracture by void growth[J]. Prog Mater Sci,1982, 27(3):189-244.

[9] FUJIO A TORSTEN U K, VISWANATHAN R. Creep-resistant steels[M]. New York: Wood Head,2008.

[10] MATIN P. The omega method:An engineering approachto life assessment[J]. Pressure Vessel Techn,2000,122(3):273-280.

[11] KOWALEWSKI Z L,HAYHURST D R,DYSON B F. Mechanisms based creep constitutive equations for an aluminium alloy[J]. Strain Anal Eng Des,1994,29(4):309-316.

[12] OREGANTI R, KARADGE M, SWAMINATHAN S. Damage mechanics-based creep model for 9-10%Cr ferritic steels[J]. Acta Mater,2011,59(5):2145-2155.

[13] MUSTATA R,HAYHURST D R. Creep constitutive equations for a 0. 5 Cr 0. 5Mo 0. 25V ferritic steel in the temperature range 565℃-675℃[J]. Pressure Vessels Piping,2005, 82(5):363-372.

[14] 彭鸿博. 金属材料本构模型的研究进展[J]. 机械工程材料,2012,36(3):5-10,75.

［15］　MILLER A K. Unified constitutive equations for creep and plasticity［M］. America: Elsevier Applied Science Publication Ltd,1987.

［16］　CHABOCHE J L. Continuum damage mechanics: Part Ⅱ: Damage growth, crack initiation, and crack growth［J］. Journal of Applied Mechanics, 1988, 55(1): 65-72.

［17］　轩福贞,朱明亮,王国彪.结构疲劳百年研究的回顾与展望[J].机械工程学报,2021, 57(6):26-51.

［18］　NAM S W, LEE S C, LEE J M. The effect of creep cavitation on the fatigue life under creep－fatigue interaction［J］. Nuclear Engineering and Design, 1995, 153 (2 - 3): 213-221.

第3章　高温蠕变寿命外推

　　预测反应堆材料的长时高温蠕变性能一直是材料实验的难题。利用实验方法可准确地获取材料的长时蠕变性能,然而,由于新型反应堆的寿命指标越来越长,要求蠕变实验时间通常需要几年、十年甚至更长的时间,时间成本显然是难以接受的。现有蠕变实验数据远远不能满足我国新型反应堆研发设计的紧迫需求。目前,较为可行的蠕变寿命外推方法,是利用短时加速蠕变实验数据拟合曲线,外推得到材料在低应力水平下的蠕变寿命预测,从而获得完整的材料蠕变断裂持久强度曲线,为长期服役的工程结构设计提供参考。

　　从不同的研究角度来看,蠕变寿命预测的外推方法可分为两大类:一是基于参数唯象模型的解析法,二是基于蠕变损伤参量的 CDM 法。基于唯象模型的解析法又包括两种:基于持久实验的寿命外推法和基于蠕变曲线的寿命外推法。

　　基于持久实验的寿命外推法也称为时间-温度-参数法,即 TTP 法,其基本思想是,通过归纳应力、温度和蠕变断裂时间在对数坐标中的相互关系,使用应力加速(增加应力)或温度加速(提高温度)的办法,缩短蠕变持久实验时间,实现不同温度条件下短时实验数据(低于 5 000 h)外推相应温度下的材料长时(5 000~200 000 h)持久性能。TTP 法具体包括三种:Larson-Miller(L-M)参数法、Orr-Sherby-Dorn(OSD)参数法、Wilshire 模型法等。

　　基于蠕变曲线的寿命外推法需要记录完整的蠕变曲线并构建蠕变本构方程,进而模拟出材料在不同温度和应力条件下的蠕变曲线,如 θ 模型参数法、K-R 模型法等。

　　基于蠕变损伤变量的 CDM 法是近年来发展起来的一种考虑蠕变损伤变量的 CDM 模型,它从连续介质蠕变损伤力学的微观尺度研究材料的蠕变损伤。与参数唯象模型的解析法最大的不同在于,CDM 法不仅仅关心蠕变试样在不同温度与应力作用下的蠕变断裂时间,而且还考虑蠕变损伤的实际物理过程和演化历史。

　　利用上述方法能在蠕变机理不发生变化的情况下,根据短时高温加速的蠕变持久强度实验数据外推得到较为准确的长时蠕变持久强度预测数据。一般而言,利用上述方法外推获得的蠕变持久强度数据所对应的蠕变寿命上限不宜超过实验值的 3 倍。

3.1 基于唯象模型的寿命外推

3.1.1 基于持久实验的寿命外推

1. L-M 参数法

L-M 参数法是 TTP 方法的代表,该方法将金属材料的高温蠕变过程视为一个热激活过程。其外推基于以下两个基本假设。

一是金属材料的蠕变速率,用下式表示:

$$\dot{\varepsilon}_m = A \exp\left(-\frac{Q_c}{RT}\right)$$

式中,Q_c 表示与应力相关的蠕变激活能;A 为材料常数;R 为摩尔气体常数;T 为温度。

二是反映材料的蠕变抗力的最小蠕变速率与反映材料持久性的断裂时间的乘积为蒙克曼-格兰特(Monkman-Grant)常数 C_{MG}。

$$\dot{\varepsilon}_m t_r = C_{MG}$$

这里对给定温度下的持久强度与持久时间建立定量关系,以预测运行条件下的蠕变寿命。L-M 参数法使用 LMP 表示温度 T、断裂时间 t_r 和应力 σ 之间的关系,公式如下:

$$LMP = T(\lg t_r + C)$$
$$LMP = a_0 + a_1 \lg \sigma + a_2 (\lg \sigma)^2 + a_3 (\lg \sigma)^3 \tag{3-1-1}$$

变形可得

$$\lg t_r = \frac{a_0 + a_1 \lg \sigma + a_2 (\lg \sigma)^2 + a_3 (\lg \sigma)^3}{T} - C \tag{3-1-2}$$

式中,C 和 $a_i(i=0,1,2,3)$ 均为常数,可以通过进行二元非线性回归求解 L-M 模型参数。

L-M 参数法计算方便,应用广泛,但只考虑最终寿命结果,而没有中间蠕变过程,在进行寿命预测时存在许多限制。

研究表明,L-M 参数法模型外推 10 000 h 的结果与欧洲蠕变合作委员会(ECCC)的数据结果吻合较好。当外推时间超过 100 000 h 时,模型外推结果开始偏离 ECCC 标准值,外推时间大于 200 000 h 时,模型外推结果严重偏离 ECCC 标准值。

2. OSD 参数法

OSD 参数法在本质上与 L-M 参数法没有太大区别,也是根据 Arrhenius 公式推导得到的。所不同的是,OSD 参数法预测蠕变寿命的时间比 L-M 参数法短,OSD 参数法中假设蠕变过程中的蠕变激活能是一常数,稳态蠕变速率与断裂时间成反比。蠕变激活能 Q_c 为常数,可通过取对数进行拟合得到。显然,有

$$\dot{\varepsilon}_m = A_1 \exp\left(-\frac{Q_c}{RT}\right)$$

$$t_r = A_2 \exp\left(\frac{Q_c}{RT}\right)$$

式中，A_1、A_2 为常数；T 为温度；R 为摩尔气体常数。则有

$$\ln t_r - \frac{Q_c}{RT} = b_0 + b_1 \ln \sigma + b_2 (\ln \sigma)^2$$

$$\ln t_r = \frac{Q_c}{RT} + b_0 + b_1 \ln \sigma + b_2 (\ln \sigma)^2 \tag{3-1-3}$$

L-M 参数法和 OSD 参数法均是基于一定假设条件下的数学演算，理论基础和基本计算步骤也基本一致；两者的假设都缺乏充分的蠕变断裂机制的物理理论依据，需要大量蠕变断裂实验数据的支撑，均不考虑微观组织损伤演化过程。不同的是，这两种方法的模型参数不一样，这是因为它们对模型参数的假设存在分歧，所以推导出的模型表达式不同。

实验数据与 OSD 模型外推曲线吻合很好，而且在不同温度下外推 10 000 h 的蠕变寿命时结果很可靠。OSD 参数法与 L-M 参数法模型类似，外推时间超过 10 000 h 时，将出现外推寿命过长的问题。

由于 OSD 参数法认为蠕变过程中蠕变激活能 Q_c 不随温度和应力的变化而变化，而金属材料蠕变激活能的数值至少在两个蠕变区间存在不同的值，因为金属材料在蠕变进程中，温度或应力发生改变时，材料微观组织的演化行为也会发生改变，宏观表现为材料蠕变抗性发生变化，此时，温度和蠕变断裂时间不再是单纯的线性关系，模型外推寿命会偏离外推曲线急剧下滑。因此，对 L-M 常数 C_{LM} 和蠕变激活能 Q_c 进行分区处理与计算，能够在一定程度上改善模型的长时外推精度。

3. Wilshire 模型法

Wilshire 在大量蠕变实验数据研究的基础上指出，合理的持久性能评估方法，应该考虑基体的扩散激活能与材料在不同温度下的抗拉强度的关系。因此，Wilshire 在一些假设的基础上，通过抗拉强度将不同温度和应力条件下的蠕变断裂数据进行合理的归一化处理，提出了修正温度（K）、蠕变持久寿命（h）、应力（MPa）之间的关系表达式：

$$\frac{M}{t_r} = \dot{\varepsilon}_m = A\left(\frac{\sigma}{\sigma_{TS}}\right)^n \exp\left(-\frac{Q_c}{RT}\right) \tag{3-1-4}$$

式中，M、A、n 均为与应力和温度相关的参量；σ_{TS} 为抗拉强度；t_r 为断裂时间；$\dot{\varepsilon}_m$ 为最小蠕变速率。

工程应用最为关注的是模型的外推精度，而模型参数的敏感性则是模型外推精度的重要影响因素。因此，合理的归一化处理和模型参数拟合是保证模型外推精度的关键点。

西北大学对 9Cr-1MO 钢的蠕变实验数据展开研究，结合实验数据拟合得到 Q_c 的数值，则

$$\dot{\varepsilon}_m \exp\left(-\frac{Q_c}{RT}\right) = A\left(\frac{\sigma}{\sigma_{TS}}\right)^n \tag{3-1-5}$$

$$t_r \dot{\varepsilon}_m \exp\left(-\frac{Q_c}{RT}\right) = \frac{M}{A\left(\frac{\sigma}{\sigma_{TS}}\right)^n} \tag{3-1-6}$$

根据式(3-1-5)和式(3-1-6),通过拟合可以得到 A 和 n 等参数的数值。利用拟合参数,通过式(3-1-6)即可进行蠕变寿命外推。由图3-1-1可以看出,拟合的 Wilshire 模型曲线穿过由实验数据、ECCC 标准公布的数据(简称"ECCC 数据")和欧洲标准 EN10216.2 公布的数据(简称"EN10216.2 数据")所组成的数据带的中央,与持久寿命数据具有很好的吻合度。

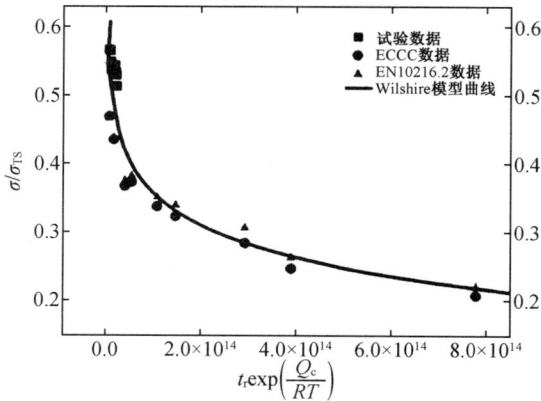

图 3-1-1 $t_r\exp\left(-\dfrac{Q_c}{RT}\right)$ 与 $\dfrac{\sigma}{\sigma_{TS}}$ 之间的关系

为了验证模型的可靠性,从图3-1-1中曲线外推得到不同温度下的应力蠕变断裂时间关系如图3-1-2所示。由图3-1-2可知,Wilshire 模型曲线与 ECCC 数据和 EN10216.2 数据的吻合度较好,当外推 10 000 h 的蠕变断裂寿命时,其精度最高;当外推时间大于100 000 h 时,结果高于材料实际寿命,类似于 L-M 参数法和 OSD 参数法,出现寿命过估计现象,但是外推准确性和外推范围均高于前两种方法。

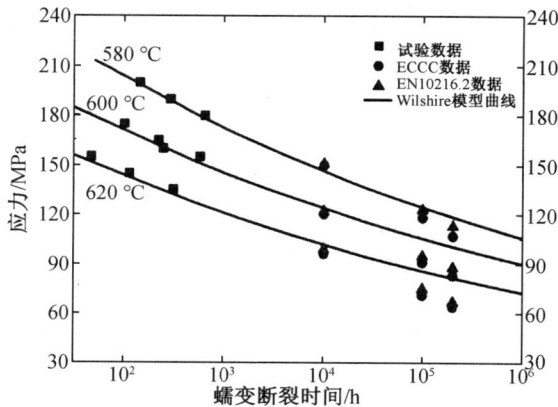

图 3-1-2 不同温度下的应力蠕变断裂时间关系

从 Wilshire 模型法的计算过程可以看出,应力指数 n 和 Q_c 值的变化是影响模型外推精度的主要因素,因此,在模型计算之初,当 σ/σ_{TS} 为常数时,通过描述 $\ln\sigma_m$-$(1/T)$ 或 $\ln t_r$-$(1/T)$ 之间的关系,便可确定 Q_c 的值(不受温度变化的影响)。类似地,为了避免 n 值

变化的影响,将式(3-1-5)和式(3-1-6)分别改写为

$$\frac{\sigma}{\sigma_{TS}} = \exp\left\{-k_1\left[\dot{\varepsilon}_m\exp\left(-\frac{Q_c}{RT}\right)\right]^u\right\} \tag{3-1-7}$$

$$\frac{\sigma}{\sigma_{TS}} = \exp\left\{-k_2\left[t_r\exp\left(-\frac{Q_c}{RT}\right)\right]^v\right\} \tag{3-1-8}$$

4个参数 k_1、u、k_2、v 的数值可以分别通过实验数据和 ECCC 数据拟合获得。基于式(3-1-8)及其线性拟合的结果,便可以进行蠕变持久寿命的外推。这样显然可避开应力指数值的变化对外推精度的影响。P91 钢在不同温度下基于 Wilshire 模型的外推曲线如图3-1-3 所示。

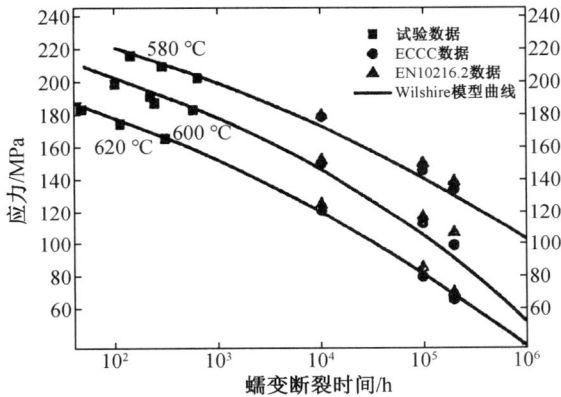

图 3-1-3 P91 钢在不同温度下基于 Wilshire 模型的外推曲线

由图 3-1-2、图 3-1-3 可知,式(3-1-8)的 Wilshire 模型法的外推精度明显提高,特别是在 620 ℃下,外推曲线与 ECCC 数据、EN10216.2 数据在 2.0×10^5 h 时基本重合,在另外的温度条件下也吻合较好。因此,Wilshire 模型法是 TTP 参数法中精度最高、应力范围最广的方法,具有很好的工程前景。

4. 模型外推误差分析

从图 3-1-4 中可以看出,模型外推曲线与实验数据吻合非常好,当外推 ECCC 数据时,外推 10 000 h 时三种模型的外推误差均较小,当外推 200 000 h 时,则模型误差均增大,其中L-M 参数法的误差最大,达到 46%,OSD 参数法次之,最大误差达到 31.7%,而 Wilshire 模型的外推精度却非常好,外推误差最大仅为 3.1%。原因是 L-M 参数法的 CLM 参数在高应力区与低应力区是不一样的,进行寿命外推时,应对其进行分区处理,方能提高外推精度;对于 OSD 参数法,由于蠕变过程中蠕变激活能是随温度和应力的变化而发生变化的参数,且金属材料的蠕变激活能至少在两个区间内存在不同的值,而本书拟合得到的值仍为名义蠕变激活能,与真实蠕变激活能有一定的区别,所以在进行寿命外推时,影响了模型的外推精度;而 Wilshire 模型灵活选择公式,巧妙避开应力指数 n 值和蠕变激活能 Q_c 值变化对模型精度的影响,故其外推精度比其他两种方法更高,具有很好的工程应用价值。

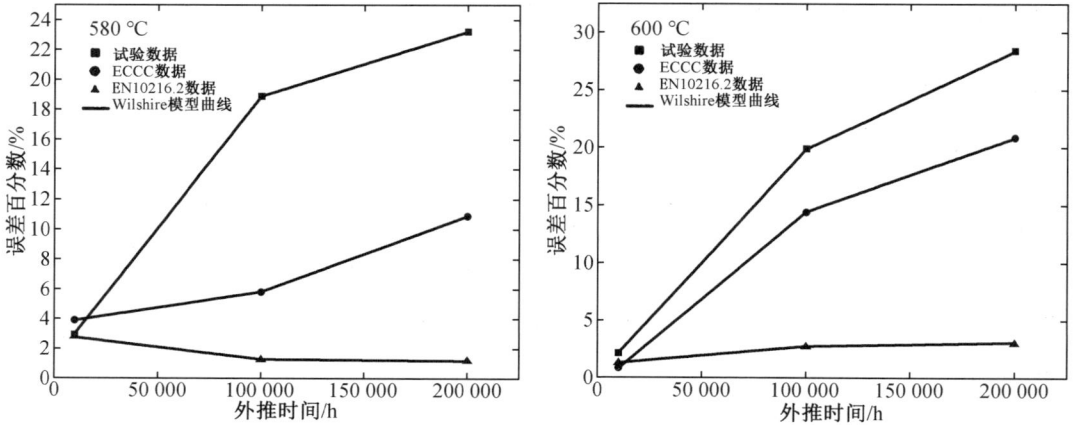

图 3-1-4　模型外推曲线与实验数据误差对比

3.1.2　基于蠕变曲线的寿命外推

蠕变曲线法即通过蠕变曲线建立蠕变本构模型,进而预测蠕变寿命。此类方法要求采用的蠕变本构模型可以对蠕变第三阶段进行描述。

1. θ 模型参数法

θ 模型参数法是利用实验获得的实测蠕变曲线来建立模型,通过求解蠕变参数唯象方程来实现蠕变寿命预测。它通过蠕变变形量建立时间、温度与应力的关系,与 TTP 法忽略大量的蠕变信息不同,θ 模型参数法基于实测蠕变曲线,记录了大量的蠕变信息,因此其预测精度和适用范围都有很大的提高,在工程应用中得到了广泛的推广。

其基本理论认为:对于金属材料的三个蠕变过程,忽略动态平衡的第二阶段,模型由蠕变第一阶段的应变硬化和第三阶段的应变软化两个部分组成,模型方程为

$$\varepsilon = \theta_1 \left[1 - \exp(-\theta_2 t) \right] + \theta_3 \left[\exp(\theta_4 t) - 1 \right] \tag{3-1-9}$$

式中,ε 为蠕变应变量;t 为蠕变时间;θ_1、θ_3 表征量化的蠕变应变系数;θ_2、θ_4 分别为蠕变第一、三阶段的蠕变速率常数。可以看出,该模型将蠕变过程简化为基于应变硬化和恢复软化的迭加物理模型。

令

$$\lg \theta_i = a_i + b_i T + c_i \sigma + d_i T \sigma$$

式中,a_i、b_i、c_i、$d_i (i = 1, 2, 3, 4)$ 为材料常数。

将式(3-1-9)对时间求导,得到

$$\dot{\varepsilon} = \theta_1 \theta_2 \exp(-\theta_2 t) + \theta_3 \theta_4 \exp(\theta_4 t) \tag{3-1-10}$$

在蠕变第三阶段材料内部的微观组织将发生明显的变化,造成材料的快速劣化。因此,采用初始阶段的指数形式与蠕变第三阶段相组合的模型,将式(3-1-9)写成如下形式:

$$\varepsilon = \theta_1 \left[1 - \exp(-\theta_2 t) \right] + \frac{1}{\theta_3} \ln(1 - \theta_4 t) \tag{3-1-11}$$

研究表明,预测曲线与实验数据吻合很好,θ 模型参数法具有很高的预测精度,而且还能够得到不同温度和应力条件下的完整蠕变曲线,进而可以获得比 TTP 法更多的蠕变信

息,如稳态蠕变速率、蠕变断裂应变式等。但是,θ 模型参数法所获得的蠕变曲线的蠕变应变均小于实际蠕变断裂应变,蠕变第三阶段吻合度不如第一、二阶段完美,这是因为实验数据是在恒应力条件下获得的,随着蠕变第一、二阶段应变的累积,在蠕变第三阶段,试样将出现颈缩现象,造成试样蠕变速率急剧增大,应变快速增加。

但是,θ 模型参数法参数众多,计算烦琐,蠕变曲线就涉及 20 个参数,参数的非线性拟合和曲线的外推过程都存在一定误差,也会对外推精度产生一定影响。此外,该方法也未考虑蠕变过程中微观组织的演化和损伤的累积效应,以及不同温度和应力条件下的蠕变断裂机制,特别是在长时蠕变过程中温度的热时效作用对材料寿命的影响。

2. 改进的 θ 模型参数法

恒应力条件下,由于蠕变曲线第一阶段很短,第二阶段相对很长。因此,采用由蠕变第二、三阶段构成的改进 θ 模型,即

$$\varepsilon = \theta_1 t + \theta_2 \left[\exp(\theta_3 t) - 1 \right] \tag{3-1-12}$$

相比前文的 θ 模型参数法,改进 θ 模型参数法的计算参数和计算量有所减少,更为简洁。

同样,可以获得改进 θ 模型预测曲线。改进 θ 模型参数法的外推蠕变曲线与实验数据拟合程度很好,优于 θ 模型参数法,特别是在蠕变曲线的第二、三阶段吻合度明显提高,而且预测的蠕变断裂应变值更加接近实验值。

θ 模型参数法及改进 θ 模型参数法在外推高应力区时间不太长的蠕变寿命时,其预测结果是非常准确的,误差均在 5.3% 以内;外推 700 h 以内的蠕变寿命时,误差在 3.14% 以内。此外,在一定应力范围内,改进 θ 模型参数法的预测精度更高,并且能够准确得到蠕变第二、三阶段的蠕变应变曲线。当外推时间大于 10 000 h 时,两种模型方法的外推误差均明显增大。

两种方法均需要根据实验数据拟合出大量的模型参数,θ 模型参数法涉及 20 个参数,改进 θ 模型参数法涉及 15 个参数,很多参数都没有明确的物理含义。

3.2 基于连续损伤模型的寿命外推

目前在诸多高温规范中主要应用的仍然是保守处理后的持久强度法,此类方法数据积累充足,应用较为成熟,缺点是过于保守;在进行非弹性分析时会使用蠕变本构模型对结构进行详细的蠕变分析,但一般不考虑蠕变第三阶段,最终依然是通过持久强度法进行评价。对于工程应用而言,蠕变曲线法和损伤模型法的应用仍有许多问题需要解决。

CDM 方法是近年发展起来的非常有潜力的高温蠕变寿命预测方法,它不但继承了基于蠕变曲线寿命预测方法的优点,具有明确的表达形式,而且能够编程实现常微分方程组的数值求解。此外,CDM 方法综合考虑了蠕变过程中的各种损伤因素的影响,因此成为在恒定条件下或复杂服役历史条件下对蠕变寿命精准预测研究的有力工具。

目前,基于材料连续蠕变损伤模型的最好方法是 K-R 模型法。K-R 模型是一种基于

材料连续蠕变损伤的评定方法。K-R 模型由蠕变应变速率 ε 和蠕变损伤演化速率 ω 两部分构成,其本构方程为

$$\dot{\varepsilon} = \frac{\mathrm{d}\varepsilon}{\mathrm{d}t} = A\left(\frac{\overline{\sigma}}{1-\omega}\right)^{n}$$

$$\dot{\omega} = \frac{\mathrm{d}\omega}{\mathrm{d}t} = \frac{B\overline{\sigma}^{\chi}}{(1-\omega)^{\varphi}} \quad 0 \leq \omega \leq 1 \tag{3-2-1}$$

式中,A 和 n 为 Norton 幂律常数,其数值可通过拟合 Norton 幂律方程获得;$\overline{\sigma}$ 为等效应力;B、χ、φ 为蠕变第三阶段的材料常数。

对于单轴拉伸应力条件下获得的蠕变实验数据,可将 K-R 本构方程写成损伤演化的形式,即

$$(1-\omega)^{\varphi}\mathrm{d}\omega = B\overline{\sigma}^{\chi}\mathrm{d}t \tag{3-2-2}$$

设初始蠕变损伤和初始蠕变时间均为 0,材料蠕变断裂时间 t_{r} 时的蠕变损伤为 1,则对式(3-2-2)进行积分变换,即可得 K-R 本构方程:

$$\dot{\varepsilon}_{\mathrm{c}} = \frac{\mathrm{d}\varepsilon_{\mathrm{c}}}{\mathrm{d}t} = A\left[\frac{\overline{\sigma}}{\left(1-\frac{t}{t_{\mathrm{r}}}\right)^{\frac{1}{\varphi+1}}}\right]^{n}$$

$$\varepsilon_{\mathrm{c}} = \frac{(A\overline{\sigma}^{n}t_{\mathrm{r}})}{1-\frac{n}{\varphi+1}}\left[1-\left(1-\frac{t}{t_{\mathrm{r}}}\right)^{\left(1-\frac{n}{\varphi+1}\right)}\right] \tag{3-2-3}$$

使用实验数据拟合 K-R 模型中的模型参数,即可得到式(3-2-3)的 K-R 模型本构方程。

根据实验数据的拟合结果,由式(3-2-3)便可获得不同温度和应力条件下的 K-R 模型外推曲线,模型外推曲线与实验数据在蠕变第二、三阶段吻合很好,能够精准地预测高应力条件下的短时蠕变寿命。当使用此模型进行长时蠕变寿命外推至 10 000 h 时,在不同温度条件下都与 ECCC 数据吻合很好,但当外推时间大于 100 000 h 时,该外推模型也出现寿命预测过长的现象,即外推蠕变寿命高于材料实际运行寿命,CDM 模型外推精度高于 TTP 法,但低于 Wilshire 模型法。

与 θ 模型参数法及改进 θ 模型参数法一样,K-R 模型在外推高应力区短时蠕变寿命时,其结果也是非常准确的,误差在 5.3% 以内。此外,在一定应力范围内,当外推时间大于 10 000 h 时,其外推误差也明显增大,与 θ 模型参数法及其改进法相比,K-R 模型法能够准确外推至 10 000 h 的蠕变寿命。

该方法通过优化材料的各向异性,将具有离散结构特性的材料损伤过程模拟为连续介质模型,再通过引入蠕变损伤参量,将其与蠕变损伤本构方程进行耦合,来描述金属材料从内部微观损伤到宏观断裂失效的过程,所以,该方法需要对材料蠕变过程中的微观组织演化行为进行观察和表征。CDM 法能够从物理本质上揭示材料蠕变行为的本质,若能建立起蠕变损伤参量与 CDM 模型中损伤程度的量化关系,则很容易实现模型参数的合理求解。因此 CDM 法是具有工程应用价值的高温蠕变寿命定量预测方法。

θ 模型参数法及改进 θ 模型参数法均需要根据实验数据拟合出大量的模型参数,K-R 模型法中参数相对较少,一个温度和应力条件下至少需要确定 7 个参数,多数模型参数也没有明确的物理含义。K-R 模型法虽然考虑了蠕变损伤的演化,用 $B\chi$、φ 来表征蠕变第三阶段的蠕变损伤累积,相对于其他方法来说有很大的改进,也更接近材料蠕变损伤的本质,但因为材料本身的各向异性,以及高温高应力等载荷条件的改变,均会对材料的微观组织演化产生影响,并且材料内部微观组织的演化行为本来就是多尺度的,要描述其演化行为的物理模型是非常困难的。现有传统 CDM 模型的各损伤本构方程很难耦合,还无法从物理机制上揭示蠕变损伤的实质,实现复杂操作历史条件下蠕变寿命的精准预测,有待进一步研究完善。

总结上述蠕变寿命外推方法的精度可知,TTP 法的结果准确性对模型参数的选取较为敏感。L-M 参数法和 OSD 参数法在外推 200 000 h 时,都出现了寿命过估计的现象,外推误差非常大,其原因是无法在整个蠕变断裂时间内找到合适的模型参数,因此,对于 L-M 参数法和 OSD 参数法进行寿命外推时,建议对其进行分区处理。而 Wilshire 模型法通过抗拉强度值进行了合理的归一化处理,巧妙地避开了模型参数对模型外推精度的影响。所以,在 TTP 法中,Wilshire 模型法的外推精度是最高的,而参数敏感性是最低的,具有很好的工程应用价值。

蠕变曲线外推方法进行蠕变寿命预测时,θ 模型参数法、改进 θ 模型参数法、K-R 模型法在短时寿命预测时都与实验数据吻合很好,且能得到不同温度和应力条件下的完整蠕变曲线;当外推长时(大于 10 000 h)蠕变寿命时,K-R 模型法的外推精度最好,改进 θ 模型参数法次之。但 K-R 模型法的缺点是参数众多,求解烦琐,外推曲线只能得到稳态蠕变阶段与加速蠕变阶段的蠕变曲线。

3.3 辐照蠕变的寿命外推

通常的蠕变实验外推方法都是基于纯粹高温影响,而不考虑其他环境因素,比如辐照影响。华东理工大学的胡靖东、轩福贞等研究得到了一种考虑材料辐照影响的蠕变寿命外推方法。他们通过引入量纲为 1 的参数,即辐照影响系数,建立了基于蠕变寿命外推 TTP 法的可用于辐照蠕变寿命外推的辐照-时间-温度参数法即 ITTP 法,以此推导了含辐照影响的 L-M 参数方程和 OSD 参数方程,简单介绍如下。

用于辐照蠕变寿命外推的 ITTP 法是 TTP 法对辐照影响的一个修正形式。ITTP 法的建立过程与 TTP 法基本一致,也是建立在阿伦乌斯(Arrhenius)方程的基础之上的,即

$$\dot{\varepsilon} = A\exp\left(-\frac{Q_c}{RT}\right) \tag{3-3-1}$$

辐照对稳态蠕变速率的影响,与材料自身的微观结构因素、温度 T、辐照通量 φ 有关。若将辐照对稳态蠕变速率的影响用函数 f 体现,则稳态辐照蠕变速率 $\dot{\varepsilon}$ 与稳态蠕变速率 $\dot{\varepsilon}_0$ 的关系可写成

$$\dot{\varepsilon} = \dot{\varepsilon}_0 f(T, \varphi) \tag{3-3-2}$$

在假设材料蠕变由稳态蠕变过程主导,即 $\dot{\varepsilon} = \dfrac{\varepsilon_i}{t_i}$ 成立的前提下,将式(3-3-2)代入式(3-3-1),得到

$$\frac{\varepsilon_i}{t_i} = \dot{\varepsilon} = A\exp\left(-\frac{Q_c}{RT}\right)\frac{f(T, \varphi)}{g(T, \varphi)} \tag{3-3-3}$$

定义辐照影响系数 N 为

$$N = \frac{f(T, \varphi)}{g(T, \varphi)}$$

N 是一个唯象的量纲为 1 的参数,等于辐照蠕变速率与蠕变速率的比值除以辐照蠕变延性与蠕变延性的比值。将 N 代入式(3-3-3),可得

$$\frac{\varepsilon_i}{t_i} = A\exp\left(-\frac{Q_c}{RT}\right)N \tag{3-3-4}$$

此式即为 ITTP 法的基本方程。可利用式(3-3-4)推导含辐照影响系数 N 的 L-M 参数。对式(3-3-4)两边取对数,可得

$$\frac{Q_c}{R\ln 10} = T(\lg t_i + \lg N + \lg A - \lg \varepsilon_i) \tag{3-3-5}$$

则等号左边即为 L-M 参数方程的参数 P_{LM}。

定义材料常数 C 为

$$C = \lg A - \lg \varepsilon_i$$

即可根据式(3-3-5)得到含辐照影响系数的 L-M 参数 $P_{\mathrm{LM},i}$ 方程:

$$P_{\mathrm{LM},i} = T(\lg t_i + \lg N + C) \tag{3-3-6}$$

同理,还可通过类似的方法得到含辐照影响系数的 Dorn 参数 θ_i 方程:

$$\theta_i = N\exp\left(-\frac{Q_c}{RT}\right) \tag{3-3-7}$$

式(3-3-6)和式(3-3-7)即是利用 ITTP 法得到的含辐照影响系数的 L-M 参数方程及 Dorn 参数方程。当不存在辐照影响时,由辐照影响系数的定义可知,$N=1$。此时式(3-3-6)和式(3-3-7)将退化成一般的 TTP 参数方程形式,即

$$P_{\mathrm{LM}} = T(\lg t_i + C)$$

$$\theta = t_i\exp\left(-\frac{Q_c}{RT}\right)$$

式中,P_{LM} 为 L-M 参数;θ 为 Dorn 参数。可见,ITTP 法实质上是 TTP 法的一种特例。

之后,研究人员还采集了近 50 年来公开发表的堆内辐照蠕变实验数据及对照的未辐照纯蠕变数据(共 245 组数据),对辐照影响的寿命外推方法进行了验证。他们发现基于 ITTP 法的含辐照影响系数的 L-M 参数方程和 Dorn 参数方程均可较好地将未辐照与堆内辐照数据汇聚到一条曲线上。这说明 ITTP 法的确可以表征辐照对蠕变寿命的影响,可用于辐照蠕变规律的拟合和短时辐照蠕变寿命数据的外推。

经验证还发现,辐照影响系数具有定常属性,即采用不同的参数方程时,辐照影响系数的值并不会随之改变。

影响辐照影响系数的因素较为复杂,初步研究认为,针对奥氏体不锈钢材料而言,辐照影响系数可能随环境温度的上升而具有先下降后趋于稳定的趋势。

参 考 文 献

[1] 凌祥,涂善东.高温构件寿命评价技术研究现状和进展[J].机械工程材料,2002(10):4-6,43.

[2] 穆霞英.蠕变力学[M].西安:西安交通大学出版社,1990.

[3] 涂善东,戴树和.高温过程设备的寿命评价技术进展[J].压力容器,1996,13(2):61-63.

[4] 王春晖,孙志辉,赵加清,等.基于BP神经网络的BSTMUF601高温合金蠕变本构模型[J].稀有金属材料与工程,2020,49(6):1885-1893.

[5] 刘春慧.超(超)临界用钢高温持久寿命外推方法的比较分析[D].大连:大连理工大学,2013.

[6] 陈云翔,严伟,胡平,等.T/P91钢在高应力条件下蠕变行为的CDM模型模拟[J].金属学报,2011,47(11):1372-1377.

[7] 潘成飞.基于不同方法的9Cr-1Mo钢高温蠕变寿命预测研究[D].西安:西北大学,2017.

[8] 朱凯,王正林.精通MATLAB神经网络[M].北京:电子工业出版社,2010.

[9] 黄宽娜,刘徽.基于神经网络的Al-Cu-Mg-Ag合金蠕变速率预测[J].热加工工艺,2013,42(10):112-114.

[10] 束国刚,李益民,赵彦芬,等.基于蠕变曲线的12Cr1MoV钢寿命外推计算方法[J].热力发电,2000(6):32-35.

[11] 马崇.P92钢焊接接头Ⅳ型蠕变开裂机理及预测方法研究[D].天津:天津大学,2010.

[12] 徐鸿,袁军,倪永中.基于Norton-Bailey模型的P92钢初期蠕变过程分析[J].材料科学与工程学报,2013,31(4):567-571.

[13] BAILEY W R. The utilization of creep test data in engineering design[J]. ARCHIVE Proceedings of the Institution of Mechanical Engineers,1935,131:131-149.

[14] CHEN H F, CHEN W H, URE J. A direct method on the evaluation of cyclic steady state of structures with creep effect[J]. Journal of Pressure Vessel Technology, 2014, 136(6): 1-10.

[15] YANG B, XUAN F Z, JIANG W C. On the interrupted creep test under low stress levels for the power law parameter extraction[J]. Journal of Pressure Vessel Technology, 2020, 142:1-5.

[16] 轩福贞,宫建国.基于损伤模式的压力容器设计原理[M].北京:科学出版社,2020.

[17] 杨铁成.压力容器用钢 1.25Cr0.5Mo 高温下疲劳蠕变行为及寿命评估技术研究[D].杭州:浙江大学,2006.

[18] 赵彩丽,刘新宝,郝巧娥,等.高温金属构件蠕变寿命预测的研究进展[J].材料导报,2014,28(23):55-59.

[19] KACHANOV L M. Rupture time under creep conditions [J]. International Journal of Fracture,1999,97(1-4):11-18.

[20] WEN J F, TU S T, XUAN F Z, et al. Effects of stress level and stress state on creep ductility:evaluation of different models [J]. Journal of Materials Science & Technology,2016,32(8):695-704.

[21] 胡靖东,刘长军,轩福贞.基于 Cocks-Ashby 模型的多轴蠕变设计准则的局限性及其修正[J].机械工程学报,2017,53(16):141-147.

[22] SPINDLER M W. The multiaxial creep ductility of austenitic stainless steels [J]. Fatigue & Fracture of Engineering Materials & Structures,2010,27(4):273-281.

[23] AL-ABED B, TIMMINS R, WEBSTER G A, et al. Validation of a code of practice for notched bar creep rupture testing:Procedures and interpretation of data for design [J]. High Temperature Technology,1999,16(3):143-158.

[24] SASIKALA G, MATHEW M D, RAO K B S, et al. Creep deformation and fracture behaviour of a 65 nitrogen-bearing type 316 stainless steel weld metal [J]. Journal of Nuclear Materials,1999,273(3):257-264.

[25] MATHEW M D. Evolution of creep resistant 316 stainless steel for sodium cooled fast reactor applications [J]. Transactions of the Indian Institute of Metals,2010,63:151-158.

第4章 结构疲劳断裂理论基础

高温反应堆结构疲劳现象也是不可忽视的一种结构破坏形式。目前,就常规反应堆工程设计而言,人们对疲劳现象的认识尚且不是很清楚,诸如复合裂纹扩展断裂、动态裂纹断裂等现象,仍然需要深入研究。而对于含经常腐蚀介质的反应堆结构而言,裂纹萌生扩展导致结构断裂失效,就更是一种复杂的失效形式。对于常规反应堆结构,一般只针对反应堆压力容器进行断裂力学分析,采用的分析方式是设计初期在容器内放入材料样件,定期抽出测定断裂韧性,进行容器断裂力学评估,这类断裂基本属于脆性断裂范畴。而对于韧性较好的材料,其裂纹萌生扩展乃至断裂,都是属于韧性材料的行为,这方面的研究就更是少见。

目前反应堆工程设计尚且没有针对韧性材料的断裂力学分析评价规则。而新型反应堆几乎都是要求很高的设计温度,比常规反应堆设计温度高出几倍,达到上千摄氏度,其服役寿期也比常规反应堆高很多。所以,韧性材料在长期高温载荷以及其他循环载荷作用下,显然也会发生裂纹萌生扩展以及断裂现象。关于韧性材料裂纹扩展疲劳的研究,虽然开展较少,但是已经摆到了新型反应堆研发设计的台面上,被人们称为期待解决的重大问题之一。基于上述现状,本章就疲劳裂纹扩展断裂进行系统探讨,以便为高温反应堆结构疲劳分析设计奠定理论基础。

4.1 国内外高温疲劳研究现状

疲劳是指材料或零件在循环载荷作用下,逐步产生永久累积损伤,经过一定循环次数之后产生裂纹乃至裂纹扩展最终导致断裂的过程。需要注意的是,即使材料在循环载荷作用下,应力值并未超出其强度极限,疲劳失效也可能发生,且在发生结构失效前并无明显变形(脆性断裂),具有很大的隐蔽性和危险性。研究表明,在工程实际中,疲劳失效是机械和结构失效的最常见形式,在所有力学失效形式中的占比超过50%。遗憾的是,疲劳作为研究较早的材料复杂问题之一,其微观机理至今仍未得到科学合理的解释和描述。最早进行金属疲劳研究的是 Albert,他在 1829 年前后对铁质矿山升降机焊接链条进行了循环加载实验,发现了循环加载条件下的焊接链条的疲劳破坏现象。

1839 年,Poncelet 首次用"疲劳"一词描述金属在循环载荷下的断裂现象。Wöhlor 针对多次发生的火车轴断裂现象,设计了第一台疲劳实验机,并系统地研究了疲劳失效现象,于 1860 年发表论文,系统地描述了疲劳寿命和循环应力的关系,提出了疲劳耐久极限的概念以及用应力-寿命(S-N)曲线描述疲劳行为的方法,奠定了金属疲劳研究的基础。1874年,Gerber开始研究疲劳设计方法,提出了考虑平均应力影响的疲劳寿命计算方法。1899年,Goodman提出了常规疲劳设计用的疲劳极限线图。1910年,Basquin提出了描述金属S-N曲线的经验规律,指出在很大的应力范围内,应力-疲劳循环次数的双对数图呈线性关系,目前普遍使用的S-N曲线即此形式。1945年,Palmgren和Miner在对疲劳累积损伤问题进行大量实验研究后,提出了经典的帕姆格伦-迈纳(Palmgren-Miner)线性累积损伤法则,至今仍被广泛应用于工程实践中。

与高周疲劳不同,低周疲劳的循环次数较少,应力值较大,很多时候大于屈服极限,已进入塑性阶段,早期研究应用的S-N曲线在此情况下作用有限,由于"彗星号"飞机等事故影响,人们开始重视低周疲劳问题。20世纪60年代,Coffin和Manson在研究热受载与高应力幅疲劳问题的基础上,将塑性应变与疲劳寿命进行关联,建立了应变-寿命曲线和Manson-Coffin模型,奠定了低周疲劳分析的基础,并在后来逐步形成了计算疲劳寿命的局部应力应变法,该模型对部分材料的疲劳寿命拥有很好的预测精度。1957年,Irwin研究发表了线弹性断裂力学的理论与方法,并提出用应力强度因子K表示裂纹尖端应力场的大小,以描述疲劳裂纹的扩展。1961年,Neuber提出基于能量原理的Neuber假设,通过弹性分析计算缺口根部弹塑性应力、应变值,后基于该理论发展了局部应力、应变法,可根据危险部位的局部应力应变历程计算疲劳寿命。1963年,Paris在Irwin工作的基础上,指出裂纹扩展速率da/dN与应力强度因子范围ΔK有关,提出了经典的Paris公式,为疲劳研究提供了估算裂纹扩展寿命的新方法。

疲劳损伤失效的微观研究受限于光学和电子显微技术的限制,直到19世纪60年代左右才有了长足的进步。Thompson等在实验研究中发现了"持久滑移带",即在试件循环加载过程中被去除后又在原处出现的滑移带。Zappfe等在实验中观察到疲劳断口上的类似沙滩纹的平行曲线,称为"疲劳辉纹",随后Forsyth等指出相邻辉纹间距代表每次循环扩展的距离,并给出了与疲劳裂纹扩展速率的关系。此外,研究人员也研究了部分材料发生循环硬化和软化的亚结构与微观结构的变化对疲劳裂纹的形成及扩展的影响。因此,微观研究对疲劳理论和工程结构疲劳设计做出了重大贡献。

近年来,基于数值模拟和计算机技术的发展,许多研究人员转向了对代理模型法和概率疲劳寿命的研究,并得到了一定成果。Fomin等对高周疲劳下激光焊接的Ti-6Al-4V对接接头进行了研究,提出了一种概率疲劳寿命评估模型,成功预测了存在随机分布亚表面孔隙的焊接接头的疲劳行为。张文鑫等基于Matlab和代理模型法,设计了涡轮盘高低周复合疲劳寿命可靠性优化设计的联合仿真平台并进行了验证,优化的设计方案使局部最大应力显著降低,均值寿命大幅提高。

经过诸多研究人员的努力,如今人们已经对疲劳的裂纹萌生扩展机制和疲劳寿命的影响因素有了一定的了解,形成了多种疲劳寿命的预测和设计方法。

4.2　国内外疲劳寿命主流预测方法

构件或者含有初始裂纹的构件,在低于其强度极限或断裂临界应力 δ_c 的静应力作用下是不会断裂的,但是,即使是在远低于材料的抗拉强度或临界应力的变动载荷长期作用下,由于在构件中产生的损伤不断累积,仍会导致在构件中产生裂纹,随着裂纹不断发生扩展,构件断裂。

疲劳失效一般分为疲劳裂纹萌生和扩展两个阶段,对于裂纹萌生阶段机制,至今仍没有较为完善的理论解释,一般通过经验方法预测裂纹萌生;对于裂纹扩展阶段机制的研究则与断裂力学理论相结合,发展了许多裂纹扩展预测方法。

疲劳的微观机理至今尚未明确,与蠕变类似,疲劳寿命预测方法也主要基于宏观唯象方法,主要分为以下三种。

4.2.1　基于应力/应变寿命关系的预测方法

早期的疲劳研究主要是针对高周疲劳,高周疲劳循环次数多,应力水平低,一般不会进入塑性阶段,可以通过 S-N 曲线进行评估。研究人员对试样进行循环载荷实验,将得到的一系列循环应力幅值 S 和对应失效时的循环次数 N 绘制在一起,即可得到 S-N 曲线。一般通过巴斯金(Basquin)方程描述 S-N 曲线:

$$S_a = \sigma_f'(2N_f)^b \tag{4-2-1}$$

式中,S_a 为循环名义应力幅;N_f 为循环次数,也即疲劳寿命;σ_f' 和 b 分别为疲劳强度系数与疲劳强度指数,均是材料常数。

低周疲劳循环次数少,应力水平高,会产生塑性应变。由于塑性阶段的应力、应变关系与弹性阶段不同,传统的 S-N 曲线难以应用于低周疲劳问题。低周疲劳主要通过应变-寿命(ε-N)曲线进行描述,描述应变幅与疲劳寿命的经典曼森-柯芬(Manson-Coffin)公式为

$$\frac{\Delta\varepsilon}{2} = \frac{\Delta\varepsilon_e}{2} + \frac{\Delta\varepsilon_p}{2} = \frac{\sigma_f'}{E}(2N_f)^b + \varepsilon_f'(2N_f)^c \tag{4-2-2}$$

式中,$\frac{\Delta\varepsilon}{2}$ 为总应变幅;$\frac{\Delta\varepsilon_e}{2}$ 为弹性应变幅;$\frac{\Delta\varepsilon_p}{2}$ 为塑性应变幅;ε_f'、c 分别为疲劳塑性系数和疲劳塑性指数。

上述两种方法与蠕变寿命预测中的时间-温度参数法类似,只能对疲劳寿命进行整体估计,应用中存在许多限制。另一种方法是使用 S-N 曲线,通过 Palmgren-Miner 线性累积损伤法评价疲劳寿命,即经典的名义应力法(该方法实际上并没有引入微观损伤变量,而是以宏观唯象的方式变相考虑了微观损伤)。

Palmgren-Miner 线性累积损伤法将疲劳视为一个损伤线性累积的过程,认为材料在循环过程中会产生损伤,损伤值即循环次数与对应条件下疲劳断裂时循环次数的比值,且损

伤彼此独立,总的疲劳损伤(累积损伤)为各个损伤的和,公式如下:

$$D_f = \sum_{i=1}^{n} \frac{n_i}{N_i} \qquad (4-2-3)$$

式中,D_f 为累积损伤;n_i 为循环次数;N_i 为对应条件下疲劳断裂时的循环次数。当累积损伤值达到 1 时,发生疲劳失效。

Palmgren-Miner 线性累积损伤法简化了疲劳机理,计算上非常简单,常用于在设计时估计疲劳寿命,但同样存在分散性较大的问题。在后续发展中,相关人员又根据疲劳裂纹萌生和扩展双阶段机制提出了双线性累积损伤法,比 Palmgren-Miner 线性累积损伤法更符合实验结果,但拐点难以确定,应用不便。

4.2.2 基于损伤力学的预测方法

通过损伤参量描述微观损伤,建立损伤模型描述疲劳损伤演化过程,预测疲劳寿命的方法称为基于损伤力学的预测方法。对于高周疲劳问题,勒迈特(Lemaitre)疲劳损伤模型(Lemaitre 高周疲劳损伤模型)如下:

$$\dot{D} = \frac{\sigma_{eq}^2 \, |\sigma_{eq} - \overline{\sigma}_{eq}|^\beta \, R_v \, |\dot{\sigma}_{eq}|}{B} \frac{}{(1-D)^{\alpha_2}} \qquad (4-2-4)$$

式中,σ_{eq} 为 von Mises 应力;R_v 为三轴度系数;B、α_2 和 β 为材料常数;$\dot{D}$ 为疲劳损伤率;D 为疲劳损伤。与蠕变不同,疲劳微观机理并未有足够合理的理论解释,其损伤形式与材料参数确定等存在很多问题,Lemaitre 高周疲劳损伤模型是少数可用于疲劳寿命评估且效果良好的模型之一。

4.2.3 基于断裂力学的预测方法

在实际工程中,总是存在很多焊接结构,微裂纹是焊接结构普遍存在的问题,对于此种情况,基于保守考虑,评价疲劳寿命基本可以视为评价疲劳裂纹扩展寿命。同时,在很多长期运行的工程结构中,往往已经产生了微裂纹或小型裂纹,此时评价疲劳寿命也可以视为评价疲劳裂纹扩展寿命。因此,断裂力学对疲劳寿命预测的意义十分重大。

评价疲劳裂纹寿命需要首先确定初始裂纹尺寸和临界尺寸,再计算应力谱和裂纹尖端应力强度因子,最后确定疲劳裂纹扩展模型并模拟裂纹扩展过程。在疲劳裂纹寿命的预测评价流程中,初始裂纹尺寸和临界尺寸可以分别通过无损检测与断裂力学等方法确定,应力谱可以通过有限元软件计算获得,应力强度因子可以通过裂纹顶端张开位移 COD 法或 J 积分法和有限元软件计算获取。

典型的裂纹扩展速率曲线如图 4-2-1 所示。裂纹扩展分为低速扩展阶段、中速稳定扩展阶段和裂纹失稳扩展阶段,分别对应图中的 Ⅰ、Ⅱ、Ⅲ。

在低速扩展阶段,裂纹扩展速率较低,受材料微观结构、载荷和环境影响较大,在应力强度因子幅值低于阈值 ΔK_{th} 时,裂纹扩展速率趋近于零,此时可以认为裂纹不会扩展,在无限寿命设计中有所考虑;中速稳定扩展阶段是决定疲劳裂纹扩展寿命的主要阶段,最早通过巴黎(Paris)公式描述;裂纹失稳扩展阶段,裂纹扩展速率随着应力强度因子幅值的增大而迅速增大,很快导致断裂,评价时一般不考虑此阶段。

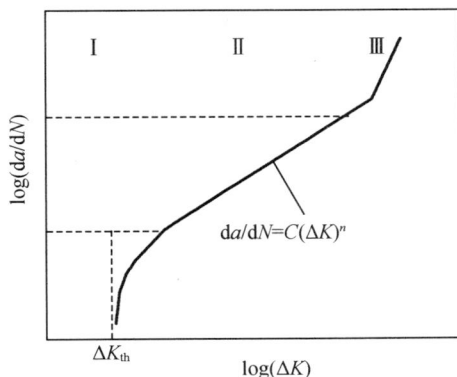

图 4-2-1 典型的裂纹扩展速率曲线

疲劳裂纹扩展模型均建立在经典 Paris 公式上,其认为在裂纹稳定扩展阶段,裂纹扩展速率 da/dN 与应力强度因子幅值 ΔK 在对数坐标系下呈线性关系。Paris 公式为

$$\frac{da}{dN} = C(\Delta K)^n \qquad (4-2-5)$$

式中,C 和 n 为材料常数。

模拟裂纹扩展过程的方法众多,包括简化理论模型和有限元数值模拟等,其核心在于获得真实裂纹尺寸 a 与裂纹尖端应力强度因子 K 的关系。虽然仍存在一些问题,但断裂力学评估方法的整体流程基本已经打通,在研究和工程中得到了大量应用。

目前大多数规范中主要应用的仍是基于应力/应变-寿命关系的评估方法,部分结合应用了基于断裂力学的方法。在 ASME-Ⅲ-5 规范和 R5 规程中,高温蠕变疲劳损伤评价失效的实质都是裂纹萌生,而 ASME-Ⅲ-5 规范直接视为结构失效,R5 规程则可以使用 4/5 卷进行进一步的裂纹扩展评价。可以看到,断裂力学在完善结构高温寿命评价和降低保守性方面具有很高的价值。

4.3 疲劳断裂及设计曲线

对于温度不超过 350 ℃的常规反应堆,由动载荷循环作用(温度、压力的循环波动等)而导致的疲劳断裂是核工程构件最常见的破坏形式;对于高温反应堆,除了疲劳损伤外,还有长期高温作用导致的蠕变损伤,影响反应堆寿命的往往是蠕变疲劳相互作用导致的结构失效。而在一般的工程中,设计温度几乎都没有达到蠕变温度,蠕变损伤比较轻微,显然,疲劳失效就成了影响反应堆寿命的重要因素。据统计,在反应堆金属构件的断裂事故中,

80%以上都属于疲劳断裂,可见疲劳断裂是核反应堆寿命研究的一个重要领域。材料抵抗疲劳的能力称为疲劳抗力,也是一个重要的长时材料性能指标。

4.3.1 疲劳断裂

与静载或一次冲击加载断裂相比,疲劳断裂具有如下特征。

(1)疲劳断裂是一种循环载荷或变动载荷作用下的低应力断裂,断裂前的应力循环或变动次数与应力大小有关,应力越小,则应力循环的次数越高,构件的使用寿命越长。

(2)疲劳断裂是脆性断裂,其原因在于断裂前承受的应力低于其屈服强度,所以即使材料本身具有很大的延性,宏观上材料不会发生明显的塑性变形。

(3)疲劳断裂常是一种突发性的断裂,由于断裂前无明显的塑性变形出现,构件在使用过程中疲劳裂纹缓慢地扩展到某一临界尺寸时(该临界尺寸与外加载荷有关),断裂才突然发生,不易被及时察觉,因此疲劳断裂是一种很危险的断裂。工程上需要及早发现早期裂纹,并及时进行处理,才能尽可能避免构件断裂的危害发生。

(4)材料的表面质量对疲劳断裂有重要影响。

由上述特征可以看出,疲劳断裂与静载断裂是两种不同类型的断裂。前者是与时间有关的损伤缓慢累积导致的,后者是与时间无关的载荷超过材料可承受度而发生的。

循环应力或变动应力是疲劳断裂的主要应力特征。根据构件运行的载荷条件不同,几种不同类型的变动应力如图4-3-1所示。

对称交变应力是最常见的变动应力,绝大多数的旋转轴类零件承受这类应力的特征是应力的大小方向连续周期性变化,循环过程中的最大应力σ_{max}和最小应力σ_{min}在数值上相等而方向相反,如图4-3-1(a)所示。

脉动循环应力如图4-3-1(b)(c)所示,其中图4-3-1(b)为正脉动应力,其应力在最大应力σ_{max}与零应力之间周期性变化,图4-3-1(c)为循环应力在零应力与最小应力σ_{min}之间周期性变动。若上述情况下最小应力[图4-3-1(b)]或最大应力[图4-3-1(c)]均不为零,则出现波动应力[图4-3-1(d)]或不对称交变应力[图4-3-1(e)]的应力循环情况。

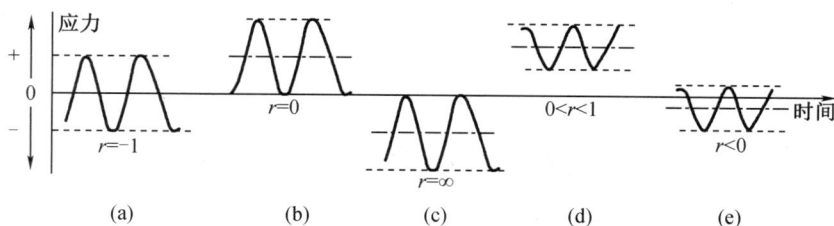

图4-3-1 变动应力示意图

应力循环状况常用平均应力σ_m、应力半幅σ_a及应力循环对称系数(应力比)r来描述。若用σ_{max}、σ_{min}分别表示应力循环过程中的最大、最小应力,则有

$$\sigma_m = \frac{1}{2(\sigma_{max} + \sigma_{min})}$$

$$\sigma_a = \frac{1}{2(\sigma_{max} - \sigma_{min})}$$

及

$$r = \frac{\sigma_{min}}{\sigma_m} \tag{4-3-1}$$

不同循环应力条件下的 r 值如图 4-3-1 所示。显然,若 r 为负值,则表示交变循环应力,若 r 为正值,则表示波动循环应力,若 r 为"0"或"∞",则表示脉动循环应力;在对称循环应力条件下,$r=-1$。因为 r 是应力循环过程中的最小、最大应力之比值,所以 r 也称为应力比。

除上述应力循环变化的情况外,还有一种应力随机变化的情况,即应力的大小、方向的变动完全是随机的,没有什么规律可循,这种随机变动的应力引起的破坏也称为疲劳。

在对称应力循环过程中,若循环最大应力在材料的弹性极限范围以内,则应力与应变的关系符合胡克定律,有

$$\varepsilon = \varepsilon_e = \frac{\sigma_a}{E}$$

式中,ε 为材料的总应变;ε_e 为弹性应变;σ_a 为应力半幅;E 为材料的弹性模量。

如果应力与应变之间的关系超过材料的弹性极限,则在循环过程中的应力与应变关系就形成滞后回线,如图 4-3-2 所示,这时除了存在弹性应变 ε_e 外,还将产生塑性应变 ε_p,其总应变为

$$\varepsilon = 2(\varepsilon_e + \varepsilon_p) \tag{4-3-2}$$

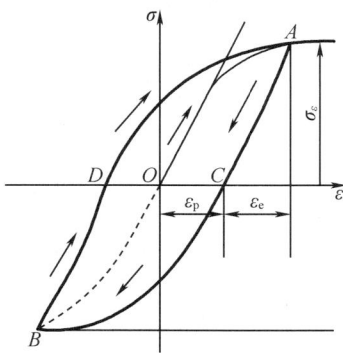

图 4-3-2　应力、应变滞后回线

若在构件发生的总应变中弹性应变 ε_e 占主要比例,则这种疲劳称为应力疲劳。在应力疲劳中,由于其循环应力一般较低,断裂总循环周次较高,所以这种疲劳也称为高周疲劳。

反之,当塑性应变在总应变量中占主要比例时,循环过程中所消耗的主要是塑性应变功,这种疲劳则称为应变疲劳。由于应变疲劳一般处于较高循环应力的作用下,断裂前其循环周次较少,所以也称其为低周疲劳。应力疲劳与应变疲劳是两种不同类型的疲劳。

4.3.2 疲劳设计曲线

在断裂力学出现以前,传统的疲劳设计是以由光滑小试样得出的 Wohler 曲线或 Manson-Coffin 曲线作为依据的。前者是循环最大应力与断裂前循环周次的关系曲线,常用于应力疲劳,后者是应力循环时的最大应变与断裂前循环周次关系曲线,用于应变疲劳。

Wohler 曲线是用旋转弯曲疲劳实验方法测定的。在测定疲劳曲线时,先制备多个相同的试样,选择不同的最大循环应力 $\sigma_1, \sigma_2, \cdots, \sigma_n$ 分别对每个试样进行循环加载实验并记录其断裂前的循环周次 $N_1, N_2, \cdots, N_n$,然后在图上将这些数据绘制成 $\sigma_{max} - N$ 或 $\sigma_{max} - \lg N$ 曲线,如图 4-3-3 所示。

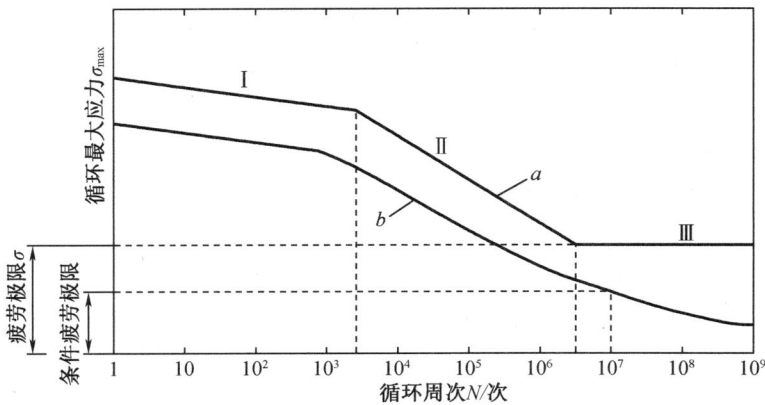

图 4-3-3　金属材料的最大循环应力与循环周次的关系

对于金属材料,其疲劳曲线可以分为两种类型(图 4-3-3 中曲线 a、b),随着循环应力的不同,曲线 a 可分为Ⅰ、Ⅱ、Ⅲ阶段。第Ⅰ阶段为高的循环应力段,循环周次较低(低于 10^4 次),曲线斜率不大,其承受的循环应力只比单向拉伸强度稍低(高于 $0.67\sigma_b$),此时的疲劳行为近似于单向拉伸。第Ⅱ阶段斜率较大,呈现疲劳过程的特点,在对构件进行有限使用寿命设计时,这段曲线常可作为设计依据,若循环应力逐渐降低,其疲劳寿命也逐渐延长。当循环应力低于某数值时,曲线变为水平,此即第Ⅲ阶段。第Ⅲ阶段的水平线表示当循环应力低于该应力值时,试样经无限次循环也不会发生疲劳断裂,所以称该水平线所对应的应力为该材料的疲劳极限,并记为 σ_r,其中下标 r 为应力循环对称系数。对于对称循环应力,其疲劳极限记为 σ_{-1}。

疲劳极限是材料的疲劳抗力指标,对于要求无限寿命的疲劳设计,其条件为

$$\sigma \leqslant \sigma_{-1} \tag{4-3-3}$$

经验表明,中性介质中的低碳钢、低合金钢及少数铝合金的 $\sigma - N$ 曲线属于图 4-3-3 中曲线 a 这一类型。

其他大多数金属材料如有色合金、不锈钢和高强度钢或在腐蚀介质环境中的钢,其疲

劳曲线具有图 4-3-3 中曲线 b 的特点,其疲劳曲线中没有水平阶段,所以由这类曲线不能标定无限寿命的疲劳极限。在这种情况下,为了便于比较,常采用 10^7 或 10^8 次循环不发生破坏的最大应力作为材料的条件疲劳极限。

人们一直将疲劳极限视为材料常数,并作为结构抗疲劳设计的重要参数,代表裂纹萌生后不发生扩展的临界应力水平。传统认为裂纹主要萌生于表面,疲劳极限反映了表面缺陷或表面裂纹不扩展时的疲劳强度。实际上,疲劳极限的尺度特性对此构成挑战,疲劳极限不仅仅局限于材料层面,结构或部件尺度上的疲劳极限对断裂控制至关重要。此外,随着超高周疲劳研究的不断深入,疲劳破坏常源于内部缺陷(如夹杂物、气孔)或不连续组织处,致使 σ-N 曲线呈现多阶段特征。若从材料内部缺陷的角度分析,则受交变载荷的材料终究会在内部缺陷处断裂,即疲劳极限是不存在的,有必要修正传统疲劳设计方法。若从疲劳损伤过程的角度分析,则过程中必然存在裂纹萌生或扩展的临界应力条件,即疲劳极限可能存在。因此,疲劳极限是否存在仍是一个需要继续深入求证的科学难题。

图 4-3-3 中 σ-N 曲线的第 II 阶段,σ 和 N 的关系近似地符合 Basquin 方程,则

$$\sigma = \sigma_f'(2N_f)^b \tag{4-3-4}$$

其中,$\sigma_f' = \sigma_f$,σ_f' 为疲劳强度系数,σ_f 为单向拉伸时材料断裂的真实应力;b 为疲劳强度指数,其值为 $-0.05 \sim 0.12$;N_f 为疲劳寿命。

在线弹性条件下,应力、应变满足胡克定律,由式(4-3-4),应力循环过程中的弹性应变幅 $\dfrac{\Delta\varepsilon_e}{2}$ 为

$$\frac{\Delta\varepsilon_e}{2} = \frac{\sigma}{E} = \frac{\sigma_f'(2N_f)^b}{E} \tag{4-3-5}$$

应当说明的是,材料的疲劳曲线是由实验测定的,实验时试样的数据分散度很大,所以 σ-N 曲线应建立在概率论的基础上,严格地说,σ-N 曲线实际上是一个曲线带,如图 4-3-4 所示,其做法为在每一个应力幅水平选用一组试样,测定每一个试样的疲劳寿命 N_1,N_2,…N_n,将数据用概率统计的方法画出不同断裂概率的一簇疲劳曲线,即为 P-σ-N 曲线,其中 P 表示疲劳断裂概率。

在图 4-3-4 中,如 P 为 90%,则表示这条曲线对应的疲劳断裂概率为 90%,显然,P 值越小,其 σ-N 曲线越靠下,安全可靠性越好,反之,P 值越大,其曲线越靠上,安全可靠性越差。一般实验测定的疲劳极限 σ_{P-1} 值只相当于 $P = 50\%$ 的平均值,称为中值疲劳极限。

在较高的循环应力的作用下,疲劳寿命为 $10^2 \sim 10^5$ 次的疲劳断裂称为低周疲劳。由于循环应力较高,常超过材料的屈服强度而产生塑性应变,所以,这是一种在塑性应变循环下引起的疲劳断裂。低周疲劳也称为塑性疲劳或应变疲劳。

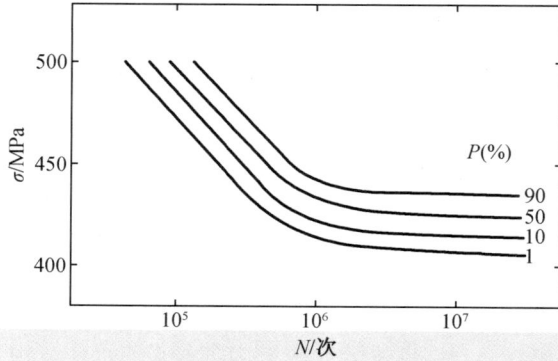

图 4-3-4　疲劳曲线的统计性特征

与应力疲劳相比,应变疲劳有其本身的特点,如作用的应力较高,循环寿命较短,应力的变动频率一般较低等。但从其本质上来说,对于应变疲劳,其塑性应变在疲劳过程中占主要地位,而对于应力疲劳,其弹性应变在疲劳过程中占主要地位。当然,这两种疲劳不是截然分开的,有时可能是两者的混合状态,例如在 N 为 10^5 次左右时,往往属于混合疲劳。

如前所述,应变疲劳常用 Manson-Coffin 曲线来描述。由于循环应力较高,用 σ-N 来描述其疲劳曲线时,其曲线形状如图 4-3-3 中曲线 a 所示,该部分斜率很小,应力的少许变化会使 N 发生很大的变化,所以实验数据会很分散,影响实验精度,为避免这一缺点,Manson-Coffin 曲线是用 $\Delta\varepsilon_p$-N 描述其疲劳规律的。

应变疲劳的实验测定采用恒应变控制,即实验时,以应变为一恒定值,测定其循环寿命,找出不同应变与循环寿命的关系,并用图表示出来。应变疲劳曲线的形状如图 4-3-5 中曲线 c 所示。

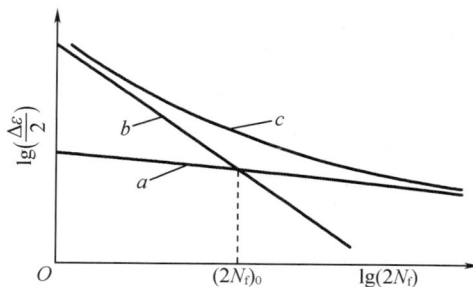

图 4-3-5　应变疲劳曲线示意图

由图 4-3-5 可以看出,塑性应变幅越大,其疲劳寿命越短。应变幅与疲劳寿命的关系可用 Coffin-Manson 方程来描述,即

$$\frac{\Delta\varepsilon_p}{2} = \varepsilon_f'(2N_f)^c \tag{4-3-6}$$

式中,ε_f' 为疲劳塑性系数,经验表明,$\varepsilon_f' \cong \varepsilon_f$,$\varepsilon_f$ 为单向拉伸时材料断裂时的真实应变;c 为疲

劳塑性指数,通常为-0.7~-0.5。

对比式(4-3-4)、式(4-3-5)、式(4-3-6)可以看出,Basquin方程和Coffin-Manson方程具有相似的表达形式,只不过所表示的物理量的内容不同,前者描述的是应力疲劳,后者描述的是应变疲劳。

若用对数形式表示式(4-3-5)和式(4-3-6),则有

$$\frac{\lg(\Delta\varepsilon_e)}{2} = \frac{\lg(\sigma_f')}{E} - b\lg(2N_f) \tag{4-3-7}$$

$$\frac{\lg(\Delta\varepsilon_p)}{2} = \lg(\varepsilon_f') - c\lg(2N_f) \tag{4-3-8}$$

上述方程在双对数坐标中均为直线,如图4-3-5中直线a、b所示,其中直线a表示应力疲劳中弹性应变幅与疲劳寿命的关系,直线b表示塑性疲劳中塑性应变幅与疲劳寿命的关系。

由式(4-3-8)及图4-3-5可以看出,若提高材料的塑性,即增加ε_f,则直线b上移[$\lg(\varepsilon_f')$为纵轴截矩],其结果将使应变疲劳寿命增加;由式(4-3-7)可以看出,若提高材料的强度,则直线a上移,其结果将提高应力疲劳寿命。由此可以得到启发,在实际应用中,要注意区分两类疲劳现象,如属于高周疲劳问题,应主要考虑提高材料的强度,如属于低周疲劳问题,则应在保持一定强度的基础上,尽量提高材料的塑性和韧性。

如果把式(4-3-5)、式(4-3-6)合并为一个总的疲劳方程,则有

$$\frac{\Delta\varepsilon}{2} = \frac{\Delta\varepsilon_e}{2} + \frac{\Delta\varepsilon_p}{2} = \left(\frac{\sigma_f}{E}\right)(2N_f)^b + \varepsilon_f'(2N_f)^c \tag{4-3-9}$$

式(4-3-9)表明材料的总应变幅与疲劳寿命的关系:若弹性应变幅占主要地位,则属于应力疲劳范畴;若塑性应变幅占主要地位,则属于应变疲劳范畴。当然,当两种应变幅所占比例相当时则属于混合疲劳问题。

式(4-3-9)对于利用金属材料的基本力学性能指标来估计其疲劳曲线有重要意义。

4.4 疲劳裂纹扩展速率

构件的疲劳寿命N_f可以认为是疲劳裂纹生核阶段的循环次数N_o与裂纹扩展阶段循环次数N_p之和,即

$$N_f = N_o + N_p \tag{4-4-1}$$

实践证明,在总的疲劳寿命中,N_p所占的比例高达90%以上,因此研究这一阶段裂纹的扩展速率与材料本身的性质、各种力学参数之间的关系对于提高构件的使用性能有重要指导意义。

所谓疲劳裂纹的扩展速率是指在疲劳裂纹的缓慢扩展阶段内每一次应力循环裂纹扩

展的距离。该速率用 $\Delta a/\Delta N$(mm/周) 表示,其中,Δa 为应力循环 ΔN 次时裂纹扩展的长度,在极限条件下用微分 $\mathrm{d}a/\mathrm{d}N$ 表示。

有多种测定材料 $\mathrm{d}a/\mathrm{d}N$ 的方法,如三点弯曲试样测定方法与中心裂纹试样测量方法。用中心裂纹试样测定时,采用一板状试样,在垂直于力轴的方向采用线切割的方法预制一个裂纹,在交变应力作用下,使裂纹顶端扩展尖锐化,然后在一恒定的交变应力作用下循环加载。使用读数显微镜测量裂纹长度与循环次数之间的关系,如 a_1-N_1,a_2-N_2,$\cdots$,a_n-N_n,直至断裂,将所得数据绘制于直角坐标系图上即得 N-a 曲线,如图 4-4-1 所示。N-a 曲线表示在某一恒定循环荷载条件下,裂纹长度与循环周次之间的关系。

由 N-a 曲线可以看出,若以曲线上某点的斜率 $\mathrm{d}a/\mathrm{d}N$ 表示疲劳裂纹的扩展速率,则随着裂纹长度的增加,其扩展速率也是不断增加的,这是由于在一定的应力 σ 下,当裂纹长度增加时,裂纹顶端应力场强度因子 K_{I} 也不断增加,所以裂纹扩展速度增加。当循环周次达到 N_{p} 时,裂纹扩大到临界尺寸 a_{c},$\mathrm{d}a/\mathrm{d}N$ 增大到无限大,从而导致裂纹失稳扩展而断裂。

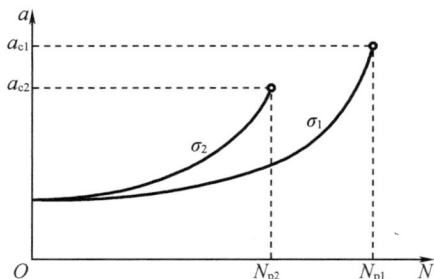

图 4-4-1   疲劳裂纹扩展的 N-a 曲线

裂纹扩展速率 $\mathrm{d}a/\mathrm{d}N$ 还与循环应力的大小有关。若将循环应力由 σ_1 提高到 σ_2,则 N-a 曲线将向左上方移动,在同样长度的裂纹条件下,其 $\mathrm{d}a/\mathrm{d}N$ 值增大,a_{c} 与 N_{p} 的值相应较小(如图 4-4-1)。

在断裂力学中,材料承受的应力、裂纹长度及应力场强度因子的关系为

$$K_{\mathrm{I}} = \sigma Y \sqrt{a} \qquad (4\text{-}4\text{-}2)$$

式中,Y 为形状因子。

若将上述概念用于疲劳裂纹,则

$$\Delta K = K_{\max} - K_{\min} = Y\sigma_{\max}\sqrt{a} - Y\sigma_{\min}\sqrt{a} = (\sigma_{\max} - \sigma_{\min})Y\sqrt{a} = 2\sigma_{\mathrm{c}}Y\sqrt{a} \qquad (4\text{-}4\text{-}3)$$

式中,$K_{\max}$、$K_{\min}$ 分别是最大循环应力和最小循环应力所对应的应力场强度因子;ΔK 为裂纹前沿应力场强度因子幅。

对应于一定的裂纹长度 a,由图 4-4-1 可以求出在一定循环应力条件下与之对应的裂纹扩展速率 $\mathrm{d}a/\mathrm{d}N$,同样对应于一定的 a,由式(4-4-3)可以求出在同样循环应力条件下的裂纹前沿应力场强度因子幅 ΔK,对于任一个长度为 a_i 的裂纹,其对应的 $\mathrm{d}a_i/\mathrm{d}N_i$ 与 ΔK_i 的关系均可通过上述方法建立起来。若将某一循环应力条件下的一系列的 $\mathrm{d}a_i/\mathrm{d}N_i$ 与 ΔK_i 的

关系用对数坐标表示,则可得到疲劳裂纹前沿应力场强度因子幅与裂纹扩展速率的关系,如图4-4-2所示。可以看出,在双对数坐标系中,da/dN 与 ΔK 可近似地用三段直线表示。根据直线的斜率,可将其大致地划分为 Ⅰ 、Ⅱ 、Ⅲ 三个阶段。

在第 Ⅰ 阶段以内,ΔK 值较低,da/dN 值也较低,当 ΔK 值低于某一数值 ΔK_{th} 时,由图4-4-2可见,$da/dN = 0$,这表明当应力场强度因子幅低于 ΔK_{th} 时,疲劳裂纹基本上不发生扩展,所以称该值 ΔK_{th} 为疲劳裂纹扩展的门槛值。对于不同的材料,若该值较高,则表示该材料阻止疲劳裂纹开始扩展的能力越强,该材料的疲劳性能就越好。所以如同材料的疲劳极限一样,疲劳裂纹扩展门槛值也是材料的疲劳抗力指标,两者均可用于无限寿命的疲劳设计,不同的是疲劳极限用于无裂纹光滑构件,而 ΔK_{th} 则用于含裂纹构件的疲劳设计。

将 ΔK_{th} 用于含裂纹构件的无限寿命疲劳设计的过程为,若已知构件中存在一定尺寸的裂纹 $2a_0$ 及材料的疲劳裂纹扩展门槛值 ΔK_{th},由式(4-4-3)可求出其应力场强度因子幅为 ΔK_{th} 时所对应的应力幅 $\Delta \sigma_{th} = 2\sigma_a$,由此可确定构件的实际工作应力。只要实际工作应力的变化量 $\Delta \sigma \leqslant \sigma_{th}$,裂纹就不会扩展,这就保证了构件的无限寿命要求。

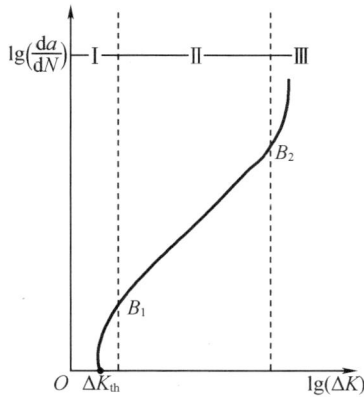

图4-4-2 $\lg\left(\dfrac{da}{dN}\right)$ 与 $\lg(\Delta K)$ 的关系曲线

实际测定材料的 ΔK_{th} 时很难做到 $da/dN = 0$ 的情况,所以常规定在平面应变条件下 $da/dN = 10^6 \sim 10^7$ mm/N 所对应的 ΔK 作为 ΔK_{th},称为工程(或条件)疲劳门槛值。

疲劳裂纹扩展的第 Ⅱ 阶段是疲劳裂纹扩展的主要阶段,也是决定疲劳裂纹扩展寿命的主要组成部分。这是一个研究得最广泛、最深入的阶段。一般认为,在双对数坐标系中 da/dN 与 ΔK 关系是一条直线(也有用两条直线来描述的)。用于描述这一阶段的 da/dN 的关系式有数十个之多,其中用得最广泛而且最简单的是 Paris 提出的表达式:

$$\frac{da}{dN} = C(\Delta K)^n \tag{4-4-4}$$

在双对数坐标系中,式(4-4-4)的形式为

$$\lg \frac{da}{dN} = \lg C + n\lg(\Delta K) \tag{4-4-5}$$

式(4-4-5)所表示的即为图4-4-2中第Ⅱ阶段的直线,$\lg C$ 为直线在纵轴上的截距,n 即为该段直线的斜率,C 与 n 是与实验条件如环境、频率、温度、应力比 r 等有关的材料常数,可以通过实验测出。

Paris 公式表明,疲劳裂纹的扩展是由裂纹顶端应力场强度因子幅 $\Delta \sigma_{th}$ 所控制的。

若应力场强度因子幅 ΔK 继续增大,则进入疲劳裂纹扩展第Ⅲ阶段,这时 K_{max} 已接近材料的断裂韧性 K_{Ic},随着裂纹的扩展,ΔK 亦迅速增加并导致材料失稳断裂。与裂纹扩展第Ⅰ阶段一样,这一区间仅占疲劳寿命极少部分。

上述三个阶段裂纹扩展速率 da/dN 的变化反映了在一定变动载荷条件下,ΔK 对 da/dN 的影响规律。此外,还有其他一些因素也对疲劳过程中的 da/dN 有重要影响,如循环应力的平均应力,应力循环过程中的偶然过载,以及材料本身的性能特性与构件运行的环境等。

平均应力 σ_m 对 da/dN 的影响可以通过应力循环对称系数 r 来体现。由式(4-4-1)有

$$\frac{\sigma_m}{\sigma_a} = \frac{\sigma_{max} + \sigma_{min}}{\sigma_{max} - \sigma_{min}} = \frac{1+r}{1-r}$$

$$\sigma_m = \frac{1+r}{1-r}\sigma_a = \frac{1+r}{1-r}\frac{\Delta\sigma}{2} = \frac{\Delta\sigma}{1-r} - \frac{\Delta\sigma}{2} \tag{4-4-6}$$

当 $\Delta\sigma$ 为一定时,ΔK 即为定值。由式(4-4-6)可以看出,σ_m 随着 r 的增大而增大,所以平均应力与应力循环对称系数 r 对 da/dN 的影响具有等效性。

由于压应力使裂纹闭合,不会引起裂纹扩展,所以在讨论 r 对 da/dN 的影响时,都是在 $\sigma_m > 0$ 和 $r > 0$ 的情况下进行的。

大量实验表明,当 ΔK 一定时,da/dN 随着应力比 r 的增加而增加,其变化规律如图4-4-3所示。

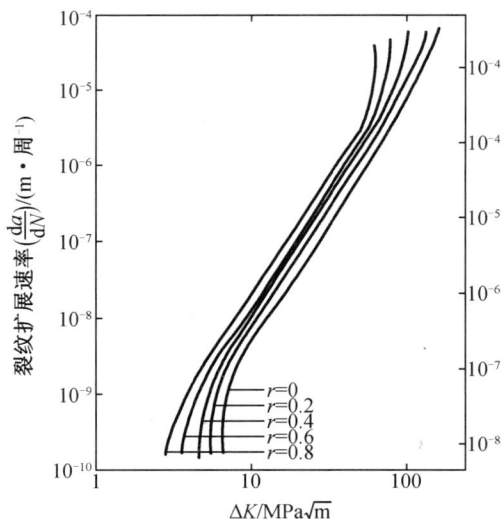

图4-4-3　平均应力对 da/dN 的影响

由图4-4-3可以看出,平均应力 σ_m 或应力比 r 影响裂纹扩展速率曲线的位置,随着 r 的增加,曲线向左上方移动,使 da/dN 升高。

在曲线的第Ⅰ区域即曲线的第Ⅰ阶段,疲劳门槛值ΔK_{th}受到r的影响更为显著,随着r的增加,ΔK_{th}下降,其关系可用下式表示:

$$\Delta K_{th} = \Delta K_{th}^0 \left(\frac{1-r}{1+r}\right)^{\frac{1}{2}} (r>0) \qquad (4-4-7)$$

曲线的第Ⅱ区域中即曲线的第Ⅱ阶段,r对$\frac{da}{dN}$的影响要小一些,而在由材料断裂韧性K_{Ic}或K_c控制的第Ⅲ区域,r的影响也很显著。

许多实验还表明,裂纹扩展速率$\frac{da}{dN}$不仅与σ_m及ΔK有关,而且还要考虑当应力强度因子趋于K_{Ic}或K_c时裂纹加速扩展的效应,因此Forman等提出以下表达式:

$$\frac{da}{dN} = \frac{C(\Delta K)^n}{(1-r)K_c - \Delta K} \qquad (4-4-8)$$

式中,C、n为与实验条件有关的材料常数。

式(4-4-8)已得到广泛应用,可见,当$\Delta K \to (1-r)K_c$时,$da/dN \to \infty$。由断裂力学知,当循环最大应力对应的$K_{max} \to K_c$时,$da/dN \to \infty$,所以Forman公式也表达为

$$\frac{da}{dN} = \frac{C(\Delta K)^n}{(1-r)(K_c - K_{max})} \qquad (4-4-9)$$

式(4-4-8)、式(4-4-9)表明了材料的断裂韧性、平均应力、循环最大应力及应力强度因子幅对裂纹扩展速率的综合影响。由式(4-4-9)可以看出材料的断裂韧性值与da/dN的关系,即K_c值越高,da/dN值就越小,裂纹越不容易扩展,平均应力越高,da/dN越大。

实际工作中构件承受的$\Delta \sigma$往往不是恒定的,可能发生变化,从而使裂纹扩展速率问题复杂化,其中最重要的就是所谓过载峰的影响。

在恒幅加载的过程中($\Delta \sigma$恒定),如果突然受到一个高应力的作用,随后又回到原先的恒幅加载,这个高应力即称为过载峰。大量实验表明,在恒载疲劳裂纹扩展中,适当的过载峰会使裂纹扩展减慢或停滞一段时间,发生裂纹扩展的过载停滞现象,经过一段时间的恒幅载荷后裂纹的扩展又恢复正常。

为了解释过载峰使裂纹扩展减慢的现象,Elber提出了裂纹闭合模型。该模型认为,过载峰在裂纹顶端造成一个大塑性区,塑性区内的材料受到比周围弹性区更大的拉伸并产生永久变形,卸载后,由于塑性区周围的弹性区的弹性变形要恢复,以及塑性区内的塑性变形的不可逆性,在塑性区内就会产生残余压应力,该残余压应力在随后的加载过程中将抵消掉一部分外加的张应力,因此裂纹顶端的有效应力强度因子幅就小于外加的实际ΔK,裂纹的扩展速率也因此减慢。经过一定次数的循环以后,随着裂纹的不断扩展且穿越因过载峰引起的大塑变区以后,闭合效应才会消失,裂纹的扩展速率也重新恢复到正常状态。

为了考虑过载峰对裂纹扩展速率的延缓作用,Wheeler在Paris公式中引入了一个修正系数F,这样,在构件的偶然过载后疲劳裂纹扩展速率的计算公式就为

$$da/dN = FC(\Delta K)^n \qquad (4-4-10)$$

修正系数F称为疲劳裂纹过载后扩展的延迟参量,其值与恒幅应力引起的塑性区尺寸

和由过载峰造成的大塑性区尺寸之比以及裂纹长度有关。Wheeler 提出的计算 F 的公式为

$$F = \left[\frac{r_1}{r_0 - (a_1 - a_0)} \right]^q \quad (a_1 + r_1 \leqslant a_0 + r_0) \tag{4-4-11}$$

式中，a_0 为出现过载峰时的裂纹长度；r_0 为由过载峰引起的塑性区尺寸；a_1 是瞬时裂纹长度；r_1 为该瞬时由正常的恒幅载荷引起的塑性区尺寸；q 为一个与材料有关的常数。r_0 和 r_1 的值可按 Irwin 的半椭圆表面裂纹近似公式 $K_1 = 1.1 \dfrac{\sigma \sqrt{\pi a}}{\varphi}$ 计算。

除了上述因素对裂纹的扩展速率有明显的影响外，应力循环频率、材料的组织状态与力学性能及温度与环境对 $\mathrm{d}a/\mathrm{d}N$ 也有重要影响。

4.5 疲劳裂纹扩展主要影响因素

实验表明，影响裂纹扩展的因素很多，除了 ΔK 是影响裂纹亚临界扩展的关键物理量外，应力比、温度、加载速率、材料厚度、应力强度和过载等对裂纹扩展均有较大的影响。

4.5.1 应力比(平均应力)的影响

大量的实验表明，应力比对裂纹扩展速率有显著的影响。当以 ΔK 作为控制裂纹速率的唯一参量(如 Paris 公式)时，在 ΔK 一定的情况下，如增大应力比 $r = \dfrac{\sigma_{\min}}{\sigma_{\max}} = \dfrac{K_{\min}}{K_{\max}}$，应力强度因子 $K_{\max}$ 增加，因为 $K_{\max} = \dfrac{\Delta K}{1-r}$，这意味着作用的平均应力(或平均应力强度因子)增大，由于

$$\sigma_\mathrm{m} = \frac{\Delta \sigma}{2} \cdot \frac{1+r}{1-r}$$

或

$$K_\mathrm{m} = \frac{\Delta K}{2} \cdot \frac{1+r}{1-r}$$

因此，在最大应力强度因子 $K_{\max}$ 增大的情况下，裂纹扩展速率将加大。

图 4-5-1 表示铝合金材料 7075-T6 的裂纹扩展速率随 σ_m 而变化的曲线。在 ΔK 一定时，r 值越大(即平均应力 σ_m 越高)，则 $\mathrm{d}a/\mathrm{d}N$ 越高。同时可以看到，对应于每一固定应力比 r，在对数坐标系中，$\mathrm{d}a/\mathrm{d}N - \Delta K$ 的关系非常接近于直线，并且对应于不同 r 值的 $\mathrm{d}a/\mathrm{d}N - \Delta K$ 曲线的斜率也是非常接近的，即在不同的 r 值时，式(4-4-4)中的指数 n 是近似相等的。

图 4-5-1 所示的只是一种金属(7075-T6 铝合金)的实验数据。由于疲劳裂纹扩展特性与材料有很密切的关系，事实上，其他材料的 $\mathrm{d}a/\mathrm{d}N$ 与 ΔK 及 r 的关系，一般与上述的情况有所不同，其特点只有通过实验才能确定。

由图 4-5-1 可知,式(4-4-4)的指数规律尚存在两个缺点:首先,未考虑平均应力对裂纹扩展速率的影响;其次,未考虑裂纹顶端应力强度因子在趋近其临界值 K_c(或 K_{1c})时的裂纹加速扩展效应。为考虑二者的影响,对式(4-4-4)做如下修正:

$$\frac{\mathrm{d}a}{\mathrm{d}N} = \frac{C(\Delta K)^n}{(1-r)K_c - \Delta K} \qquad (4-5-1)$$

用修正后的式子处理图 4-5-1 的 5 组实验数据,则得到一条直线如图 4-5-2 所示。因此,在有平均应力作用时,式(4-5-1)比式(4-4-4)更好地描述了裂纹扩展规律。式(4-5-1)指出,存在平均应力时,$\mathrm{d}a/\mathrm{d}N$ 不仅取决于 ΔK 值,而且还取决于材料的 K_c 值,具体而言,材料的 K_c 值越高,$\mathrm{d}a/\mathrm{d}N$ 值则越小,这一点对构件选材具有重要意义。

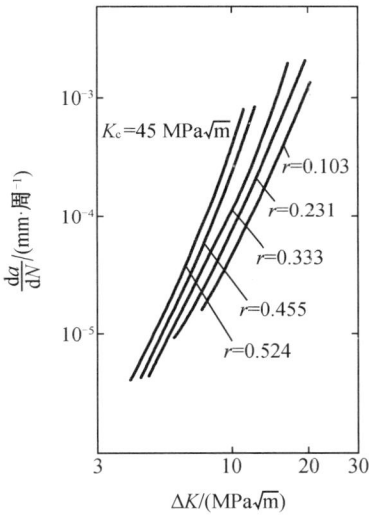

图 4-5-1 不同 r 值下的裂纹扩展速率

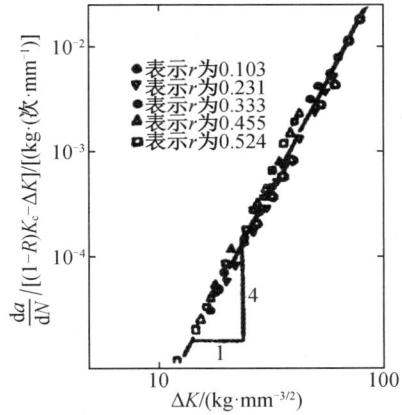

图 4-5-2 更精确的 7075-T6 铝合金的关系图

式(4-5-1)能够处理许多材料(特别是高强度铝合金)的疲劳数据,从而获得了广泛的应用,但由于含有 K_c 值,所以不能用来描述难以测定 K_c 值的高韧性材料的裂纹扩展规律。为此,有学者建议用下式来描述高韧性材料的裂纹扩展规律,即

$$\mathrm{d}a/\mathrm{d}N = C[K_{max}(1-r)^M]^n \qquad (4-5-2)$$

式中,M、n、C 为与材料和介质有关的常数;$K_{max} = (1-r)^M$,为应力强度因子。

比较式(4-5-2)和式(4-4-4),不难看出,当 $M=1$ 时,两式完全一致。由此可将式(4-4-4)看作式(4-5-2)的特例。由实验获得铝合金的常数 $M=0.5$(2024-T3)、$M=0.425$(7075-T6)、$M=0.667$[不锈钢(301 型)]。

用式(4-5-2)处理图 4-5-1 上的 5 组数据和 304 型不锈钢的高温(538 ℃)裂纹扩展速率,取 $M=0.5$,同样可获得另一条直线关系(图 4-5-3)。可见,在有平均应力作用条件下,式(4-5-2)实际上不仅可以描述高强度低韧性材料的裂纹扩展规律,也可描述低强度高韧性材料的裂纹扩展规律。

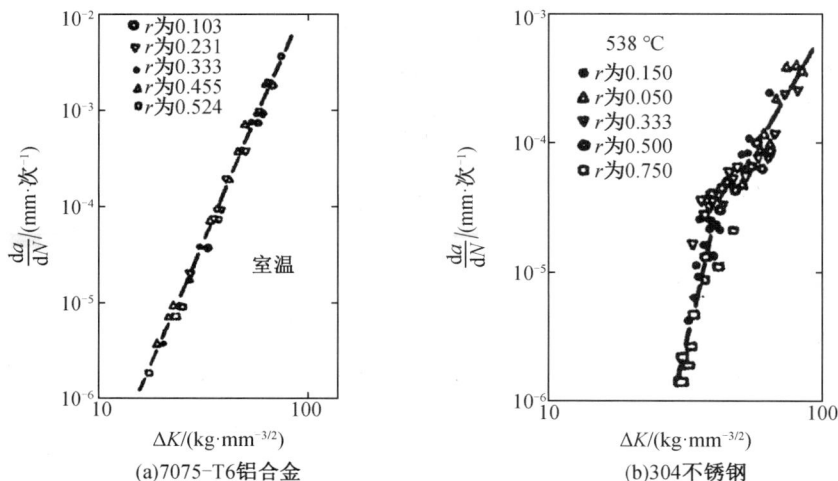

(a)7075-T6铝合金　　　　(b)304不锈钢

图 4-5-3　平均应力对疲劳裂纹扩展速率的影响

由于平均应力对材料的疲劳裂纹扩展速率产生的影响非常明显,因此,人们就可以利用这种效应,因势利导,改变实际构件的 da/dN。

理论分析与实验结果均证明,材料的表面残余应力对疲劳强度极限以及对疲劳裂纹扩展特性的影响,与平均应力具有同等的效果。在一般情况下,表面残余拉应力与正平均应力起着相同的作用,即加速裂纹扩展速率。反之,表面残余压应力则起到负平均应力的作用,从而能够降低材料的裂纹扩展速率 da/dN。因此,为降低构件的 da/dN,在制造或修理工艺上往往需要在构件表面引入 0.08~0.50 mm 深的残余压应力。

核反应堆设备制造通常采用渗碳、渗氮、表面淬火等工艺,航空航天工业通常采用外表面滚压、内表面挤压、渗铝等工艺。近年来,在航空航天工业中广泛采用的喷丸强化工艺等,也是想要达到降低材料裂纹扩展速率 da/dN 的目的。

特别是喷丸强化工艺,能使构件表面产生足够高的残余压应力(负平均应力),对提高材料的疲劳强度极限(即延长疲劳裂纹成核期)、提高 ΔK_{th} 值、降低 da/dN 值(特别是低扩展速率范围)是一种行之有效的方法。根据空军工程大学等院所的研究,近年来又出现了激光强化的处理工艺,使结构表面层产生压应力,从而达到迟滞裂纹扩展的目的。

图 4-5-4 给出了表面层分别为残余拉应力($\sigma_r>0$)、残余压应力($\sigma_r<0$)和无残余应力($\sigma_r=0$)等三种中心切口板材试样的疲劳裂纹扩展量 2a 与反复弯曲循环次数 N 的关系。结果指出,残余拉应力使 da/dN 加速,而残余压应力使 da/dN 减速。近年来,航空工业使用的铝合金、钛合金以及高强度钢等零件,一般均采用表面喷丸强化处理,以改善其疲劳特性。例如,SAE4340 钢经表面喷丸强化后,其残余应力之高,可以达到 $\sigma_r=-70~-80$ kg/mm^2,压应力层深为 0.31~0.43 mm,沿深度的分布如图 4-5-5 所示。

实验结果表明,残余压应力层深达到 0.43 mm 时,疲劳强度极限可提高 40%。只要残余压应力层深度大于表面裂纹(或缺陷)深度,其疲劳强度极限就可获得一定程度的提高。

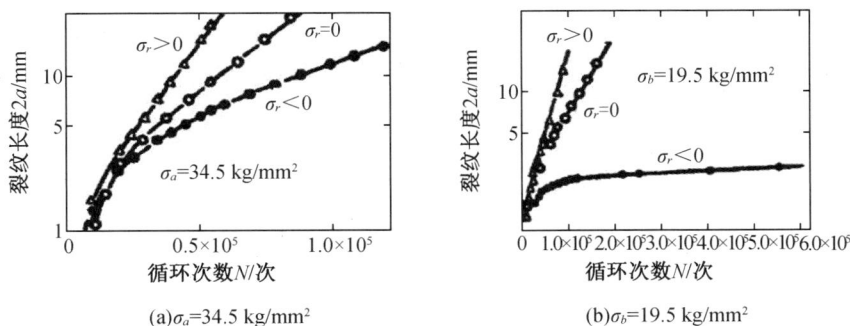

(a)σ_a=34.5 kg/mm^2　　　　　(b)σ_b=19.5 kg/mm^2

图 4-5-4　不同条件下残余应力(平均应力)对碳钢疲劳裂纹扩展的影响

当压应力层深度约为裂纹深度的 5 倍时,疲劳强度极限的提高达到饱和值,继续提高残余应力深度时,疲劳强度极限基本不再改变,如图 4-5-6 所示。此时,由于表面残余压应力的存在,即使表面层存在 0.13~0.20 mm 深的裂纹,疲劳强度极限仍可提高约 40%。

疲劳强度极限是材料不产生疲劳裂纹成核,或疲劳裂纹不扩展的上限应力水平。上述结果说明,此上限应力随表面残余压应力的增高(或表面压应力层的加深)而提高;另一方面,表面裂纹扩展所需要的外加应力水平也随上述两种因素的变化而改变。这就意味着,在一定的条件下,改变材料的表面残余应力状态,有时比改变材料的组织结构或改变材质,对材料 ΔK_{th} 值的改善更为有效。

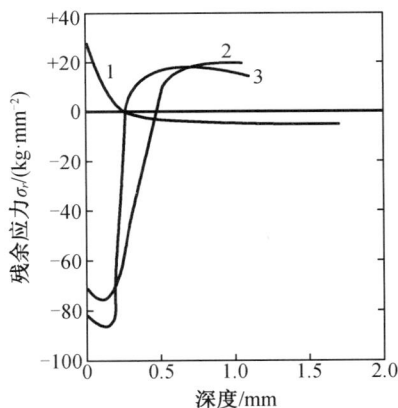

1—未喷丸,HRC = 31.52;2—喷丸,HRC = 31;
3—喷丸,HRC = 31。

图 4-5-5　SAE4340 钢表面残余应力

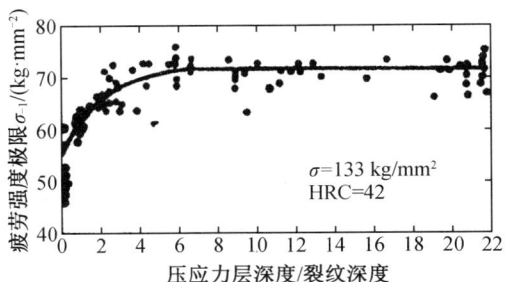

图 4-5-6　试样疲劳强度极限与压应力层深度
和裂纹深度的关系

可见,在构件选材确定之后,只要恰当地选择制造维护工艺,使表面层内引入一定量的残余压应力,就能在宽广的范围内显著地改变构件的疲劳极限 σ_{-1}、ΔK_{th} 值和 da/dN,但在结构使用过程中,应注意残余应力必须维持状态而不能释放。

4.5.2 温度的影响

裂纹扩展受环境的影响非常大,温度是主要因素之一。反应堆的许多设备结构长期在高温环境中工作,因此相关人员必须研究温度对疲劳裂纹扩展速率的影响,为工程设计和维护提供有关实验数据。实际上,温度对疲劳裂纹扩展速率的影响非常复杂,相关研究开展也较少。

研究指出,在较低温度范围内(20~350 ℃),温度对 A533B 和 9Ni-4Co-0.3C 结构钢的 da/dN 无明显影响;但对有些钢种,温度(20~430 ℃)就会对 da/dN 产生明显影响。一般情况下,裂纹扩展速率总是随着温度的升高而增高。

图 4-5-7 给出了核反应堆工程常用的 304 型和 316 型不锈钢在不同温度下的 da/dN-ΔK 之间的关系。由图示曲线变化情况,可以得到如下结论:

(1)da/dN 随温度的升高而增高;

(2)在 25~650 ℃,各温度下的 da/dN-ΔK 关系仍出现转折点,并且只要净断面平均应力保持在普通弹性区内,da/dN-ΔK 间的关系仍服从指数定律式(4-4-4);

(3)随着 da/dN(或 ΔK)值的增高,温度对 da/dN 的加速作用逐渐减弱。

为了从一种或几种温度下获得的 da/dN-ΔK 关系中推断出任何温度下的 da/dN-ΔK 关系,需要找出 da/dN 与温度的关系。若采用描述任一物理过程的速率与温度间一般关系的形式,则 da/dN 与温度间的关系可写作

$$\frac{da}{dN} = A \exp\left[-\frac{u(\Delta K)}{kT}\right] \tag{4-5-3}$$

式中,A 为常数;$u\Delta K$ 为热激活能;k 为玻耳兹曼常数;T 为绝对温度。

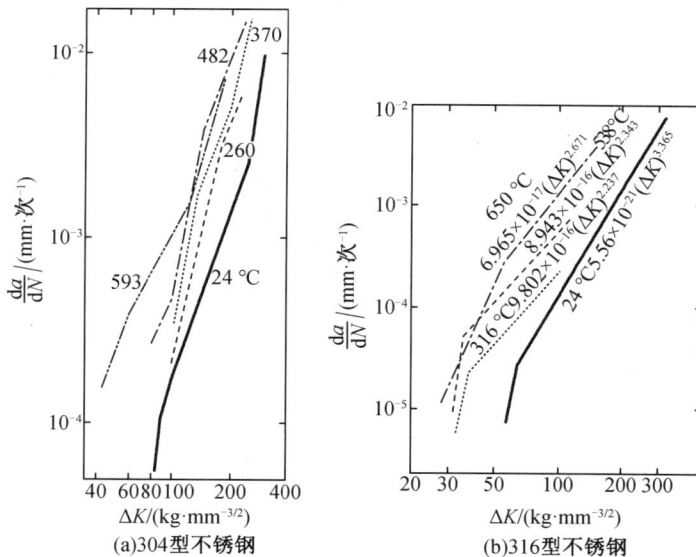

图 4-5-7　各温度下两种不锈钢的 da/dN-ΔK 关系

如取 $\lg\dfrac{\mathrm{d}a}{\mathrm{d}N}-\dfrac{1}{T}$ 单对数坐标作图,则式(4-5-3)为一直线方程。

但是,根据图 4-5-7 数据而得出的 $\dfrac{\mathrm{d}a}{\mathrm{d}N}-\dfrac{1}{T}$ 关系为一曲线关系(图 4-5-8)。这就是说,高温下的疲劳裂纹扩展速率并不是简单地受热激活控制,而是一个更为复杂的过程。因此,目前还不能简单地应用式(4-4-4)在更高的温度范围内来预计材料的裂纹扩展速率。

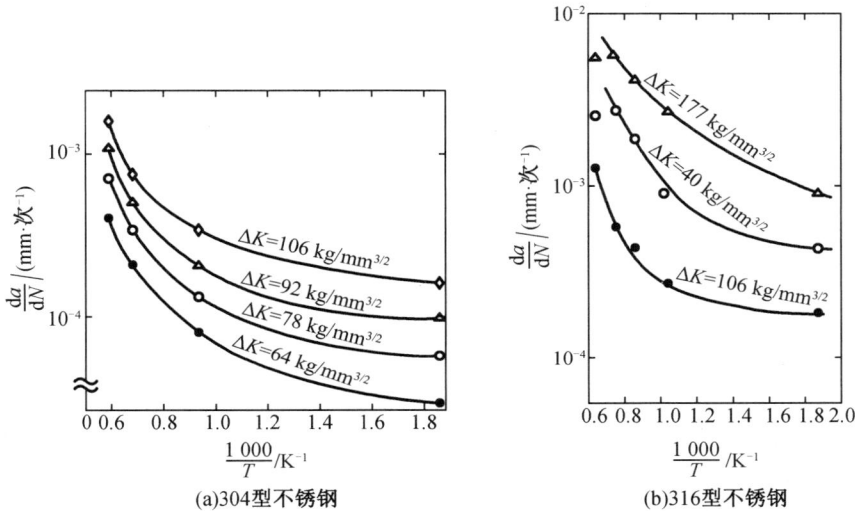

(a)304型不锈钢

(b)316型不锈钢

图 4-5-8　恒定 ΔK 下两种不同不锈钢的 $\dfrac{\mathrm{d}a}{\mathrm{d}N}-\dfrac{1}{T}$ 关系

4.5.3　加载速率的影响

裂纹扩展速率的实验数据一般都是在单一的加载速率下得到的。在工程结构的真实工作条件下,载荷的速率是在较宽的范围内变化的,所以应该了解加载速率对 da/dN 的影响。但是,由于这方面的研究工作开展较少,还很难找出具有规律性的函数关系。根据公开发表的为数不多的数据,我们可以初步得到以下定性结论。

(1)当 ΔK 较低时,加载速率对 da/dN 的影响很小;当 ΔK 较高时,加载速率对 da/dN 的影响较大;在同一 ΔK 值时,加载速率增大,则 da/dN 降低。对 304 型不锈钢在高温下进行实验得到的结果说明,在 ΔK 较大时,若加载速率较低,则会使 da/dN 明显增高。

(2)在腐蚀性介质中,低的加载速率会明显地提高裂纹扩展速率。这是因为在加载速率很低时,腐蚀介质在裂纹尖端有足够的作用时间促使裂纹加速扩展。

4.5.4　材料厚度的影响

材料厚度对裂纹扩展速率有一定的影响。图 4-5-9 表示不同厚度的 2024-T3 铝合金试件裂纹扩展时的 a-N 曲线。可以看到,随着板厚的增大,裂纹扩展速率 da/dN 略有增高。对于同一裂纹长度,在裂纹较短时,不同厚度板的 da/dN 之间差别更大些。

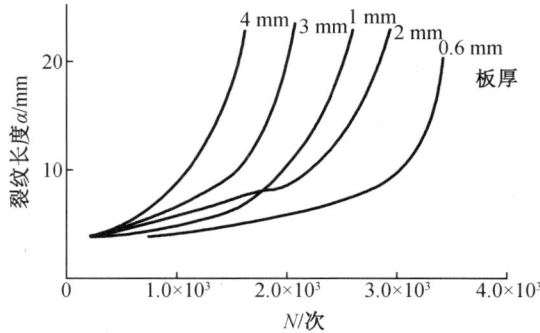

图 4-5-9　不同厚度的 2024-T3 铝合金试件裂纹扩展的 *a-N* 曲线

板厚对 da/dN 的影响与疲劳断口的形貌有联系。观察疲劳断口可以发现,板厚扩展的初始阶段,断口表现为拉伸模态(平断口、断口面垂直于外载荷轴)。当裂纹长度增大时,裂纹尖端的塑性区也增大,当塑性区长度与板的厚度为同一数量级时,即转变为平面应力状态,断口也转变为剪切模态(单剪或双剪断口),如图 4-5-10 所示。当板较厚时,需要较大的塑性区才能转变为平面应力状态,因而在裂纹较长时才发生转变。实验表明,在有相同的应力强度因子幅 ΔK 时,平面应变状态下的 da/dN 要大于平面应力状态下的 da/dN。

在图 4-5-10 中可以看出,当板厚为 0.6 mm 时,疲劳断口很快转变为剪切模态(平面应力状态),da/dN 较低;当板厚增大到 4 mm 时,断口模态转变较迟,长期处于平面应变状态,故 da/dN 较高。

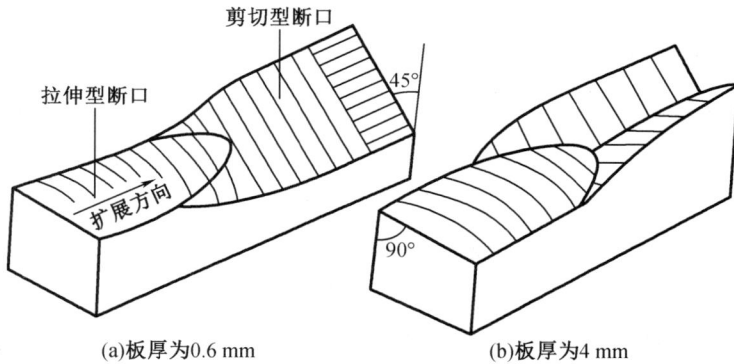

图 4-5-10　疲劳端口形态

4.5.5　应力强度的影响

图 4-4-2 表示的 da/dN-ΔK 关系曲线表明,在 ΔK 很高时,裂纹扩展速率与 ΔK 关系曲线以很大的斜率上升,当 ΔK 对应的 K_{max} $[K_{max} = \Delta K/(1-r)]$ 趋近于材料的断裂韧性 K_c 时,微空穴汇合或解理断裂已经发生,裂纹尖端附近塑性区影响逐渐增大,其综合效应促使 da/dN 迅速上升。

当 ΔK 降低到疲劳裂纹扩展的门槛值 ΔK_{th} 时,在实验中已难以观察到疲劳裂纹扩展。在工程上,当 $da/dN < 10^{-7}$ mm/N 时,所对应的 ΔK 即可定义为该材料的疲劳裂纹扩展的门槛值 ΔK_{th}。门槛值 ΔK_{th} 与应力比有密切的关系。随着应力比 r 的增大,ΔK_{th} 的值逐渐降低。例如,对 2024-T6 铝合金,当 $r=0$ 时,$\Delta K_{th} = 2.09$ MPa$\sqrt{m}$;当 $r=0.5$ 时,$\Delta K_{th} = 1.53$ MPa$\sqrt{m}$。为了表示 ΔK_{th} 随 r 变化的关系,研究人员给出了一些经验公式,其中有

$$\Delta K_{th(r)} = \Delta K_{th(0)} (1-r)^{r'} \tag{4-5-4}$$

或

$$\Delta K_{th(r)} = \Delta K_{th(0)} \sqrt{\frac{1-r}{1+r}} \tag{4-5-5}$$

式中,r' 为与材料和环境有关的常数;$\Delta K_{th(0)}$ 为对应于 $r=0$ 的门槛值,在相应的材料手册中可查到。

4.5.6 过载的影响

实际构件往往不是简单地承受单一恒幅交变载荷,而是承受各种载荷组成的载荷谱。在整个载荷谱中,高低幅度的载荷交替且无序地出现。正是由于载荷谱中的那些高载荷振幅的交替出现,使得 Miner 累积损伤理论中的 $\dfrac{\sum n}{N}$ 值不等于 1,而往往是大于 1。实验表明,过载峰的出现对随后的低载荷恒幅裂纹扩展速率的影响,与它对累积疲劳损伤的影响具有相同的趋势。就是说,过载峰对随后的低载恒幅下的 da/dN 有明显的延缓作用。如果不考虑这种影响,势必会对实际构件的疲劳裂纹扩展寿命做出保守估算。因此,为正确估算构件的疲劳寿命,必须研究过载峰对 da/dN 的影响,并对此影响做出定量估算。

4.6 循环载荷作用下裂纹扩展分析

4.6.1 恒幅载荷循环作用下裂纹扩展分析

在实际工程中,常遇到对已产生裂纹构件的剩余疲劳寿命的估计问题。比如在反应堆工程中,对达到运行寿命的反应堆进行延寿,或者在役检查发现含裂纹结构件,需要对裂纹结构进行剩余寿命评估,以判断结构设备是否具备继续运行的能力。断裂力学的发展为此类计算评估提供了可能。

由 Paris 公式,可以得到

$$dN = \frac{da}{C\left[(\Delta K)\right]^n}$$

即

$$N = \int_{a_0}^{a_c} \frac{da}{C(\Delta K)^n} \tag{4-6-1}$$

式中，a_0 为裂纹的原始长度；a_c 为裂纹的临界尺寸；$\Delta K = Y\Delta\sigma\sqrt{a}$，其中 Y 为裂纹结构的几何形状因子，在很多情况下，Y 与构件形状和裂纹尺寸有关，如内部椭圆裂纹与表面半椭圆裂纹等。若 Y 与 a 无关或可近似地将 Y 看成常数，将式(4-6-1)积分即可得到疲劳裂纹扩展寿命计算公式。

当 $n \neq 2$ 时

$$N = \frac{2}{(n-2)C(Y\Delta\sigma)^n}\left[a_0^{\left(1-\frac{n}{2}\right)} - a_c^{\left(1-\frac{n}{2}\right)}\right] \tag{4-6-2}$$

当 $n = 2$ 时

$$N = \frac{\frac{1}{C(Y\Delta\sigma)^2}\lg a_c}{a_0} \tag{4-6-3}$$

式中，a_0 为裂纹原始长度，一般可对构件使用无损探伤的方法测出，然后根据裂纹的性质与走向确定 ΔK 的表达式；a_c 为裂纹的临界尺寸，可用裂纹力学的方法确定，即根据材料的断裂韧性、所受应力、应力场强度因子的表达式计算出 a_c。最后使用式(4-6-3)计算出裂纹从 a_0 扩展到 a_c 时应力可能循环的周次 N，此即为构件的剩余疲劳寿命。

如果要考虑平均应力对裂纹扩展速率的影响，则可使用 Forman 公式代替 Paris 公式，然后再同上述步骤一样，通过积分得到疲劳寿命。

例如，某压力容器，壁板上有一长度为 $2a = 42$ mm 的环向贯穿直裂纹，容器每次升压和降压时 $\Delta\sigma = 100$ MPa，从材料的断裂韧性计算出裂纹的临界尺寸 $a_c = 225$ mm，由实验得到的裂纹扩展速率的表达式为 $\mathrm{d}a/\mathrm{d}N = 2\times10^{-10}(\Delta K)^3$，试估算容器的剩余疲劳寿命与经过 5 000 次循环后的裂纹尺寸。

容器壁板可看成带有中心穿透裂纹的无限大板，其应力强度因子 $K_I = \sigma\sqrt{\pi a}$，应力强度因子幅 $\Delta K = \sigma\sqrt{\pi a}$，将 ΔK 代入式(4-6-1)或代入 Paris 公式进行积分，有

$$\begin{aligned}
N &= \int_0^{N_c}\mathrm{d}N \\
&= \int_{a_0}^{a_c}\frac{\mathrm{d}a}{C(\Delta K)^n} \\
&= \int_{a_0}^{a_c}\frac{\mathrm{d}a}{2\times10^{-10}\Delta K^3} \\
&= \frac{1}{2\times10^{-10}\pi^{3/2}\Delta\sigma^3}\int_{a_0}^{a_c}\frac{\mathrm{d}a}{a^{3/2}} \\
&= \frac{1}{(1-3/2)\times2\times10^{-10}\pi^{3/2}(100)^3}(a_c^{1-3/2} - a_0^{1-3/2}) \\
&= \frac{1}{(1-3/2)\times2\times10^{-10}\pi^{3/2}(100)^3}\times\left(\frac{1}{\sqrt{225\times10^{-3}}} - \frac{1}{\sqrt{21\times10^{-3}}}\right) \\
&= 8\ 600\ \text{次}
\end{aligned}$$

经过 5 000 次循环后裂纹的长度为

$$5\ 000 = \cfrac{1}{\left(1-\cfrac{3}{2}\right) \times 2 \times 10^{-10} \pi^{\frac{3}{2}}\,(100)^3} \left(\cfrac{1}{\sqrt{a}} - \cfrac{1}{\sqrt{21}}\right) \sqrt{10^3}$$

则

$$a = 58.95\ \text{mm}$$

可见,经过 5 000 次循环后,裂纹长度仍小于临界值,即容器仍处于安全状态。

4.6.2 变幅载荷下疲劳裂纹扩展

1. 变幅载荷下疲劳裂纹扩展的特点

恒幅载荷下疲劳裂纹扩展的计算方法是变幅载荷下疲劳裂纹扩展分析的基础。实际使用时,结构中疲劳裂纹扩展均是在随机载荷谱下发生和发展的。变幅载荷可大致划分为三个过载区间——高载、中低载和负载,并且三种载荷必然是交错出现的。从工程分析方法看,疲劳裂纹扩展的分析可分两大类。

(1)不考虑载荷的交互作用。载荷谱中各个载荷的峰值相差不大,载荷顺序对裂纹扩展影响很小,因此可不考虑循环载荷的相互作用,采用当量恒幅载荷进行裂纹扩展分析。例如核反应堆设备结构一般可以视为此类结构。

(2)考虑载荷的交互作用。载荷谱中各个载荷的峰值(或谷值)相差较大,载荷顺序对裂纹扩展影响不能忽略,因此必须采用变幅载荷下裂纹扩展的分析方法。

下面首先分析变幅载荷下疲劳裂纹扩展的特点,从而提出计算模型。

(1)疲劳裂纹扩展中的闭合现象

含裂纹试件在承受循环载荷时,在卸载段,载荷降到某一应力值 σ_{cl} 时($\sigma_{cl} > \sigma_{min}$),裂纹即开始局部闭合,而不必等到卸载到 $\sigma = 0$ 时才闭合。在载荷上升段,虽然载荷增大到 $\sigma > \sigma_{min} > 0$,但裂纹仍未张开,只有等到 $\sigma = \sigma_{op} > \sigma_{min}$ 时,裂纹才完全张开。这一现象是 Elber 最先发现的。他认为,扩展中的裂纹尖端处于前面各循环加载所造成塑性区的尾区中。塑性区内材料的残余变形使裂纹在卸载段提前闭合,而在升载段则使裂纹延后张开。Elber 用柔度法测量了铝合金的闭合应力,发现闭合应力 σ_{cl} 和张开应力 σ_{op} 略有不同,张开应力 σ_{op} 比闭合应力 σ_{cl} 略小,张开应力是应力比的函数,由实验数据拟合得到,则

$$\sigma_{op} = (0.5 + 0.1r + 0.4r^2)\sigma_{max} \tag{4-6-4}$$

或

$$K_{op} = (0.5 + 0.1r + 0.4r^2)K_{max}$$

式中,K_{op} 为对应于裂纹开始张开时的应力强度因子;K_{max} 为最大外载荷时的应力强度因子。

Elber 应用裂纹闭合理论来解释裂纹扩展速率随应力比 r 而变化的现象。由于裂纹的闭合现象,在疲劳载荷下使裂纹扩展的推动力,不是名义的应力强度因子 $\Delta K = K_{max} - K_{min}$,而是应力强度因子 $\Delta K_{eff} = K_{max} - K_{op}$,在裂纹张开以后,外加载荷才能起推动裂纹扩展的作用,所以,裂纹扩展速率公式可写成

$$\frac{da}{dN} = C_4 (\Delta K_{eff})^{n_4} \tag{4-6-5}$$

式中,C_4、n_4 是材料常数,与式(4-4-4)中的 C、n 是不相同的。式(4-6-5)也可写成

$$da/dN = C_4(u\Delta K)^{n_4} \tag{4-6-6}$$

式中

$$u = \frac{K_{max} - K_{op}}{K_{max} - K_{min}}3a$$

对于铝合金,Elber 得到

$$u = 0.5 + 0.4r \tag{4-6-7}$$

Elber 应用式(4-5-4)和式(4-5-5)处理不同应力比 r 下的铝合金的疲劳裂纹扩展数据。以 ΔK_{eff} 为横坐标(对数坐标系),则不同应力比 r 的 $\frac{da}{dN}$ 数据点都落在同一条直线上。

(2)变幅载荷之间的相互作用

工程结构实际承受的载荷,恒幅疲劳载荷很少,大多是变幅的循环载荷。由于载荷谱中出现了各种不同幅值的载荷,因此,这些不同幅值的载荷之间存在哪些相互作用,它们对疲劳裂纹扩展速率又有什么影响,都是研究谱载荷裂纹扩展规律的重要课题。大量的实验研究证明,在载荷谱中出现高幅值的载荷后,使随后的裂纹扩展速率降低,要经过一定的循环后才会恢复到应有的扩展速率;而出现负的高幅值载荷后,又会使随后的裂纹扩展速率增高。因此,在研究裂纹扩展特性以及预测裂纹扩展寿命时,必须考虑载荷间相互作用的影响。

首先考虑最简单的情况,在恒幅循环载荷谱中加入一个高峰载荷即过载的情况。对于过载后裂纹扩展速率的变化特征,近 40 年来进行了相当多的研究工作,包括实验研究和理论分析。

研究表明,每次过载之后,裂纹扩展速率都会明显降低。图 4-6-1 和图 4-6-2 分别表示施加过载的情况和过载后,裂纹长度与载荷循环数的关系曲线(a-N 曲线)。在图 4-6-1 中,$(K_{ol})_{max}$ 为对应于高峰载荷(超过载)的最大应力强度因子,$(K_b)_{max}$ 为基本恒幅循环载荷谱作用下的最大应力强度因子。当过载循环的载荷最低值与基本循环的载荷最低值相同,即 $(K_{ol})_{min} = (K_b)_{min} = K_{min}$ 时,$\Delta K_{ol\,max}$ 为 $(K_{ol})_{max} - K_{min}$,而 ΔK_b 则为 $(K_b)_{max} - K_{min}$。定义过载比 r_{ol} 为

$$r_{ol} = (K_{ol})_{max}/(K_b)_{max} \tag{4-6-8}$$

在图 4-6-2 中,施加过载以前,在恒幅循环载荷(应力强度因子幅为 ΔK_b)作用下,裂纹等速扩展,所以 a-N 为直线关系(OA)段。在 A 点过载后(超过载最大应力强度因子为 $K_{ol\,max}$,a-N 的斜率逐渐降低,裂纹扩展速率 da/dN 逐渐降低;经过若干循环,裂纹扩展了一个长度 a^* 以后,裂纹扩展速率又恢复到超过载前的数值,即过载效应消失。过载后裂纹扩展速率变低的效应称为过载迟滞效应。实验发现,过载影响区的长度 a^* 约等于过载造成的塑性区的长度。N_D 代表裂纹以降低了的速率通过过载影响区所需要的载荷循环数。如果没有过载,则裂纹仍以对应恒幅基本循环载荷的扩展速率 $da/dN = b_1$ 通过 a^* 距离,所需要的循环数应为 $N_1 = \dfrac{a^*}{b_1}$,所以,由于迟滞效应所增加的循环数,即由于过载迟滞效应,结构所

增加的寿命循环数为

$$N_D^* = N_D - \frac{a^*}{b_1} \qquad (4\text{-}6\text{-}9)$$

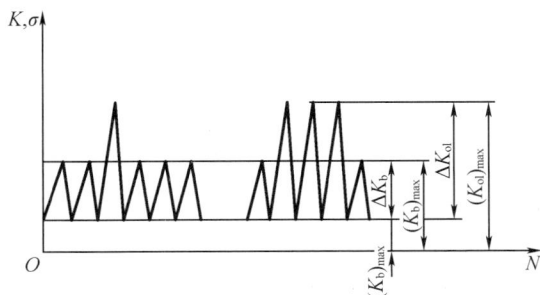

图 4-6-1　单峰和多峰过载

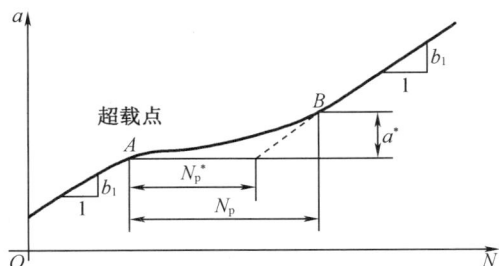

图 4-6-2　过载后裂纹扩展曲线

实验证明,迟滞循环数随过载比 r_{ol} 的增大而增加,并且随过载峰值数的增加而增加,见表 4-6-1。

虽然在过载影响区内裂纹平均扩展速率可以用 $\dfrac{a^*}{N_D}$ 来粗略地估计,但实际上在这一段内裂纹扩展速率的变化相当复杂。图 4-6-3 表示过载后在过载影响区内 da/dN 随裂纹长度变化的情况。

表 4-6-1　单峰和多峰载荷引起的迟滞效应(7075-T3 铝合金)

$\Delta K/\mathrm{MPa}\sqrt{m}$	过载比 r_{ol}	过载次数	$N_D/10^3$ 周	$\Delta K/\mathrm{MPa}\sqrt{m}$	过载比 r_{ol}	过载次数	$N_D/10^3$ 周
15.0	1.53	1	6	16.5	1.5	100	9.9
15.0	1.82	1	9	16.5	1.5	450	10.5
15.0	2.09	1	59	23.1	1.5	1	9
16.5	1.5	1	4	23.1	1.75	1	55
16.5	1.5	10	5	23.1	2	1	245

可见,过载后 da/dN 开始下降,但并不立即降至最低点。扩展一段长度以后(此长度一般为过载塑性区长度的 1/8~1/4),da/dN 才降至最低点。这一现象称为迟滞延缓(Delayed retardation),过载比越大,最低点 $(da/dN)_{\min}$ 与 da/dN 的比值越小,da/dN 为过载前的裂纹扩展速率。

根据许多实验结果,可以总结发现:

①过载比 r_{ol} 越大,迟滞循环数 N_D 越多。

②过载比小于某个值时(例如,对许多材料当 $r_{ol} \leqslant 1.4$ 时),其迟滞效应可以忽略不计。

③当过载比大于某一数值时,在过载后裂纹会完全停止扩展。这一过载比 $(r_{ol})_c$ 可称为"临界过载比"。对于 2024-T3 铝合金,在 $r=0$ 时,$(r_{ol})_c \approx 2.3$,临界过载比和基本循环的应力比有关。一般 r 值越大,$(r_{ol})_c$ 值亦越大。

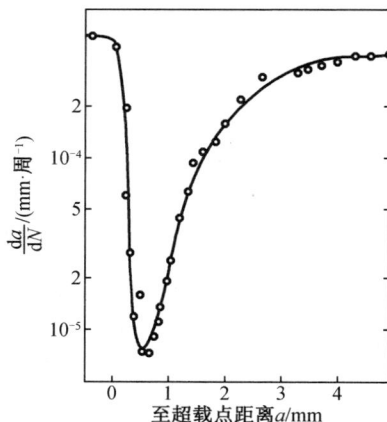

图 4-6-3　过载影响区内 $\mathrm{d}a/\mathrm{d}N$ 随裂纹长度的变化

④迟滞载循环数 N_{D} 还和连续施加过载次数有关,连续施加的过载次数越多,N_{D} 亦越多,但当过载次数达到一定数后,N_{D} 不再增多,而趋于一个稳定值,可认为是迟滞效应的"饱和"现象。

2. 裂纹扩展寿命的计算

要准确地计算工程结构的裂纹扩展寿命,首先就要知道它们所承受的载荷谱和材料的疲劳裂纹扩展速率。在计算中要考虑环境、载荷之间的相互作用等因素。从理论上讲,裂纹扩展寿命可以从 $\mathrm{d}a/\mathrm{d}N=f(\Delta K,r,\cdots)$ 积分得到,即

$$N = \int_{a_0}^{a_c} \frac{\mathrm{d}a}{f(\Delta K, r, \cdots)} \tag{4-6-10}$$

如果是变幅载荷,则很难找到 $f(\Delta K,r,\cdots)$ 的解析式,所以,式(4-6-10)的 N 值往往需要逐个循环进行数值积分,但即使利用高性能计算机,计算时间耗费也是非常惊人的。因此需要将式(4-6-10)进行一定的简化,以便于工程应用。

当考虑 $\Delta\sigma$ 为恒定数值时,应力强度即可用 $\Delta K = \Delta\sigma\sqrt{\pi a}$ 表示。

(1)应用 Paris 公式,积分后得到

$$N = \int_{a_0}^{a_c} \frac{\mathrm{d}a}{C(\Delta\sigma\sqrt{\pi a})} = \frac{1}{C} \frac{2}{n-2} \frac{a_c}{(\Delta\sigma\sqrt{\pi a_c})^n} \left[\left(\frac{a_c}{a_0}\right)^{\frac{n-2}{2}} - 1 \right] \tag{4-6-11}$$

式中,$n \neq 2$。

当 $n=2$ 时,积分结果为

$$N = \frac{1}{C} \frac{1}{(\Delta\sigma\sqrt{\pi})^2} \ln \frac{a_c}{a_0} \tag{4-6-12}$$

(2)应用 Forman 公式,积分后可得

$$N = \frac{2}{n_1-2} \frac{(1-r)K_c}{C_1} \frac{a_c}{(\Delta\sigma\sqrt{\pi a_c})^n} \left[\left(\frac{a_c}{a_0}\right)^{\frac{n_1-2}{2}} - 1 \right] \tag{4-6-13}$$

式中,$n_1 \neq 2$。

如果 $n_1 = 2$,则积分后得到

$$N=\frac{(1-r)K_c}{C_1\pi\Delta\sigma^2}\ln\frac{a_c}{a_0}-\frac{2}{C_1\pi\Delta\sigma}(\sqrt{a_c}-\sqrt{a_0})\qquad(4\text{-}6\text{-}14)$$

上面各式中的 C、C_1、n、n_1 分别为 Paris 公式和 Forman 公式中的常数。

4.7　累积损伤理论与变幅循环疲劳寿命

前面讨论的疲劳寿命的估算用于恒幅载荷,即疲劳过程中其应力幅恒定的情况,但是许多构件在运行时所承受的载荷可能是变动的,有时甚至是随机变动的。由前面过载峰对疲劳裂纹扩展影响的讨论结论可以推断,在变幅加载条件下,不同应力幅的循环对其疲劳寿命存在相互影响。计算疲劳裂纹扩展的实际工作中,若要考虑这种影响,计算就会非常复杂,而且其计算结果可能与实际情况差异很大。目前,工程中普遍采用 Miner 线性累积损伤理论估算变幅循环条件下的疲劳寿命。

所谓线性累积损伤,是指材料承受高于疲劳极限的应力时,每一次循环都会使材料产生一定量的疲劳损伤,这种损伤是累积的,当损伤累积到临界值时便会发生疲劳断裂。按照这种理论就可以忽略不同幅度的应力循环之间的相互影响,分别独立计算各种应力幅循环下裂纹扩展量或构件受到损伤的相对量,然后按线性叠加法求出构件所受的累积损伤。

可见,线性累积损伤避开了复杂敏感的微观损伤疲劳机理,简单明了地给出了疲劳效应的工程处理方法。其实质并不是考虑微观损伤机理,而是以唯象的方式等效考虑微观疲劳损伤的宏观效应。

A. Palmgren 和 M. A. Miner 在实验中发现,疲劳累积损伤与应力循环周次呈线性关系,并由此建立了疲劳累积损伤的线性方程式。

假定某材料的疲劳曲线如图 4-7-1 所示,一试样在交变应力 $\pm\sigma_1$ 的作用下循环 N_1 次断裂,若该试样在 $\pm\sigma_2$ 的循环应力作用下,断裂前可以循环的周次为 N_2(σ_1、σ_2 均大于 σ_{-1}),现试样在应力 $\pm\sigma_1$ 循环 n_1 次,再在 $\pm\sigma_2$ 循环 n_2 次发生断裂。若试样发生断裂的累积损伤总量为 100%,在 $\pm\sigma_1$ 每次应力循环引起的累积损伤为 $\frac{1}{N_1}$,循环 n_1 次时引起的累积损伤为 $\frac{n_1}{N_1}$,同样,在 $\pm\sigma_2$ 每次应力循环引起的损伤为 $\frac{1}{N_2}$,应力循环 n_2 次引起的累积损伤为 $\frac{n_2}{N_2}$,上述试样断裂,说明其累积损伤已达到试样断裂前可以承受的累积损伤总量,由此即有

$$\frac{n_1}{N_1}+\frac{n_2}{N_2}=100\%=1$$

将上式推广到多级应力,则上式可写为

$$\sum_i^k\frac{n_i}{N_i}=1\quad(i=1,2,\cdots,k)\qquad(4\text{-}7\text{-}1)$$

式(4-7-1)即为疲劳累积损伤的线性方程式,也称为 Miner 定理。该定理可以根据光滑试样在恒幅应力实验下得到的 σ-N 曲线及疲劳极限,进行高于疲劳极限的变幅应力的疲

劳寿命设计。

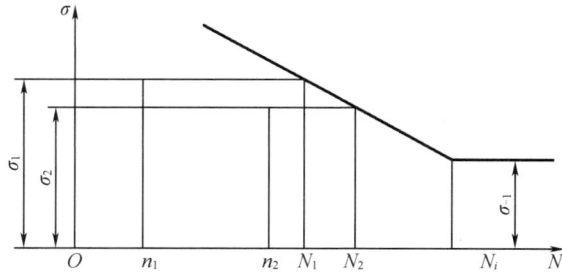

图 4-7-1　疲劳损伤线性累积示意图

式(4-7-1)是以在每次循环应力作用下构件受到的损伤的相对量之和来表示的。Miner 定理还可以用疲劳裂纹的扩展量来表示。

设构件在载荷 $\pm\sigma_1,\pm\sigma_2,\cdots,\pm\sigma_i,\cdots,\pm\sigma_n$ 下分别经历了 $n_1,n_2,\cdots,n_i,\cdots,n_n$ 次循环,在经历 $\pm\sigma_i$ 载荷循环开始时的裂纹尺寸为 a_{i-1},则其在经历了 n_i 次循环后裂纹尺寸可以由式(4-6-2)和式(4-6-3)求出:

$$a_i = \left[a_{1-i}^{1-\frac{n}{2}} - \frac{n_i}{2(n-2)C\pi^{\frac{n}{2}}(Y\Delta\sigma_i)^n} \right]^{\frac{2}{n-2}} \quad (n \neq 2) \qquad (4\text{-}7\text{-}2)$$

$$a_i = a_{1-i}\exp\left[n_i C\pi(Y\Delta\sigma_i)^2 \right] \quad (n=2) \qquad (4\text{-}7\text{-}3)$$

按照上述方法,由 $i=1,2,3,\cdots,n$ 依次计算下去,就可以求出经历了 n 次循环后的最后裂纹尺寸,或反过来由临界裂纹尺寸计算出总的循环次数。

应当说明的是,式(4-7-1)所表示的是不同循环应力引起的损伤的代数和,如果有多个循环应力的作用,更改求和的次序不会对整个结果产生影响,而在使用式(4-7-2)、式(4-7-3)计算裂纹长度时,由于其中的应力强度因子幅与循环应力及裂纹长度有着明确的依存关系,因此在计算时不能把各种幅度应力循环的次序颠倒,也不能把被另一幅度应力隔开的同一幅度的循环次数相加。

还应说明,对于变幅循环下疲劳裂纹的扩展,不论采用何种方法进行分析,都需要对载荷谱有足够的了解,此外,由于过载峰对疲劳裂纹扩展起延缓作用,所以按 Miner 线性累积损伤理论计算所得的结果是偏于安全的。

4.8　小裂纹的疲劳扩展特点

小裂纹扩展规律研究是近 30 年来国际疲劳断裂领域的研究热点之一。小裂纹与长裂纹的扩展行为有明显的区别,在给定的 ΔK 下,小裂纹比长裂纹扩展速率快,在低于长裂纹门槛值以下,小裂纹仍会继续扩展。这种被称之为"小裂纹效应"的存在,对于工程结构,尤其是以耐久性和损伤容限设计为主的航空结构尤为重要。

所谓小裂纹一般是指长度在 1 mm 以内的表面裂纹、角裂纹或其他形式的微裂纹,或者指裂纹长度与裂纹尖端塑性区半径为一个数量级时的微裂纹。目前对小裂纹在宏观现象方面已经取得了基本一致的认识,但在实际扩展驱动力以及微观控制机理等方面还存在很大分歧。一方面反映了小裂纹的研究还不十分成熟,另一方面也反映了小裂纹问题的复杂性。

4.8.1　小裂纹的分类及特点

(1)在几何方面,小裂纹有小表面裂纹和短裂纹之分。前者多指光滑试样或构件萌生的小表面裂纹,裂纹的所有尺寸都很小;后者多指在裂纹长度上很短的穿透裂纹。由于这两类小裂纹的约束条件不同,其裂纹扩展特性不尽相同,但大部分规律是相仿的,所以两者并不严格区分。

(2)在扩展特性的主导因素方面,小裂纹有微观组织小裂纹和力学小裂纹(工程小裂纹)之分。前者多指近门槛值附近光滑表面出现的小裂纹(长度为 $10 \sim 100 \ \mu m$),其扩展主要受微观组织结构控制;后者多指高应变区,特别是在缺口根部萌生的小裂纹(长度为 $100 \sim 1\ 000 \ \mu m$),其扩展的主导控制因素转化为力学参量。

从实际结构寿命分析角度出发,力学小裂纹扩展规律的研究更为重要。如无特殊说明,以下"小裂纹"均指力学小裂纹。

实验结果表明,小裂纹具有与长裂纹不同的扩展特性,主要表现在以下几个方面:

(1)小裂纹应力强度因子门槛值 $\Delta K_{th,s}$ 低于长裂纹的门槛值 ΔK_{th},即小裂纹在应力强度因子低于长裂纹门槛值时仍能扩展(图4-8-1),这种现象可以用"闭合效应"来解释。在应力强度因子低于门槛值时,闭合效应对裂纹扩展特性有重要影响。与长裂纹载荷相同时,小裂纹由于在表面附近裂纹尖端塑性区尺寸较小,因此闭合效应较小。此外,在门槛值附近,Elber 还发现两种闭合机制:氧化物和粗糙度引起的闭合。这是因为在低于 ΔK_{th} 水平时,COD 相对很小,任何氧化物小片或微观组织的缺陷所造成的表面粗糙度都可能和 COD 尺寸相当,从而使裂纹尖端闭合而改变近门槛值附近的裂纹扩展特性(包括 ΔK_{th})。

(2)众多工程常用合金小裂纹实验结果表明(图4-8-2),存在一临界裂纹尺寸 a_c,当实际裂纹长度 $a<a_c$ 时,小裂纹应力强度因子门槛值 $\Delta K_{th,s}$ 随裂纹长度的减小而降低,当 $a>a_c$ 时,$\Delta K_{th,s} = \Delta K_{th}$,且 $\Delta K_{th,s}$ 与裂纹尺寸无关。

(3)在相同的名义驱动力 ΔK 下,小裂纹具有比长裂纹高得多的扩展速率;在进入长裂纹扩展阶段之前,小裂纹具有先减速后加速的扩展特性,如图4-8-1所示。

(4)在一定的裂纹长度和载荷的组合下,小裂纹可能出现裂纹先形成而后停止的扩展现象。存在不扩展的裂纹是小裂纹扩展特性的一个重要现象。长裂纹和小裂纹的非扩展裂纹在出现条件上有明显区别。当长裂纹和小裂纹的 ΔK 相同时,只要 $\Delta K<\Delta K_{th}$,长裂纹就不扩展;而小裂纹是先快速扩展一段距离后再停止扩展,小裂纹的这一现象相应地延长了裂纹的扩展寿命。小裂纹的非扩展裂纹不仅与应力强度因子门槛值有关,而且与缺口形状和几何尺寸有较大的关系。

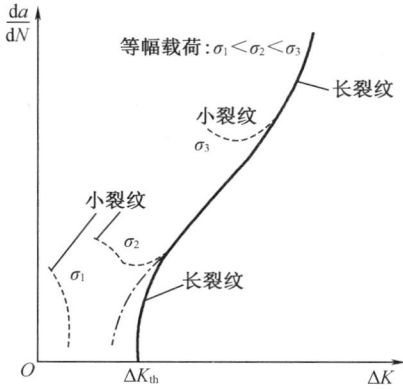

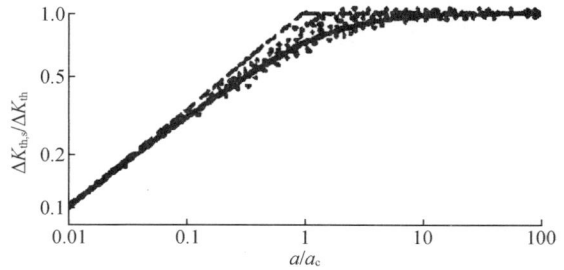

图 4-8-1 典型长裂纹和小裂纹的扩展规律　图 4-8-2 裂纹尺寸对小裂纹应力强度因子的影响

①小裂纹的萌生和扩展明显地受材料微观组织状态(晶粒大小、第二项尺度以及分布等)的影响,因此小裂纹的扩展存在很大的分散性。

②载荷顺序对小裂纹扩展影响比长裂纹阶段更明显。在小裂纹扩展阶段引入单峰过载将产生明显的过载迟滞效应。例如具有中心穿透裂纹的铝合金板材,当过载比为 1.5 时,在长裂纹扩展阶段无明显的过载迟滞效应,而在小裂纹扩展阶段则具有明显的迟滞效应。

4.8.2　小裂纹扩展速率的工程估算方法

小裂纹的扩展过程非常复杂,小裂纹的扩展速率与材料微观组织、载荷大小、应力比、试样几何尺寸、裂纹形式等许多因素有关,难以用一个解析式来表达。用来描述小裂纹扩展速率的方法可以分为两类:一类是半经验性的,用传统断裂力学公式做某些修正或改进;另一类较为严格,用连续力学的方法来处理小裂纹问题,由于此问题涉及裂纹尖端的塑性变形,所以必须进行弹塑性分析。

(1)建立在有效裂纹长度概念上的修正模型

Haddad 等采用线弹性断裂力学参数——应力强度因子描述小裂纹的扩展,仍以 ΔK 作为控制参量去拟合小裂纹疲劳扩展的实验参数。但是由于小裂纹的长度很小,即当 $a \to 0$ 时,将会出现应力奇异性。为了使小裂纹的扩展特性更接近长裂纹的扩展特性,并消除小裂纹的奇异性,Haddad 等提出有效裂纹长度模型,即在实际裂纹长度上加材料的特征裂纹长度 a_0 来计算应力强度因子。此时,小裂纹应力强度因子为

$$\Delta K = \Delta \sigma Y \sqrt{\pi(a + a_0)} \qquad (4\text{-}8\text{-}1)$$

式中,Y 为几何修正因子;a_0 为与微观组织有关的材料常数,可用下式计算,即

$$a_0 = \frac{1}{\pi}\left(\frac{\Delta K_{th}}{\sigma^{-1}}\right) \qquad (4\text{-}8\text{-}2)$$

采用 $\Delta K_{th} - \dfrac{da}{dN}$ 进行寿命预测。此外,小裂纹阶段的裂纹形式一般为角裂纹或表面裂纹,对应力强度因子的求解精度要求较高,采用 Newman-Raju 的有限元解与赵-吴的三维权函数结合计算应力强度因子。对每次载荷循环引起的裂纹扩展量 Δa 进行叠加,当裂纹长度

超过 2mm 时,即进入长裂纹扩展阶段。

（2）长裂纹阶段扩展寿命计算

长裂纹扩展阶段是指小裂纹由 2 mm 到断裂或快速扩展之前的寿命。长裂纹扩展寿命计算方法建立在线弹性断裂力学的基础之上,裂纹扩展分析的基本参量是应力强度因子。裂纹扩展速率方程有 Paris 公式、Walker 公式、Forman 公式等。谱载荷下采用改进的 Willenberg 模型计算裂纹扩展速率。对每次载荷循环引起的裂纹扩展量 Δa 进行叠加,当裂纹长度达到临界裂纹长度 a_c 时就认为构件达到了其疲劳寿命。

以上主要介绍等幅载荷谱作用下的疲劳全寿命分析方法,对于谱载荷情况,必须在各阶段分别考虑谱载荷影响来计算各阶段寿命。这种疲劳全寿命分析方法的优点在于,把裂纹形成寿命和裂纹扩展寿命分开,给出裂纹可能出现的时机,为制定检查周期提供理论指导;同时这种计算方法对结构损伤容限和耐久性设计具有实用意义。

4.9　应力腐蚀和腐蚀疲劳裂纹扩展

反应堆容器或管道内大多运行着特定的介质,常用的水中即含有某些腐蚀成分,此外,介质本身往往具有腐蚀性,比如,空间堆回路的钠钾合金、液态锂、铅铋合金、钠冷快堆的液态钠、熔盐堆的液态钍等,它们具有腐蚀性甚至是很强的腐蚀性,会对金属容器或管壁带来不同程度的腐蚀作用。而高温容器或管道又具有一定的应力水平,容器壁内的一些夹渣砂眼等缺陷就很容易萌生或发展成小裂纹,小裂纹在某些条件下快速扩展,导致贯穿壁厚,或造成容器疲劳破断。实际上,核反应堆设备在应力腐蚀下萌生裂纹并最终导致开裂,是常见的结构失效,所以,对腐蚀环境下一定应力水平的反应堆容器进行应力腐蚀及其裂纹疲劳扩展研究,具有重要的工程应用价值。

4.9.1　应力腐蚀

1. 应力腐蚀开裂

应力腐蚀开裂(stress corrosion cracking,SCC)是指承受应力的材料在特定腐蚀环境下产生滞后开裂,甚至发生滞后断裂的现象。应力腐蚀开裂一般是在非常低的应力和非常弱的腐蚀介质作用下产生的,在如此低的应力下,如果没有腐蚀介质的联合作用,构件一般是不会被破坏的。同样,在这样弱的腐蚀介质中,如果没有应力的联合作用,一般也不会发生破坏。另外,通常应力腐蚀开裂指的是仅受静应力或非常缓慢变化应力作用下的破坏。

应力腐蚀开裂属于脆性损伤。即使延性很好的材料,其 SCC 断口宏观形态仍显示明显的脆性断裂特征,即断口平直,并与正应力垂直,没有明显的塑性变形,颈缩也不明显,断口表面裂纹源及扩展区通常呈黑褐色(钢基)或深灰色(铝基)。其原因是腐蚀产物覆盖着断口表面,并且离源区越近,腐蚀产物越多;同时,断口表面腐蚀状况还与电化学腐蚀条件及应力腐蚀机制有关。应力腐蚀开裂起源于表面,一般为多源,起源处的材料表面一般存在腐蚀坑,应力腐蚀开裂与机械断裂过渡区断口上常出现放射性花样或"人"字纹,最后失稳断裂(机械断裂)区为银灰色。

应力腐蚀开裂具有以下共同特点。

(1)拉应力是产生应力腐蚀开裂的必要条件

此时的拉应力,可以是外加的拉应力,也可以是加工等引起的残余拉应力,如焊接和加工时的残余应力所引起的事故占应力腐蚀开裂事故的80%以上。

(2)存在临界应力

应力腐蚀开裂是一种与时间有关的滞后破坏,材料所受应力越小,断裂时间越长。在应力小于某一临界值后,断裂时间趋于无穷大,此应力值称为应力腐蚀的临界应力 σ_{SCC}。对于存在裂纹的试样或构件,存在临界应力强度因子 K_{ISCC}。对于不同的材料,环境体系的 σ_{SCC} 或 K_{ISCC} 可能差异很大。

(3)对每一种金属材料,只有在特定的介质中才能发生应力腐蚀开裂

在无应力作用时,单纯介质在金属表面形成保护膜,在拉应力作用下,某些变形较大区域形成滑形台阶,表面的钝化膜被破坏,新金属表面与钝化保护膜组成化学电池,机械应力和电化学作用引起应力腐蚀裂纹产生,某些金属在不同介质中现象可能不同。

(4)材料成分对应力腐蚀开裂有明显的影响

通常,合金比纯金属更易产生应力腐蚀开裂,原因是合金元素的加入影响了材料表面的电化学均匀性和稳定性,可能促进选择性腐蚀。

合金成分的变化会影响材料的组织结构,材料的微观组织结构对应力腐蚀开裂有重要影响。决定金属材料应力腐蚀开裂特性的最重要因素之一是其强度水平,对于高强度钢来说,强度越高,其应力腐蚀开裂敏感性越大。晶粒取向与应力方向的关系也是影响应力腐蚀开裂敏感性的一个重要因素,当应力方向与轧制板材中晶粒长轴方向一致时,应力腐蚀开裂敏感性低;当二者垂直时,应力腐蚀开裂敏感性高。

2.应力腐蚀裂纹扩展速率

(1)应力腐蚀裂纹扩展速率与应力强度因子的关系

将材料制成含预制裂纹的试样,在给定的介质和载荷下做实验,随着加载时间的增加,测定试件裂纹长度 a 随时间 t 的变化情况来研究应力腐蚀裂纹扩展规律,应力腐蚀 a-t 规律与材料、应力、环境等均有关。为了给出衡量裂纹扩展规律的力学量,必须确定应力腐蚀裂纹扩展速率 $\dfrac{\mathrm{d}a}{\mathrm{d}t}$,$a$ 为裂纹半长或深度,t 为加载时间。它指的是裂纹长度随腐蚀时间的变化率,即 a-t 曲线的斜率,称为应力腐蚀裂纹扩展速率,一般为 $10^{-6} \sim 10^{-3}$ mm/min 高强度钢,实验测得 $\dfrac{\mathrm{d}a}{\mathrm{d}t}$ 与应力强度因子 K 的双对数关系曲线如图4-9-1所示。

应力腐蚀裂纹扩展速率 $\dfrac{\mathrm{d}a}{\mathrm{d}t}$ 可近似分为 Ⅰ、Ⅱ、Ⅲ 三个阶段,各阶段特点如下。

第Ⅰ阶段:应力腐蚀裂纹扩展速率较低,应力强度因子 K 有一界限值,用 K_{ISCC} 表示,当裂纹尖端的应力强度因子 K 低于 K_{ISCC} 时,裂纹扩展速率极低,工程上通常认为应力腐蚀裂纹不扩展。K_{ISCC} 称为应力腐蚀开裂应力强度因子门槛值。其含义如图4-9-2所示。

在第Ⅰ阶段,力学因素起主要作用,$\dfrac{\mathrm{d}a}{\mathrm{d}t}$随 K 的增加而急剧增加,有些文献中将应力腐蚀裂纹扩展速率用下式表示,即

$$\left(\frac{\mathrm{d}a}{\mathrm{d}t}\right)_{I} = C_1 + C_2 K$$

式中,C_1、C_2 为材料常数;K 为应力强度因子。

第Ⅱ阶段:为恒定裂纹扩展段,当 K_1 增加到一定数值后,$\dfrac{\mathrm{d}a}{\mathrm{d}t}$基本保持恒定,即$\dfrac{\mathrm{d}a}{\mathrm{d}t}$几乎不随 K_1 变化,这时,化学因素起主要作用。

$$\left(\frac{\mathrm{d}a}{\mathrm{d}t}\right)_{II} = 常量 \tag{4-9-1}$$

第Ⅲ阶段:为快速裂纹扩展段,应力腐蚀裂纹扩展速率$\dfrac{\mathrm{d}a}{\mathrm{d}t}$随 K 的增加而急剧增加,这段对应的应力腐蚀裂纹扩展寿命往往极短。$\dfrac{\mathrm{d}a}{\mathrm{d}t}$可用下式表示,即

$$\left(\frac{\mathrm{d}a}{\mathrm{d}t}\right)_{III} = AK^t \tag{4-9-2}$$

式中,A、B 为材料常数。

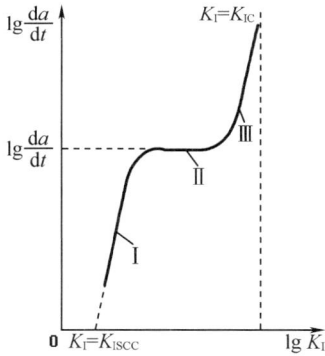

图 4-9-1　$\lg \dfrac{\mathrm{d}a}{\mathrm{d}t}$ 与 $\lg K$ 的关系曲线

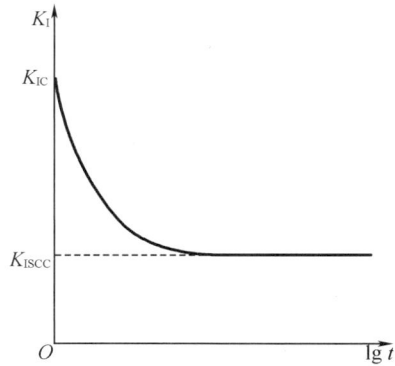

图 4-9-2　K_{ISCC} 示意图

第Ⅲ阶段存在裂纹扩展界限值 K_{IC},当 K_1 达到 K_{IC} 时,裂纹迅速扩展至断裂。

需要指出的是,图 4-9-1 是大多数材料/介质系统的应力腐蚀裂纹扩展图,不同的金属材料和介质系统,在不同的实验条件下,裂纹扩展的规律不同,可能只具有图 4-9-1 曲线的 (Ⅰ、Ⅱ)或(Ⅱ、Ⅲ)两个阶段,例如,高强度铝合金、锰合金或钛合金在盐水溶液中,其应力腐蚀$\dfrac{\mathrm{d}a}{\mathrm{d}t}$-$K$ 关系曲线一般只有Ⅰ、Ⅱ两个阶段。

对于中、低强度钢制造的构件或试件,在较高的应力作用下,其应力腐蚀开裂超过了线弹性断裂力学的范围,应采用弹塑性断裂力学的分析方法。目前,这方面的工作开展较少,有学者试图用 J 积分或裂纹张开位移来研究应力腐蚀裂纹的扩展规律,但未得到普遍适用

的结论。

(2)K_{ISCC}的影响因素

实际环境下的应力腐蚀裂纹扩展寿命预测是非常困难的,从结构的安全设计角度,往往期望通过提高材料的K_{ISCC},以避免应力腐蚀开裂的发生。K_{ISCC}是应力腐蚀开裂的关键参数,其影响因素包括如下几个方面。

①材料的化学成分、组织和性能

a.强度对K_{ISCC}的影响。一般来说,最重要并具有综合性的参数是合金的强度,强度越高,应力腐蚀开裂敏感性越高,K_{ISCC}就越低,应力腐蚀裂纹扩展速率越快。当材料的屈服强度升高时,K_{ISCC}有所降低,但也有许多例外,如对某些高强铝合金体系,强度对K_{ISCC}的影响并不显著。

b.合金成分对K_{ISCC}的影响。对于高强度钢,在一定的屈服极限时,合金元素铬、锦、钴、钼、硫和磷的含量变化对K_{ISCC}影响不大。元素硅一般也无影响,只有在高K水平时,硅的增加使K_{ISCC}略有增大,元素碳和锰对K_{ISCC}有明显的影响。

由此可见,在选材时必须兼顾材料的K_{ISCC}与σ_s两个性能指标。

c.晶粒大小对K_{ISCC}的影响。一般认为,晶粒大小与K_{ISCC}无关。对4340钢在3.5%盐水中的研究结果表明,晶粒大小不影响K_{ISCC}。但也发现例外,如对Ti-Al合金的实验,晶粒越粗大,K_{ISCC}越低,破坏速率也越高。

d.热处理对K_{ISCC}的影响。因为热处理会影响合金组织结构,故一般对应力腐蚀裂纹扩展速率有强烈影响。

②介质的影响

K_{ISCC}不仅是材料的性质,也与所在的环境有密切的关系。对于某一种材料,在某些环境中可能不产生应力腐蚀,在另一些环境中虽产生应力腐蚀,但随环境变化,应力腐蚀敏感性可能有很大差别。如高强度钢在含有H_2、H_2O的空气中,在H_2S、盐类和酸类水溶液中,K_{ISCC}值降低很多,最低可达$9.3\ \mathrm{MPa}\sqrt{\mathrm{m}}$左右。高强度铝合金和镁合金,在盐类水溶液或硫酸水溶液中,其K_{ISCC}值为$4.7\ \mathrm{MPa}\sqrt{\mathrm{m}}$,而Ti合金和不锈钢则为$16\sim22\ \mathrm{MPa}\sqrt{\mathrm{m}}$。

③其他因素的影响

例如,当温度升高时,一般K_{ISCC}会下降,而应变率对K_{ISCC}也有影响。

由于影响K_{ISCC}的因素很多,故在进行工程结构设计和评定时,最好能模拟实际使用载荷和环境,通过实验测定材料的K_{ISCC}。如果要应用手册中的K_{ISCC}数值,必须注意其环境条件是否相同,否则可能会带来很大的误差。

3.影响应力腐蚀裂纹扩展速率的因素

影响应力腐蚀疲劳扩展速率的因素很多,一般有以下几个主要方面。

(1)温度的影响。

温度升高,应力腐蚀裂纹扩展速率$\dfrac{\mathrm{d}a}{\mathrm{d}t}$增大,其关系为

$$\frac{da}{dt} \propto e^{-\frac{u}{RT}} \qquad (4-9-3)$$

式中，U 为材料常数（激活能）；R 为玻耳兹曼常数；T 为绝对温度。

（2）随着介质 H_2、H_2S、HCl 或 HBr 气体压力 p 的增加，钢的 $\frac{da}{dt}$ 增加，其关系为

$$\frac{da}{dt} \propto p^n \qquad (4-9-4)$$

式中，n 为材料常数，对于氢气，$n = 0.5 \sim 2$。

（3）在不同的介质中，材料的应力腐蚀裂纹扩展速率 $\frac{da}{dt}$ 不同。

对于钢材料，按以下介质顺序：水蒸气、水、盐类溶液、H_2、H_2S 等，其 $\frac{da}{dt}$ 依次增大。

（4）空气相对湿度增加，$\frac{da}{dt}$ 增大。

对于 H-11 钢，当相对湿度达到 60% 时，$\frac{da}{dt}$ 的增长达到饱和。

（5）钢的屈服极限增加时，$\left(\frac{da}{dt}\right)_{II}$ 显著增大。

（6）其他因素的影响。

例如，外加电压、pH 值（酸碱度）、材料的化学成分、不同热处理后的组织状态、晶粒大小等，对 $\frac{da}{dt}$ 都有影响。

4.应力腐蚀裂纹扩展寿命的计算

式（4-9-1）至式（4-9-2）的通式为 $\frac{da}{dt} = f(K)$，从而应力腐蚀裂纹扩展寿命为

$$t_F = \int_{a_0}^{a_c} \frac{da}{f(K)} \qquad (4-9-5)$$

式中，a_0 为初始纹长度；a_c 为临界裂纹长度，通常满足 $K(a_c) = K_{IC}$；$f(K)$ 为应力腐蚀裂纹扩展规律。

4.9.2　腐蚀疲劳裂纹扩展

金属材料和工程结构在实际使用中往往承受的是交变应力，交变应力和腐蚀介质交互作用下导致的破坏现象，称为腐蚀疲劳（corrosion fatigue，CF）失效。腐蚀疲劳引起的破坏，比单独由腐蚀或单独由机械疲劳（即无介质腐蚀情况下的纯疲劳）分别作用时引起破坏的后果严重得多。研究腐蚀疲劳对高温反应堆结构力学分析具有重要的工程意义。

1.腐蚀疲劳裂纹扩展曲线

各种金属材料在典型腐蚀介质中的腐蚀疲劳裂纹扩展实验结果表明，腐蚀疲劳裂纹扩

展速率$\left(\dfrac{\mathrm{d}a}{\mathrm{d}N}\right)_{CF}$仍可表示为裂尖应力强度因子幅$\Delta K = K_{\max}-K_{\min}$,使应用断裂力学方法研究腐蚀疲劳裂纹扩展过程成为可能。根据大量实验研究结果,$\left(\dfrac{\mathrm{d}a}{\mathrm{d}N}\right)_{CF}$随$\Delta K$的变化规律$\left[\lg\left(\dfrac{\mathrm{d}a}{\mathrm{d}N}\right)_{CF}-\lg\Delta K_{\mathrm{I}}\right]$通常具有三种典型的情况如图4-9-3所示。

类型A:如图4-9-3(a)所示。裂纹扩展速率曲线类似于单纯疲劳时的裂纹扩展速率曲线,腐蚀与疲劳的协同作用,使疲劳裂纹扩展的应力强度因子幅门槛值$\Delta K_{\mathrm{th},CF}$显著降低,使$\left(\dfrac{\mathrm{d}a}{\mathrm{d}N}\right)_{CF}$比单纯机械疲劳时的$\dfrac{\mathrm{d}a}{\mathrm{d}N}$大。当裂尖应力强度因子$K_{\mathrm{I}}\to K_{\mathrm{IC}}$时,腐蚀介质中的疲劳行为与惰性环境中的情况趋于一致,此类腐蚀疲劳称之为真腐蚀疲劳。在这种情况下,即使循环载荷对应的最大应力强度因子$K_{\max}$低于应力腐蚀的临界应力强度因子K_{ISCC},腐蚀对裂纹扩展行为也有一定的影响。铝合金在水溶液中的腐蚀疲劳即属这种情况。

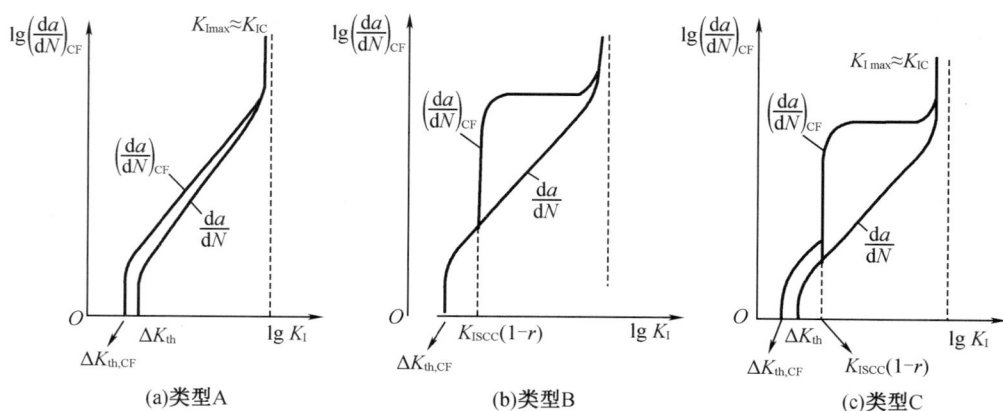

图4-9-3 典型腐蚀疲劳裂纹扩展规律

类型B:如图4-9-3(b)所示。当$K_{\max}<K_{\mathrm{ISCC}}$时,腐蚀介质的影响可以忽略;只有当$K_{\max}>K_{\mathrm{ISCC}}$时,腐蚀环境才起作用,裂纹扩展速率$\left(\dfrac{\mathrm{d}a}{\mathrm{d}N}\right)_{CF}$明显增大,达到某$K$值后,形成水平台阶,这种类型称为应力腐蚀疲劳,可以看成机械疲劳与应力腐蚀开裂的叠加。低碳钢在含氢环境中的腐蚀疲劳常属这种情况。

类型C:图4-9-3(c)为图4-9-3(a)、图4-9-3(b)的叠加,在很大范围内,$\left(\dfrac{\mathrm{d}a}{\mathrm{d}N}\right)_{CF}$都显著地提高了,$\Delta K_{\mathrm{th},CF}$下降了。这种情况称为混合型腐蚀疲劳,在工程上最为常见。高强度钢在纯水或水蒸气中的腐蚀疲劳常属这种情况。

按裂纹扩展速率的大小和曲线的特征,各种金属材料腐蚀疲劳裂纹扩展速率大体分为三个区域。

（1）第Ⅰ阶段：加速扩展段

$\left(\dfrac{\mathrm{d}a}{\mathrm{d}N}\right)_{CF} < 10^{-5}$ mm/N，裂纹扩展速率随 ΔK 的增加而迅速升高，曲线几乎与纵坐标平行，

这一区段为近门槛区。存在腐蚀裂纹扩展的应力强度因子幅门槛值 $\Delta K_{\mathrm{th,CF}}$，它是当 $\left(\dfrac{\mathrm{d}a}{\mathrm{d}N}\right)_{CF}$

下降到趋近于 0 时所对应的 ΔK，与应力比 r 有关；当 $\Delta K < \Delta K_{\mathrm{th,CF}}$ 时，裂纹几乎不扩展。通过各种材料的实验，可得 $\Delta K_{\mathrm{th,CF}}$ 的经验计算公式如下：

$$\Delta K_{\mathrm{th,CF}} = (2.17 \pm 0.25) \times 10^{-3} E \tag{4-9-6}$$

式中，E 为杨氏弹性模量，单位为 MPa。

应力比对金属材料 $\Delta K_{\mathrm{th,CF}}$ 的影响可用下式描述，即

$$\Delta K_{\mathrm{th,CF}} = C(1-r)^n \tag{4-9-7}$$

式中，C 和 n 为相关参数；r 为交变应力比。

有些文献认为，腐蚀疲劳不存在 $\Delta K_{\mathrm{th,CF}}$，这一问题有待进一步研究探讨。

（2）第Ⅱ阶段：中速扩展段

$\left(\dfrac{\mathrm{d}a}{\mathrm{d}N}\right)_{CF}$ 为 $10^{-5} \sim 10^{-3}$ mm/N，$\left(\dfrac{\mathrm{d}a}{\mathrm{d}N}\right)_{CF}$ 随 ΔK 的增加而升高，一般有图4-3-1中的三种类

型，其裂纹扩展规律大致有如下几个特点：当 $K_{\max} < K_{\mathrm{ISCC}}$ 时，类似单纯疲劳裂纹扩展的第Ⅱ阶段，材料抗应力腐蚀的能力强，裂纹扩展主要为疲劳载荷的效应所控制，应力腐蚀的作用较弱；当 $K_{\max} > K_{\mathrm{ISCC}}$ 时出现突变平台，类似于应力腐蚀的第Ⅱ阶段，此阶段应力腐蚀起主要作用。

（3）第Ⅲ阶段：快速扩展段

$\left(\dfrac{\mathrm{d}a}{\mathrm{d}N}\right)_{CF} > 10^{-3}$ mm/N，由于裂纹扩展速率很高以致腐蚀环境的影响很小，当 K 接近 K_{IC}

时，试件迅速断裂。此区内腐蚀疲劳裂纹扩展寿命占总寿命的比例非常小，常可忽略。

2. 影响腐蚀疲劳裂纹扩展的因素

影响腐蚀疲劳裂纹扩展的因素很多，例如平均应力、载荷频率、温度、载荷形式、实验尺寸和外加电压等。

（1）循环载荷应力比和频率的影响

在温度一定时，载荷频率 f 和应力比 r 对腐蚀疲劳裂纹扩展影响显著。一般而言，当 f 很大时，腐蚀来不及发生，只产生机械疲劳裂纹扩展破坏；反之，当 f 很小时，则与静拉力作用接近，产生应力腐蚀开裂。f 在某一范围内，最容易产生腐蚀疲劳裂纹扩展失效，而且在腐蚀疲劳裂纹扩展的应力范围内，f 越小，裂纹扩展速率越高，如图4-9-4（a）所示，这是因为腐蚀的作用更加显著。大量的实验表明，腐蚀疲劳裂纹扩展速率最快在 1 Hz 左右。另一方面，r 增加，腐蚀疲劳裂纹扩展寿命通常降低，载荷比对裂纹亚稳扩展阶段影响一般较小，而对起始扩展阶段和快速扩展阶段影响显著，特别是 $\Delta K_{\mathrm{th,CF}}$ 随 R 增加而减小，如图4-9-4（b）所示。

（2）循环载荷应力幅和波形的影响

循环载荷的交变幅度增大，不仅提高了裂纹尖端的应力强度因子幅，而且造成腐蚀作用增大，由此导致腐蚀疲劳裂纹扩展寿命降低。循环载荷的变化波形对腐蚀疲劳行为有明显的影响，例如，在 $f=0.1$ Hz 的情况下，12Ni-5Cr-3Mo 钢在 3% 的 NaCl 水溶液中相同应力条件下的疲劳裂纹扩展速率 $\left(\dfrac{\mathrm{d}a}{\mathrm{d}N}\right)_{CF}$ 按"正弦波-正锯齿波-三角波-方波-负锯齿波"的顺序递减，当应力波形为方波和负锯齿波时，$\left(\dfrac{\mathrm{d}a}{\mathrm{d}N}\right)_{CF}$ 与空气中的相近。

（3）过载的影响

与机械疲劳类似，当循环载荷出现过载时，通常引起裂纹尖端加工硬化、引入残余压应力、促进裂纹闭合，由此导致腐蚀疲劳裂纹扩展速率的降低。但是如果过载过高，产生损伤性影响作用，则会造成疲劳裂纹扩展速率增大。

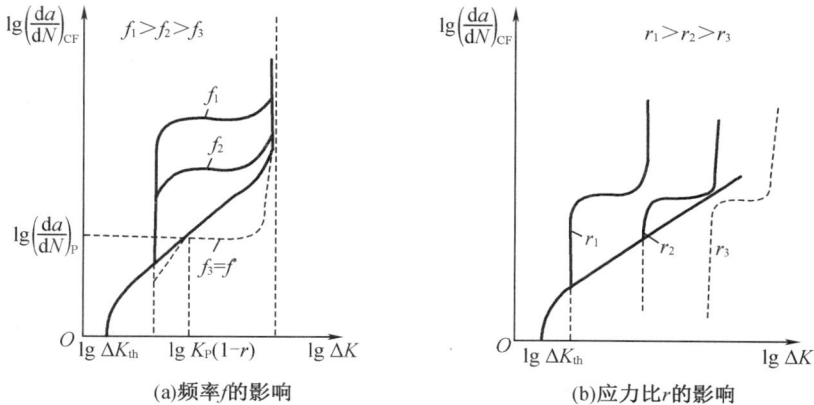

图 4-9-4　f 和 r 对 $\left(\dfrac{\mathrm{d}a}{\mathrm{d}N}\right)_{CF}$ 的影响

4.10　核反应堆结构的疲劳断裂实例

核反应堆工程由于其设备承载环境比较严苛，除自身重力外，还需要承担较高的温度、压力及其波动，此外，还需要承担地震载荷、瞬态振动等动态载荷，特别是某些功能设备，如泵、阀门等，还需要承担设备运转停机等状态变化导致的瞬态载荷。而核反应堆工程设计寿期都比较长，目前普通核电站已经达到 40 年至 60 年，在整个寿期内，设备承受的周期性载荷，如开停堆、升温降温、升压降压以及自然波动，都将使设备产生疲劳损伤，当损伤积累到一定程度，导致设备部件产生微观裂纹时，裂纹随着运行时间扩展到某个时刻，即发生宏观结构断裂。这些现象是核反应堆正常运行中无法避免的自然损伤。

除了设备在运行中正常萌生裂纹导致构件断裂外,还有很多其他设计要求范围外的因素,也将导致裂纹萌生扩展乃至构件断裂,主要有以下几点。

(1)加工、安装或检验工艺不合格。在设备上意外导致裂纹,设备裂纹没有被及时发现,或者技术上无法发现,导致带有初始裂纹的构件投入运行。

(2)热处理工艺不合格。材料没有达到设计要求的性能,或者由于焊接工艺导致的残余应力过大或分布不合理。

针对以上断裂原因,近年来发生过的核反应堆设备断裂失效事件举例如下。

(1)某核电厂与仪表隔离阀相连接的引压管道发生腐蚀开裂,检查时发现明显喷水。其采用宏观形貌和微观金相组织观察,材料成分分析、硬度检测、扫描电镜等技术手段对该引压管道开裂处进行系统分析,结果表明,阀门与管道连接处存在焊接缺陷,导致其在交变循环应力作用下发生疲劳断裂。将管道切开可见已经穿透,管道内有大量焊瘤,约堵塞了通道的一半,内螺纹管焊缝和管道焊缝间可见沿晶断口形貌,如图4-10-1所示,裂纹已扩展至阀门端部,管道一侧焊缝熔合线附近管道基体存在晶间腐蚀现象。综合上述因素可见,造成阀门上游引压管道断裂失效的原因,是阀门管道焊接质量不理想,以及焊缝处局部应力集中,在振动引起的交变循环应力作用下发生疲劳断裂。

(2)凝汽器钛管腐蚀疲劳断裂。

核电机组的安全运行备受关注,针对国内某核电机组凝汽器运行中钛管断裂现象进行失效分析,通过光学显微镜、三维体式显微镜、扫描电镜,对钛管失效部位的化学成分与显微组织及断裂处的微观形貌进行了表征,并结合类似设备失效分析的经验,提出了造成材料失效的因素是管内壁的疲劳腐蚀,对苛刻工况下的凝汽器管道维护和保养提供了参考:

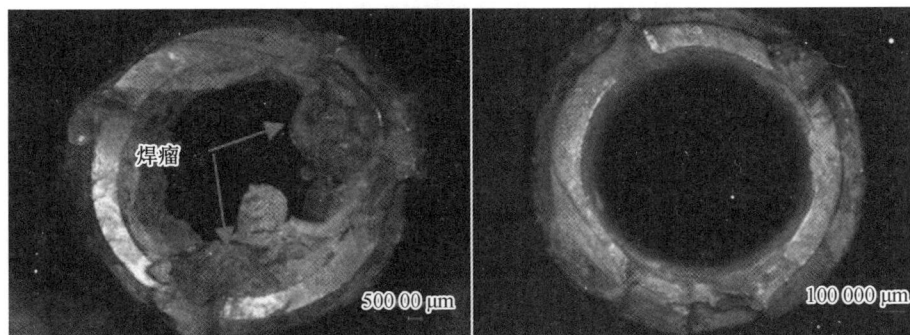

图4-10-1 阀门端和管道端的断口形貌

①加强管材的加工质量控制,消除原始材料缺陷,在运行过程中,重点做好顶部管束的质量监控;

②凝汽器运行前排空水室顶部的空气,减少启动阶段蒸汽的冲击振动;

③加强凝汽器的稳定运行控制,减少变工况运行。

两处断裂失效钛管的位置均在凝汽器管束的最上层,开裂位置位于钛管长度方向两管板的中间位置,该位置为蒸汽冲击振动最为严重的地方,在机组的调试、运行工况下,尤其是调试阶段,机组的启停、变工况运行均会对凝汽器冷却管造成严重的冲击作用,导致材料的破坏。凝汽器顶部蒸汽温度最高,进入顶部钛管内的海水在一定条件下可能汽化形成液气两相,管内壁局部海水会蒸发析出异质盐分结晶,虽然钛金属耐腐蚀能力较高,在钛管的局部表面仍会发生海盐的侵蚀现象。

在凝汽器长期的运行过程中,一方面管束顶部的钛管受变工况蒸汽冲击产生振动,在管板中间处的管束容易产生材料的疲劳失效;另一方面在管内局部高温位置,钛管内壁存在材料的侵蚀。在冲击振动和材料表面侵蚀的双重作用下,钛管局部形成材料的疲劳腐蚀,最终导致断裂失效。

通过对凝汽器两处断裂失效钛管的宏观检查和微观表征,分析发现钛管受疲劳腐蚀导致了最终的断裂失效;管材局部受冲击振动作用是材料失效的因素之一,管内壁表面发生的侵蚀是导致材料疲劳破坏的起因。

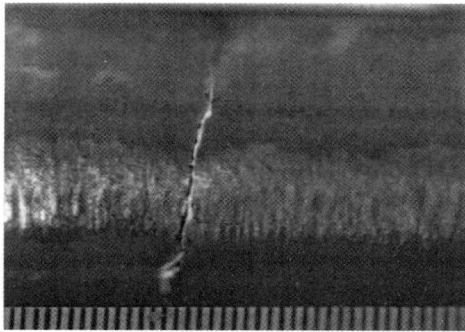

图4-10-2 钛管裂纹扩展方向

(3)田湾核电站换热器应力腐蚀断裂。

俄罗斯为我国田湾核电站供货的换热器运行参数见表4-10-1。

表4-10-1 换热器运行参数

名称	管内介质	壳内介质
设计温度/℃	350	100
设计压力/MPa	19.5	1.0
运行压力/MPa	15.7	0.6
进口温度/℃	130~290	33
出口温度/℃	50	40

该换热器在运行中检测到水质异常,壳内介质出现了管内材料具有的元素,疑为换热器某处发生裂缝,将换热器拆卸检查,果然发现在换热器上部,弹簧丝与外壳安装处出现了

明显贯穿裂纹,换热器结构及破裂形貌如图4-10-3所示。

该换热器温度不是很高,压力并不大,应力水平并不高。经材料、力学等多学科分析,判定破裂原因为应力和介质同时作用的应力腐蚀。并根据原因分析,更换破裂部件,重新投入运行,此后未发生破裂事件。

由以上核设备疲劳断裂分析可知,疲劳断裂广泛存在于核反应堆设备运行中,是常见的失效模式之一。多种因素均可导致疲劳断裂,如热处理工艺不合格致使材料性能不达标或残余应力过大,加工刀口或安装伤痕导致初始裂纹源,工程上一般采用宏观观察、化学成分分析、硬度测试、金相检验、扫描电镜及能谱分析等手段,对断裂裂纹进行综合全面评估分析,得出断裂原因,从而采取针对性措施进行防范,包括构件维修更换、介质杂质控制、制造检验及热处理工艺质量控制等手段,达到避免同种断裂事故再度发生的目的。

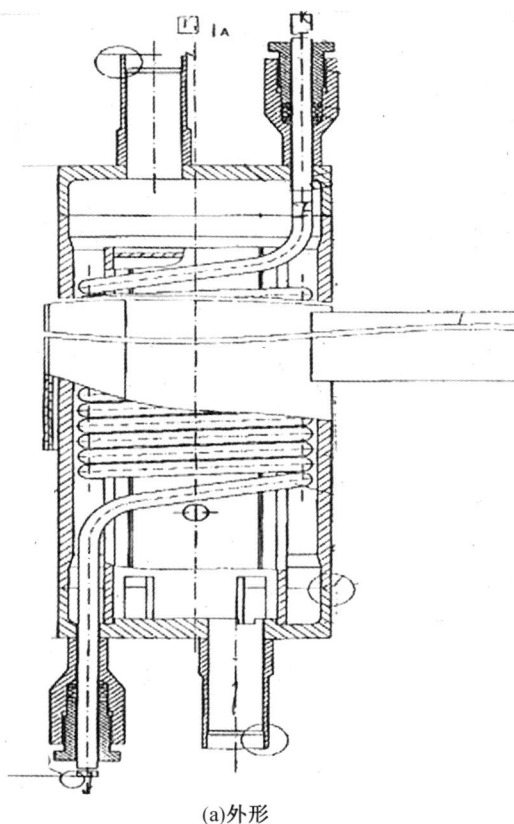

(a)外形

图4-10-3 田湾核电站换热器及其破裂形貌

(b)外壁裂纹宏观形貌

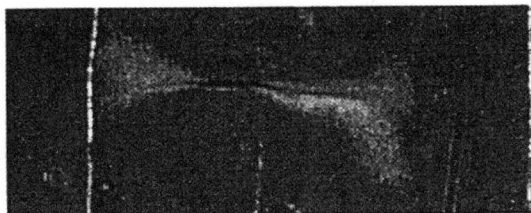

(c)内壁裂纹宏观形貌

图 4-10-3(续)

参 考 文 献

[1] 郦正能,张继奎. 工程断裂力学[M].北京:北京航空航天大学出版社,2012.

[2] 赵建生. 断裂力学及断裂物理[M].武汉:华中科技大学出版社,2006.

[3] 陆毅中. 工程断裂力学[M].西安:西安交通大学出版社,2006.

[4] 王自强,陈少华. 高等断裂力学[M].北京:科学出版社,2009.

[5] 边春华,徐科,胡明磊,等.核电厂蓄电池室排风电机轴断裂失效分析[J],全面腐蚀控制,2015,29(11):40-42.

[6] 程义岩,杨杰. 核电站关键设备电机轴承润滑与寿命分析[J].中国核电,2009,2(4):297-304.

[7] 卢洪涛,陈汉民. 海水崩泵轴腐蚀原因分析及对策[J]. 中国核电,2010,3(4):360-366.

[8] 刘松,李姿琳,关振群. 核主泵主轴机械-热耦合疲劳分析[J].中国核电,2013,6(1):22-27.

[9] 钟群鹏,赵子华. 断口学[M].北京:高等教育出版社,2006.

[10] 周海波,朱晓勇,郑玉春,等. 45钢螺栓断裂失效分析[J].金属热处理,2009,34(12):107-109.

[11] 苗学良,张福海,王欣,等.核电厂循环水泵盘根压盖螺栓断裂原因[J].理化检验(物理分册),2021,57(5):71-75.

[12] 徐智渊,程亮. AP1000核电循环水泵选型及配置分析[J].机电工程技术,2012,41(2):75-79.

[13] 严亮,黎阳,宋明亮.核电厂仪表套管断裂失效特性研究[J],核动力工程,2017,38

(3):167-171.

[14] 吴宇坤,冯嘉瑞,曹国华.电动头套管焊缝断裂的失效分析[J].核动力工程,2000,21(3):227-231.

[15] 靳峰,宋利,张武能,等.屏式过热器出口集箱热电偶套管断裂原因分析[J].热力发电,2010,39(4):100-103.

[16] 李超,陈长青,刘文红,等.套管失效案例及控制技术研究[J].石油矿场机械,2015,44(7):14-20.

[17] 李建宏,雷俊良,周扬.循环水管道双金属温度计保护套管断裂原因分析[J].石油化工设备技术,2013,34(5):64-67.

[18] 袁小会,蔡逸飞.凝汽器钛管断裂失效分析[J].武汉工程大学学报,2014,36(3):53-57.

[19] 张志明,彭青娇,王俭秋,等.核用锻造态316L不锈钢在330℃碱溶液中应力腐蚀开裂行为研究[J].中国腐蚀与防护学报,2015,35(5):205-212.

[20] 褚武扬,乔利杰,李金许,等.氢脆和应力腐蚀:典型体系[M].北京:科学出版社,2013.

[21] 薛锦.应力腐蚀与环境氢脆[M].西安:西安交通大学出版社,1991.

[22] 胡明磊,张忠伟,刘洪群,等.核电厂溢流阀螺栓断裂的原因[J].腐蚀与防护,2021,42(2):70-72,77.

[23] 张玉忠.1000 MW核电机组汽轮机径向轴承顶瓦碟簧断裂原因分析[J].铸造技术,2017,38(8):1901-1903,1907.

[24] 蒋宪邦,梁益龙,刘国栋.50CrVA钢弹簧的断裂分析和解决措施[J].金属热处理,2011,36(7):109-111.

[25] 孙澎,冯砚厅,孙涛,等.600 MW汽轮发电机组汽封弹簧片断裂原因分析[J].铸造技术,2015,36(3):669-671.

[26] 高彤,董霞,温炳福,等.碟簧断裂分析[J].兵器材料科学与工程,2010,33(3):79-82.

[27] 荀环,尹祖成,杨阔飞.碟形弹簧产生裂纹原因分析[J].金属热处理,2005,30(8):95-96.

[28] 严正峰,李盖华,夏建新.拖拉机离合器碟形弹簧疲劳断裂失效分析[J].金属热处理,2014,39(10):148-150.

[29] TOTUSKA N,LUMARKSKA E,GRAGNOLINO G,et al. Effect of hydrogenon the intergranular stress corrosion cracking of alloy 600 in high temperature aqueous environment [J]. Corrosion,1987,43(8):505-510.

[30] HANNA G L,TROIANO A R,STREIGERWALD E A. A mechanism for the embrittlement of high-strength steels by aqueous environments [J]. Trans. ASM,1964,(3)57:658-660.

［31］ CLARKE W L,GORDON G M. Investigation of stress corrosion cracking susceptibility of Fe － Ni － Cr alloys in nuclear reactors water environments ［ J ］. Corrosion, 1973,29(1):4-15.

［32］ CROWE D C. Stress corrosion cracking of 316 stainless steel in caus-tic solution ［D］. Vancouver：The University of British Columbia,1982.

［33］ ZHANG J Z, WANG Y C, CHEN X R, et al. Scientific research group of caustic embrittlement Study of caustic embrittlement mechanism of low carbon steel ［J］. J. Zhejiang Univ. Technol. , 1983, 11 (1): 64-67.

第5章 高温结构完整性评价原理

针对高温反应堆特定的结构失效模式,需给出相应的力学分析评价方法,以便限制预期的失效类型,为反应堆结构安全可靠运行提供强度保障。力学分析评价包括三大类,即载荷控制的限制、应变和变形控制的限制以及高温蠕变疲劳损伤分析评价。目前,在高温反应堆工程结构力学分析评价中,有两种不同的方法,即直接分析法和线性匹配法。

直接分析法出现较早,应用最为广泛,也最为成熟和系统,该方法解决了大量高温反应堆结构完整性评价问题。但是,随着新型反应堆的不断涌现,需要对更高温度、更长寿命的反应堆结构设备进行评价,直接分析法的过分保守、效率较低等缺点也逐渐显露无遗。在此背景下,近十余年来,主要从英国高温反应堆设计中,逐渐发展了一种全新的分析评价方法——线性匹配法,该方法具有先进的理论基础和良好的发展潜力,能够较好地克服直接分析法的一些不足,能够更多地利用计算机进行分析,其效率明显较高。但总的来说,该方法尚处于研究探索以及验证发展阶段,还不够系统和成熟,虽有一些成功的工程应用经验,但距离普遍推广尚存在一定的距离。以下将对上述两种方法分别展开论述。

5.1 高温反应堆结构失效模式及评价规范

5.1.1 高温反应堆结构失效模式

高温反应堆运行过程中,设备结构经受着因设备启停带来的循环载荷、运行温度、运行压力、振动冲击载荷等组合工况条件,在这些组合工况下,反应堆设备的失效模式更为复杂,与高温有关的包括蠕变、疲劳、蠕变-疲劳、安定、棘轮、辐照蠕变、屈曲、裂纹扩展等。为保证反应堆设备特别是堆容器及堆内构件安全运行,必须针对设备的具体失效模式,重点开展相关部件的寿命设计与安全评价技术研究。

世界主流高温反应堆设计规范对核设备失效模式都进行了明确的界定,而且,这些规定大同小异,都包括过度塑性变形限制、蠕变断裂限制、安定性限制和蠕变疲劳损伤限制几大类。早期的规范对高温结构寿命评价都不考虑材料缺陷的影响,严格来说只能是设计规范。对于无缺陷部件的持续完整性评估而言,英国高温反应堆规程 R5 明确规定,运行寿期内反应堆设备可能发生以下几种失效模式:

(1)过度塑性变形;

(2)蠕变断裂;

(3)棘轮或增量失效;

（4）蠕变和疲劳复合损伤导致的开裂；

（5）循环载荷增强蠕变变形。

R5 对上述限制给出了两种评估方法，一种是简化方法，无须复杂的完全非弹性计算，使用参考应力和安定性的概念，并融入了一些保守思想。其针对某个计算给出的多种选项中，第一个选项往往是最简单的，而其他选项则可能需要更多的计算或数据，但其结果保守性较小。另一种则不使用简化方法，而是使用详细的非弹性计算来证明部件的完整性，R5 附录 A12 中给出了关于使用此类计算的详细建议。

简化计算以弹性分析为基础，首先通过将一次载荷引起的弹性应力水平与材料屈服应力相关的许用应力水平进行比较，即控制载荷组合不超过极限载荷，以确保避免失效模式（1）的过度塑性变形，防止塑性倒塌。

R5 通过使用参考应力的方法评估失效模式（2）的蠕变断裂，给出了蠕变断裂参考应力的定义，它取决于材料的蠕变延性。而在美国机械工程师学会（ASME）高温反应堆规范中，蠕变断裂主要是通过限制载荷控制的应力，即限制分类应力如一次薄膜及一次弯曲应力的方法加以防范。

在循环载荷作用下，每个循环都可能发生塑性应变，从而导致塑性变形的累积，故仍可能发生过度塑性变形，因此，R5 规程采用安定分析的方法，即对一加二次应力的弹性范围进行限制，以评估循环载荷的响应。具体通过两种方式放宽了安定定义的严格性，首先，不考虑截面峰值应力或非线性峰值应力的影响，尽管这样将允许有限区域的循环塑性、过度变形或无界棘轮，但如果满足"全局安定"的条件，则结构的弹性安定也可防范失效模式（3）的棘轮。其次，虽然蠕变应变改变了循环响应，但"蠕变修正安定"标准限制了这些影响。

安定是构件在早期加载历史中由于塑性变形累积而形成了残余应力场。由于总应变场与位移场的协调，必然产生残余应力，因此总应变场中的非弹性应变都是局部的，无法与位移场相协调，而必须由额外的弹性应变来协调，这些应变须对应额外的应力。安定时没有进一步的屈服，而卸载时塑性应变保持不变，故附加应力必须作为残余应力场存在。在安定范围内，塑性应变在整个载荷循环包括卸载中均保持不变，因此残余应力场必须恒定并能自我平衡，即残余应力是与零外载相平衡的。

残余应力可能在载荷循环施加前就已经存在，下限安定定理指出，如果满足自平衡要求的残余应力场能够达到弹性安定，那么真实应力场也能够达到安定。因此，没有必要对预先存在的残余应力场进行安定性评价，因为这不会影响结构安定性结论。

对于失效模式（4）的蠕变疲劳损伤，当已产生大于特定尺寸 a_0 的缺陷时，认为已开始蠕变疲劳开裂。在疲劳损伤计算中引入了尺寸效应，并给出了选择 a_0 的指导，然后通过应变范围的估计得到疲劳损伤，并给出修改弹性应变范围以考虑塑性和蠕变的影响的规程。蠕变损伤是通过使用延性耗竭方法估计蠕变应变而获得的，需要考虑多轴应力对蠕变延性的影响。最后，疲劳损伤和蠕变损伤相加，以评估是否已经发生开裂。

失效模式（5）的失效机制，考虑了循环载荷可能反复产生高应力水平，从而导致蠕变应变增强的可能性。如果金属材料具有有限的延展性，则以确保蠕变应变不会在部件的广泛区域内引起严重蠕变损坏的方式进行评估。

R5 的失效模式章节中,第 2 节给出了内容范围,第 3 节给出了一些定义,第 4 节逐步总结了该过程,第 5~10 节列出了每个步骤的基本要求,并附有详细信息,在附录中给出了更复杂选项的详细信息。第 11 节和附录说明提供了有关使用方法的更多信息,确定了已知方法是近似的,且引入了一定程度的保守性。如果仍在继续减少本方法中的保守性,或者存在应引起用户注意的特殊限制,则进行了注释。用户应在应用规程之前阅读这些说明。

反应堆堆容器与堆内构件是反应堆核电机组的核心部分,其部件众多,且不同部件承受的载荷与工况差别较大,因而不同部件的失效模式也有差异。反应堆高温失效模式见表 5-1-1。

表 5-1-1 反应堆高温失效模式

序号	失效模式	典型案例	操作工况（蠕变温度以上）
1	高温疲劳	堆容器及其他设备	机械与温度载荷组合工况
2	蠕变变形与断裂	高于蠕变温度的设备或其高温区等	机械与温度载荷组合工况
3	蠕变疲劳交互作用	高于蠕变温度的设备或其高温区等	机械与温度载荷组合工况
4	屈曲和蠕变屈曲	承受轴压或外压的堆内高温构件等	堆容器壳体承载轴压载荷
5	安定、棘轮	高温堆内构件等	机械与温度载荷组合工况
6	蠕变松弛	高温 316H 螺栓等	蠕变温度以上

5.1.2 高温反应堆主流设计规范

在核反应堆关键部件的寿命设计与安全评价领域,国内尚缺少相关的标准规范。在国外,美国、法国、英国等国家基于其核电设计与运行经验,形成了各具特色的高温反应堆结构设计标准体系,如美国的 ASME-Ⅲ、法国《压水堆核岛机械设备设计和建造规则》(RCC-MR)以及英国的 R5 规程等。这些标准规范基本都对蠕变、疲劳、蠕变-疲劳、屈曲、安定与棘轮、裂纹扩展等各种失效模式进行了防范规定,但在设计方法上存在一定的差异。

美国 ASME 于 1963 年发行的 ASME Code Case1331(后称 CodeCase1592,1984 年增补修订为 ASMEN-47,1995 年纳入规范正文)是世界上第一部高温结构设计标准。而英国前中央电力局颁布的 R5 规程是世界上第一部专门用于高温结构完整性评定的规范。其后相继又出现了法国 RCC- MR 规范的附录 A16、英国的 PD6539 和 BS7910 以及德国的 FBH 方法等几部专门用于高温结构完整性评定的规范。ASME Code Case 1331(即后来的 ASMEN-47)和法国的 RCC-MR 是最早考虑高温蠕变问题的规范,其分析对象主要是核反应堆设备。

含缺陷高温结构完整性评价规范,主要有英国前中央电力局发行的 R5 规程早期版本、德国 FBH 方法以及法国 RCC-MR 附录 A16 的早期版本等。这一时期的评估方法开始考虑构件中出现缺陷的情况,例如德国规范考虑了裂纹的检测和表征,并把它作为寿命评估中的一个重要因素;其双判据方法把裂纹萌生作为寿命评价的一个重要因素,但没有考虑控制裂纹扩展的主导机制。

先进的高温结构完整性评定规范均考虑了蠕变以及蠕变疲劳交互作用下的裂纹萌生和扩展,如法国的 A16、英国的 R5 和 BS7910。这类规范大都允许根据具体情况决定评价结果是否可用,这对新型高强钢尤为重要,因为对材料高温长时性能了解还很少。

英国核电公司牵头欧盟 16 国 41 家研究单位于 2002 年启动了 FITNET 计划,其主要目的是形成一个全欧洲统一适用的标准,该计划是欧盟第 5 框架研究计划的一部分,包括断裂、疲劳、蠕变和腐蚀四种失效模式的评定,囊括几乎所有欧洲含缺陷结构的评定规范如R5 等。

我国必须充分调研现有国际规范(ASME-Ⅲ、法国 RCC-MR、英国 R5)的方法体系,借鉴其成功之处,通过对比其在理论框架、评价方法、失效判据等方面的差异,结合我国反应堆设计运行经验,逐步发展形成本国特色的高温反应堆设计规范。

目前广泛应用的高温设计规范规程较少,无论美国的 ASME-Ⅲ-5、法国的 RCC-MR 还是英国的 R5 规程等,均通过蠕变疲劳损伤评价来评估蠕变疲劳寿命。蠕变疲劳损伤评价主要采用弹性和非弹性分析方法,弹性分析简化了评价流程,计算量小,方便快捷,但弹性分析使用了大量的保守假设,得到的蠕变疲劳损伤往往较大,甚至难以通过评价;非弹性分析则需要对结构的重点评价位置进行详细计算,保守性较低,更为接近真实的结构损伤情况,但需要对材料性质和结构特点进行详实描述,加上材料和复杂结构的仿真过程较为烦琐,计算量大,在实际应用中存在诸多不便。

研究指出,ASME-Ⅲ-5 规范的蠕变疲劳损伤评价方法保守性偏高,即使用保守性相对较低的非弹性分析方法,也不容易通过评价,因此需要结合使用其他规范。R5 规程是世界认可的英国核电标准,常用于高温气冷堆组件和其他领域高温部件的结构完整性评价,其保守性相对较小,但国内对 R5 规程的相关研究和应用均较少。

合理的高温蠕变疲劳评价方法可以准确确定所选材料和结构设计的合理性及其安全余度,降低评价保守程度,为选材和结构优化提供支撑,对提高工程经济性和安全性具有重要的意义。由于我国还没有核反应堆高温设备设计规范,故而一般采用美国 ASME-Ⅲ-5规范进行相关设计和评价,ASME 规范的设计保守性较大,灵活性较差,难以做出合理的工程判断,所以,建立我国自主的核反应堆高温设计规范十分必要。

在高温反应堆研发设计中,当前主要应用的 ASME-Ⅲ-5 规范保守性偏高,在许多情况下高温蠕变疲劳损伤评价难以通过,需要可行的替代方法。

ASME-Ⅲ-5 规范和 R5 规程的高温非弹性蠕变疲劳损伤评价方法的保守性和 R5 规程的可行性,一方面为反应堆高温寿命评价提供技术支持,另一方面为工程人员解决高温寿命评价保守性问题提供参考,同时也为建立国内自主的核电高温设备设计规范提供相关技术积累。

5.2 直接分析法

5.2.1 主流规范对载荷控制限制的对比

目前,美国 ASME-Ⅲ-5 是世界上对新型高温反应堆应用最广泛的设计规范,也是世界上最先发布的高温反应堆设计规范。它是由美国 ASME 委员会发布的,主要用于高温反应堆高温部件设计。法国 RCC-MR 设计规范是 ASME-Ⅲ-5 规范的法国化,许多原理规定都是对 ASME 的继承。而英国 R5 规程则在某些方面具有完全不同的理论基础,以下分别进行说明。

1. 美国 ASME-Ⅲ-5 规范

高温和低温部件设计的主要差别,并不是简单地表现在温度的差别,而是由于温度导致的材料性能随时间的非线性变化。当温度超出材料蠕变温度以后,材料性能就不仅仅只受温度变量的影响,而且还与时间发生了深度关联,即材料性能变化规律发生了质的不同,高温部件的失效模式出现了与温度和时间同时相关的现象,ASME-Ⅲ-5 即分别从多个方面对结构设计进行限制及失效评估,其中包括载荷控制的限制、变形控制的限制、蠕变疲劳损伤即寿命评价、与时间相关或无关的屈曲以及裂纹脆性断裂等。

ASME-Ⅲ-5 的 HBBT-3220 是载荷控制的应力设计限制,是对蠕变断裂失效模式规定的评价条款。该条款基于弹性分析对一次应力进行了限制,应力分类方式与常规核设备应力分类基本一致,详细可参考 HBBT-3213。值得注意的是,条款 HBBT-3212 指出对于 HBBT 分卷的弹性分析,需用最大切应力理论确定多轴应力状态下的应力强度。

ASME-Ⅲ-5 的 HBBT-3113 按照不同工况进行了载荷分类,分别为设计工况、运行工况(包括正常工况、异常工况、紧急工况和事故工况)和实验工况。对不同的分类等级,条款 HBBT-3220 中均对一次薄膜应力和基于一次应力的组合应力分别给出了对应的限制条件,具体见表 5-2-1,压力实验极限及特殊应力极限分别见 HBBT-3226 及 HBBT-3227。

表 5-2-1 ASME-Ⅲ-5 规范中的应力限制

使用限制	应力分类及强度限制	
	总体一次薄膜应力(P_m)	局部一次薄膜应力 P_L+弯曲应力 P_b
A 级 B 级	$P_m \leq S_{mt}$	$P_L+P_b \leq KS_m$ 和 $P_L+P_b/K_t \leq S_t$
C 级	$P_m \leq \min[1.2S_m, S_t]$	$P_L+P_b \leq 1.2KS_m$ 和 $P_L+P_b/K_t \leq S_t$
D 级	$P_m \leq \min[P_m(\text{AppendixF}), 0.67S_t, 0.8RS_r]$	$P_L+P_b/K_t \leq \min[0.67S_t, 0.8RS_r]$
设计	$P_m \leq S_0$	$(P_L+P_b) \leq (1.5)S_0$

表中符号释义如下。

S_m 为指定温度下与时间无关的最小应力强度值,具体见 ASME 第 II 卷 D 分篇,如 HBBT-2160(d)所述,考虑高温长时使用时可以对该值进行适当修正。

S_{mt} 为 A 和 B 级使用载荷下一次薄膜应力强度的许用极限值,为 S_m(时间无关)和 S_t(时间相关)的较小值。该值于表 HBBT-I-14.3A 至 HBBT-I-14.3E 查询,如 HBBT-2160(d)所述,考虑高温长时使用时可以适当对该值进行修正。

S_t 为与时间和温度相关的应力强度极限,可于表 HBBT-I-14.4A 至 HBBT-I-14.4E 查询。该值基于长时恒载荷的单轴实验而确定,取温度和时间相同时以下三项的最小值:总应变为 1% 时的平均应力,引起第三阶段蠕变最小应力的 80%,最小断裂应力的 67%。

S_0 为设计载荷下一次薄膜应力强度的许用极限值。该值于表 HBBT-I-14.2 查询,对应于第 II 卷 D 分篇表 1A 中的 S 值,当时间超过 300 000 h,则等于 S_{mt}。

S_r 为最小断裂应力强度,可查表 HBBT-I-14.6A 至 HBBT-I-14.6F 获得。

$K_t = (K+1)/2$ 为考虑由蠕变作用而导致的结构弯曲应力极限的减弱因子。

K 为基于横截面形状的截面因子,该值于第 III 卷附录 A 中表 A-9521(b)-1 查询。

由表 5-2-1 可知,ASME-III-5 对载荷控制的限制,也是通过对一次薄膜应力和一次薄膜加弯曲应力加以限制,达到限制过度塑性变形的目的,不同之处在于,后者考虑了蠕变导致的弯曲应力减弱因子,并使用截面因子对不同形状的截面进行了限定,从而考虑不同截面形状在高温下对弯曲应力减弱程度的不同,而前者应力评价只针对矩形截面进行的。

ASME-III-5 规范对一次应力的评价具有明显特点,即考虑了时间对材料性能的影响。在常规核反应堆分类应力评价中,通过使用不同的安全系数对许用应力强度进行限制,从而保证不同工况的评价具有足够安全余量。但 ASME-III-5 规范不再使用安全系数,而是引入与时间相关的应力强度限值 S_t 和 S_{mt},综合考虑与时间无关的应力强度和与时间有关的蠕变断裂强度等因素,择其较小者作为许用应力强度值。另一个明显特点是 ASME-III-5 引入了累计使用时间分数,这与常规反应堆规范高温部件评价不同。以上均见表 5-2-2。

表 5-2-2 ASME-III-5 规范中累计使用分数极限

使用限制	限制对象		设计曲线
	$\sum_i \left(\dfrac{t_i}{t_{im}}\right) \leq B(\text{levelD};Br)$	$\sum_i \left(\dfrac{t_i}{t_{ib}}\right) \leq 1$	
A、B、C 级	P_m	$P_L + P_b/K_t$	S_t
D 级	$1.5P_m$(母材) $\max[1.5P_m, (1.25/R)P_m]$ (焊材)	$1.5(P_L+P_b/K_t)$(母材) $\max[1.5(P_L+P_b/K_t), 1.25(P_L+P_b/K_t)/R]$(焊材)	S_r

其中:

B 为 A、B 和 C 级使用极限中对应的使用分数因子,通常情况下取值 1.0[或按设计说明(NCA-3250)中指定的小于 1 的值];

B_r 为 D 级使用限制中对应的使用分数因子,通常情况下取值 1.0[或按设计说明(NCA-3250)中指定的小于1的值];

t_i 为对应温度 T_i 和应力下的总保载时间;

t_{im}、t_{ib} 为对应温度 T_i 和应力下的最小许用保载时间,可查表 HBBT-I-14.4A 至 HBBT-I-14.4E。

焊材的定义可按条款 HBBT-3221(b)(2)对部分应力限值进行修正,所用符号释义如下:

S_{mt} 为表/图 HBBT-I-14.3A 至 HBBT-I-14.3E 查询的 S_{mt} 值和 $0.8S_r×R$ 的较小值,如 HBBT-2160(d)所述,考虑高温长时使用时,可以适当对该值进行修正;

S_t 为表 HBBT-I-14.4A 至 HBBT-I-14.4E 查询的 S_t 值和 $0.8S_r×R$ 中的较小值;

R 为焊材和母材蠕变断裂强度的比值,查表 HBBT-I-14.10A-1 至 HBBT-I-14.10E-1 可得;

S_r 为最小断裂应力强度,查表 HBBT-I-14.6A 至 HBBT-I-14.6F 获得。

由表 5-2-2 可知,ASME-Ⅲ-5 规范对载荷导致的一次应力评价,基本与常规核规范的一次应力评价相同,所防范的失效模式为蠕变断裂失效。

所不同的是,许用值的选取考虑了时间效应,即体现长时高温对材料性能退化的影响。时间较长的 A、B 和 C 级工况使用极限均使用与时间和温度有关的应力强度 S_t,选取 S_t 的三个条件各有用意,"总应变为1%时的平均应力"确保不发生总体安定性失稳,"引起第三阶段蠕变最小应力的80%"确保处于蠕变第二阶段的稳定期以内,"最小断裂应力的67%"确保材料不发生蠕变断裂。S_t 是在确保上述三个条件下得到的保守数值。

D 级工况载荷作用时间一般都很短,故不考虑时间温度的长时影响,选用许用断裂应力 S_r 时,体现的只是 D 级工况载荷的实际作用时间和温度。

此外,弯曲应力还考虑了蠕变作用而导致的弯曲应力极限的减弱,即结构截面发生蠕变以后,实际弯曲应力将不再像弹性计算的那么大。

除了采用应力分类方法评定一次应力外,当使用期中存在不同应力或温度的载荷时,条款 HBBT-3220 规定,需依据所有载荷计算累积时间分数,以对设备所受应力进行限制。

2. 法国 RCC-MR 设计规范

法国 RCC-MR 设计规范的逻辑框架及主要内容都与 ASME-Ⅲ-5 类似,工况也分为 A、C、D 和 O 级四类,并据此给出四种等级的对应限制。RCC-MRx 中将高温损伤失效类型分为 P 型损伤、S 型损伤、屈曲以及快速断裂,其中防止 P 型损伤中给出了防止蠕变断裂的评价流程。

RCC-MR 针对蠕变相关问题,给出了蠕变分析免除条款,即当设备或其一部分在寿期内满足以下两个条件之一,则认为可以忽略蠕变现象,从而免除蠕变分析。

(1)寿期内最大温度小于附录 A3.31 中给定的材料最小温度值。

(2)若条件(1)不满足,则需通过以下流程进一步判断:

①需对设备在寿期内所受的载荷予以考虑;

②将寿期分为 N 个时间段,每个时间段记作 i,对应保载时间记作 t_i,最大温度记作 θ_i。

③为充分利用该条款,需尽量确保时间段内温度保持恒定。

④基于材料附录 A3.31 的曲线,根据保载温度 θ_i 确定最大时间 T_i。

当满足下式时,蠕变作用以及与蠕变相关的分析步骤均可忽略。

$$\sum_{i=1}^{N}\left(\frac{t_i}{T_i}\right) \leqslant 1$$

当上述要求不满足时,则可忽略 D 级运行载荷,若 A 和 C 级的总运行载荷满足以上至少一个条件时,也可认为蠕变可忽略。

进行结构分析时,RCC-MR 还需对应力集中处进行缺陷敏感性评估,当缺陷敏感度不符合条件时,需按照含裂纹构件评价流程对该结构件进行评价。RCC-MR 中蠕变断裂分析方法与 ASME-Ⅲ-5 类似,对弹性分析方法中的应力进行分类,同时指出应力强度可基于最大剪应力理论或八面体剪应力理论进行计算。

表 5-2-3 为 RCC-MR 规范中蠕变使用分数极限,可知,RCC-MR 与 ASME-Ⅲ-5 均对一次薄膜应力以及基于一次应力的组合应力给出了限制,但其求应力强度的方式存在一定区别。

表 5-2-3　RCC-MR 规范中弹性分析方法蠕变断裂限制

应力类型	A 和 C 级极限	D 级极限
总体一次薄膜应力	$U_{A,C}(\Omega \cdot \overline{P_m}) \leqslant 1$	$W_{A,C,D}(1.35 \cdot \Omega \cdot \overline{P_m}) \leqslant 1$ 或 $W_D(1.35 \cdot \Omega \cdot \overline{P_m}) \leqslant 0.9$
一次薄膜加弯曲应力组合	$U_{A,C}(\overline{P_L + \Phi P_b}) \leqslant 1$	$W_{A,C,D}(1.35 \cdot (\overline{P_L + \Phi \cdot P_b})) \leqslant 1$ 或 $W_D(1.35 \cdot (\overline{P_L + \Phi \cdot P_b})) \leqslant 1$

其中:

U 为蠕变使用分数,见条款 RB3226.1;

W 为蠕变断裂使用分数,见条款 RB3226.3;

Φ 为基于结构横截面的系数,见条款 RB 3252.111;

Ω 为修正因子,通过以下方式确定(条款 RB 3252.111):

若任何载荷引起的薄膜应力均为整体一次薄膜应力,则因子 Ω 取值为 1;

若上一条未满足,且已确定不存在弹性跟随现象,则 $\Omega = \Omega_1 \cdot \Omega_2$。

Ω_1 经以下式确定:

$$\Omega_1 = 1 + 0.2 \cdot \left(\frac{\overline{L_m}}{\overline{P_m}}\right)$$

当 $\overline{P_L} > \overline{P_m}$ 时,其中如 RB3224.34 中定义 $L_m = P_L - P_m$

$$\Omega_1 = 1$$

当 $\overline{P_L} < \overline{P_m}$ 时,Ω_2 为与 P_m 相关的主应力张量的最大拉伸分量与 $\overline{P_m}$ 的比值,该值不能小

于1。

对于理想塑性材料,其变形量的增加不受载荷大小的限制。因此RCC-MR中提出了极限分析方法以针对该类材料的结构蠕变断裂失效进行评价,该方法仅适用于不存在弹性跟随现象的情况(条款RB3252.112),其极限标准见表5-2-4。

表5-2-4 RCC-MR中极限分析方法中蠕变断裂极限

A 和 C 级极限	D 级极限
$U_{A,C}(\Omega' \cdot S_0) \leqslant 1$	$W_{A,C,D}(1.35 \cdot \Omega' \cdot S_0) \leqslant 1$

其中:S_0 为特征载荷,$S_0 = \left(\dfrac{C}{C_L}\right) \cdot R_L$,$C$ 为关注的载荷,C_L 为理想弹塑性计算下的极限断裂载荷;R_L 为屈服强度;Ω' 为修正因子,$\Omega' = 1 + 0.2\left[\left(\dfrac{C_L}{C_Y}\right) - 1\right]$。

RCC-MRx 对于焊接接头的 P 型损伤进行了进一步的规定,该条款指出可不考虑焊接接头的机械性能,而是直接对接头处的许用应力进行特殊处理。焊接接头处许用应力与接头质量和其机械性质相关,可乘以以下系数获得:

(1)接头系数 n,该系数考虑了接头类型和检测方法。

(2)焊接材料的许用应力可以直接从母材的许用应力中分别乘以以下系数推导:

J_m 为焊缝材料系数;

J_t 为焊缝蠕变属性系数;

J_r 为焊缝断裂属性系数。

焊接系数 n 不包含支撑件中的焊接接头,支撑件中焊接接头的 n 值为1。

对于全焊透焊缝,若两个部件形成单个无缝件,则直接进行应力计算;对于半穿透角焊上的应力需通过焊喉横截面进行计算。

对于等效应力式子:

$$\sigma_{eq}^2 = \sigma_\perp^2 + 3 \cdot (\tau_\perp^2 + \tau_=^2)$$

式中,$\sigma_\perp$ 为正应力;$\tau_\perp$ 为垂直于焊缝轴线的切应力;$\tau_=$ 为平行于焊缝轴线的切应力。

半穿透角焊应力分类示意图如图5-2-1所示。

3. 英国 R5 规程

R5 Volume 2/3 给出了五种失效方式的限制:过度塑性变形、蠕变断裂、棘轮或增量断裂、基于蠕变和疲劳损伤导致的开裂、基于循环载荷导致的蠕变增强。对于蠕变断裂问题,R5 设计规程基于材料的蠕变延性定义蠕变断裂参考应力,从而对结构进行评估。

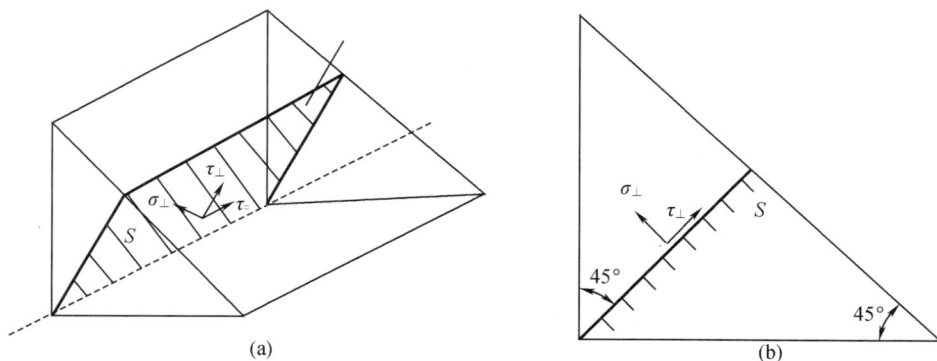

图 5-2-1 半穿透角焊应力分类示意图

虽然 R5 同样将不同工况进行了分类,但在本卷中仅仅考虑两种工况中的载荷:①基于启动、正常运行、热待机和停机导致的载荷。②并未包含于①中,但经常发生且不用进行维修的工况下的载荷。

与 RCC-MRx 相同,评估流程需先判定蠕变作用是否可以忽略,判定如式(5-2-1)所示。

$$\sum_j n_j \left[\frac{t}{t_m(T_{ref})} \right]_j < 1 \qquad (5-2-1)$$

式中,n_j 为第 j 类循环的总循环次数;t 为第 j 类循环的总保载时间;T_{ref} 为循环保载中最大温度;t_m 为当参考温度为 T_{ref} 时基于不明显蠕变曲线获得的许用时间,依照 R5 volume2/3 分卷中条款 A1.6 求取。

随后需基于应力线性化得到的应力分量或极限分析求取断裂参考应力。R5 中应力线性化方式与 ASME-III-5 和 RCC-MRx 相同,其参考应力强度采用八面体剪应力理论,从理论上来看,八面体剪应力理论没有最大剪应力理论保守,这一点也与 R5 设计保守程度较低相符合。蠕变断裂评估流程如下:

(1)计算参考应力。计算各循环载荷下的参考应力,如式(5-2-2)及(5-2-3)所示。

$$\sigma_{ref} = P\sigma_y / P_u \qquad (5-2-2)$$

其中,P 为一次载荷;P_u 为结构塑性断裂时的极限载荷,极限荷载 P_u 与 σ_y 成正比,故比值 σ_y / P_u 与屈服应力 σ_y 无关。在多变量载荷作用下,P_u 的值由不同载荷的比例确定。因此,除非主要载荷随时间按比例变化,否则可能需要在一个周期内多次计算 P_u。

对于载荷可由薄膜应力 P_L 和弯曲应力 P_b 表示的矩形截面,其参考应力可以保守估计为

$$\sigma_{ref} = \frac{P_b}{3} + \left[\left(\frac{P_b}{3} \right)^2 + P_L^2 \right]^{\frac{1}{2}} \qquad (5-2-3)$$

(2)计算应力集中系数 χ。对于应变集中现象,断裂参考应力需在参考应力的基础上考虑应力集中的现象,因此引入应力集中系数 χ。

对于恒温均匀结构 $\chi = \dfrac{\overline{\sigma}_{el,max}}{\sigma_{ref}}$,$\overline{\sigma}_{el,max}$ 为弹性计算的最大等效应力。

对于非等温或非均匀结构 $\chi = \dfrac{P_u}{P_y}$，P_y 为结构发生首次屈服的载荷。

（3）计算断裂参考应力。对于不同性质的材料，给出了不同的断裂参考应力计算式。

蠕变延性材料：

$$\sigma_{ref}^{R} = \left[1 + 0.13(\chi - 1) \right] \sigma_{ref} \tag{5-2-4}$$

蠕变脆性材料：

$$\sigma_{ref}^{R} = \left[1 + \frac{1}{n}(\chi - 1) \right] \sigma_{ref} \tag{5-2-5}$$

R5 指出，当平均或第二阶段蠕变本构的幂次参数 $n > 7$ 时，也可以用式（5-2-5），且获得值较式（5-2-4）偏保守。随后针对部分工况给出了更为详细的断裂参考应力计算式，并列出对应的参考文献。如对有明显压应力的情况，可利用多轴应力断裂准则：

$$\sigma_{ref}^{R} = \overline{\sigma} \exp \left\{ b \left[\frac{3\sigma_H}{(\sigma_1^2 + \sigma_2^2 + \sigma_3^2)^{\frac{1}{2}}} - 1 \right] \right\}$$

（4）计算蠕变断裂分数：

$$U = \sum_j n_j \left[\frac{t}{t_f(\sigma_{ref}^{R}, T_{ref})} \right]_j < 1$$

式中，$t_f(\sigma_{ref}^{R}, T_{ref})$ 为对应温度 T_{ref} 和应力 σ_{ref}^{R} 下的最小许用保载时间，该值可从 S_R 曲线获得。R5 指出，获取 S_R 曲线时，选取以下情况的最小值：相关时间和温度组合下的最低蠕变断裂应力；铁素体钢产生1%蠕变应变或奥氏体钢产生2%蠕变应变的平均应力；若无法确定断裂应力的最低值时，则等于平均断裂应力的值除以1.3。

R5 规范未对焊接接头的蠕变断裂评估提出特别要求。

4. 三种规范蠕变断裂分析方法对比

（1）等效应力计算方法及评价应力

ASME-Ⅲ-5 卷明确指出等效应力是基于最大剪应力理论得到的，RCC-MR 分别采用最大剪应力理论和八面体剪应力理论，R5 Volume2/3 采用八面体剪应力理论。

由表 5-2-2 可知，在计算蠕变断裂判定式时，ASME-Ⅲ-5 和 RCC-MR 均分别对一次薄膜应力和局部一次薄膜加弯曲应力的组合值进行了限制，且对于局部一次薄膜加弯曲应力的组合值的计算式相同。而与 ASME-Ⅲ-5 和 RCC-MR 不同的是，R5 规程中建立了断裂参考应力，该值的计算与局部一次应力组成和应力集中等问题相关，如式（5-2-5）或式（5-2-6）所示。

表 5-2-5　评价用参考应力

ASME-III-5	RCC-MRx	R5 Volume2/3
P_m	$\Omega \cdot \overline{P_m}$	σ_{ref}^R
$P_L + P_b/K_t$	$\overline{P_L + \Phi P_b}$	

（2）参考设计曲线

蠕变断裂设计曲线应用于蠕变断裂评估流程中,基于应力以确定对应温度和应力下的许用保载时间。由表 5-2-6 可知,ASME-III-5 和 RCC-MR 中除 D 级限制采用 S_r 曲线外,其他等级限制均采用 S_t 曲线。而 R5 Volume2/3 中采用 S_R 曲线,各曲线定义如下。

S_t 曲线为与温度和时间相关的应力强度极限。该值基于长时、恒载荷的单轴实验确定,为以下情况的最小值:对应条件下得到总应变为 1% 时的平均应力;对应条件下引起第三阶段蠕变的最小应力的 80% 值;对应条件下最小断裂应力的 67% 值。

S_r 曲线为指定温度和时间下的最小断裂应力。

S_R 曲线为最小蠕变断裂应力,其定义如下:对应时间和温度组合下的最小断裂应力,当缺少数据时,可基于平均断裂应力除以 1.3 得到。对应时间和温度组合下引起 1%（铁素体钢）蠕变应变的平均应力,或 2%（奥氏体钢）的平均应力。

表 5-2-6　参考设计曲线

ASME-III-5	RCC-MRx	R5 Volume2/3
S_t（A、B 和 C 级限制）	S_t（A、C 级限制）	S_R
S_r（D 级限制）	S_r（D 级限制）	

（3）焊接接头处理方式

对焊接接头的蠕变断裂评价,ASME-III-5 和 RCC-MR 均对参考的设计曲线做出了修正,除此之外,RCC-MR 中对特定的焊接形式给出了不同的等效应力的计算方法。然而,R5 Volume2/3 中并未指出需进行特定的处理,而是指出可以直接用对应母材的 S_R 曲线来计算焊材处蠕变断裂分数 U,计算值较为保守,见表 5-2-7。

表 5-2-7　ASME 和 RCC-MR 中焊接材料设计曲线

ASME-III-5	RCC-MRx
S_{mt}：S_{mt} 值和 $0.8S_r \times R$ 中的较小值	S_t：乘以 n 和 J_t
S_t：S_t 值和 $0.8S_r \times R$ 中的较小值	S_r：乘以 n 和 J_r

5.2.2　ASME 高温蠕变变形评价保守性分析

ASME 委员会基于世界范围内的研究成果和工程经验,组织专家对 ASME-III-5 高温反应堆规范中的相关规定进行保守性审查,并给出了明确的保守性结论。以下关于 ASME 高温规范各章节内容的保守性结论,均主要参考 ASME 委员会的专业审查结论。

1. 弹性分析应变限制准则

ASME 规定,如果满足 HBBT-1322(A1 测验)、HBBT-1323(A2 测验)、HBBT-1324(A3 测验)的任一限制,便可认为已经满足的 HBBT-1310 的应变限制。

至少必须定义一个循环,它包括在所有的 A 级、B 级、C 级使用载荷过程中出现的最大二次应力强度范围 $(Q_R)_{max}+P_b/K_t)_{max}$,定义:

$$X \equiv \frac{(P_L+P_b/K_t)_{max}}{S_y} \equiv \frac{(Q_R)_{max}}{S_y}$$

$(P_L+P_b/K_t)_{max}$:对弯曲应力按 K_t 调整的一次应力强度最大值;

S_y:循环中沿壁面最高及最低温度对应屈服强度的平均值。

$(Q_R)_{max}$:二次应力强度的最大范围。

弹性法一般适用于主应力和次应力小于屈服强度的情况,但弹性法过于保守。使用弹性方法来解释蠕变状态下的设计是在广泛使用计算建模之前的传统方法。20 世纪 70 年代,人们认为进行这些复杂的分析需要相当多的专业知识和经验,O'Donnell 和 Porowski 在 1974 年的研究指出,对于没有经验的新用户,传统方法作为设计工具的可靠性可能会受到质疑。出于这个原因,ASME 在 BPVC 中开发了简单但应用起来过于保守和复杂的弹性与简化的非弹性分析规则。

HBB-T-1322 A1 号测验确保在整个使用寿命期间,载荷控制应力的最大值和最大二次应力被限制在不可能发生棘轮的弹性 Bree 状态,即能够保持安定。该测验也被认为是保守的,ASME BPVC 配套指南、Jetter 的示例残余应力情况以及 O'Donnell 和 Porowski 的论点详细描述了其基本原理。第 4 节对基本原理进行了更详细的讨论。这种认可取决于 Ren 等在橡树岭国家实验室对 HBB-2000 的评估,这表明使用屈服应力作为限值对于某些高温状况可能并不保守。

HBB-T-1323 A2 号测验也是为了确保在整个使用寿命期间,载荷控制应力的最大值和最大二次应力限制在不可能发生棘轮的弹性 Bree 状态。但 A2 号测验对结构温度区间有明确规定,即温度循环的一端必须低于第 4 节中讨论的蠕变范围。这一认可取决于 ORNL 对 HBB-2000 数据的评估,这同样表明屈服应力作为限值对于某些高温可能并不保守 。

可见,当温度范围的两端均高于蠕变温度的情况,A2 号测验并不适用,而应使用 A1 号测验,因为后者使用了 $1.25S_t$ 对许用应力值进行了下限限制,即对蠕变明显的情况考虑了材料性能退化的时间效应。

HBB-T-1324 的 A3 号测验须遵守以下规定。当蠕变效应不显著时,该测试确保一次应力和二次应力满足相关规则,并在该测验中定义了另外某些限制。这些限制确保了有限的蠕变损坏不会导致棘轮发生。该附加测试使用合适的安全系数防止任何可能的未解释的蠕变效应,也被认为是保守的。ORNL 对 HBB-2000 的审查确定了高温和长时间的蠕变断裂值的一些可能的非保守性。因此,A3 号测验也被认可,但需要对 304SS、316 SS 和 2.25Cr-1Mo 进行 HBB-1-14.6A、B 和 D 的审查。

HBB-T-1325 管道元件的特殊要求条款包括了 A1、A2 和 A3 测验中的规定,以保守地解释因蠕变导致的应力松弛可能仅部分发生的管道系统中的弹性跟随。弹性跟随修正被认为是保守的。

2. 非弹性分析应变限制

为防止棘轮,即保证结构的塑性安定性,在预计经受高温的区域内,如果最大累积非弹性应变满足下列三个应变极限测试,则认为 HBB-T-1310 的应变极限要求得到满足。

(1)沿厚度平均的应变不超过 1%;

(2)应变沿厚度等效线性分布引起的表面应变不超过 2%;

(3)在任何点的局部应变不超过 5%。

对于焊缝,允许应变是上述数值的一半。

值得注意的是,一些工程师认为,在某些情况下,薄膜应变为 1% 的限制条件可能过于保守,因为该限制不影响构件的整体失效。例如,对于法兰来说,1% 的应变可能导致不应有的泄漏,而在平封头与壳体连接处,1% 的应变则可能是可以接受的。

ASME 委员会审查建议接受 HBB-T-1310 非弹性应变限制,但需要注意,过去 50 多年的大量应用经验以及 Jetter 在 1976 的研究工作都表明,变形控制的非弹性应变极限是相当保守的。其缺点包括昂贵和耗时,需要大量的材料特性数据,而获得这些数据对于所考虑的材料来说可能并不容易。

许多高温部件的应力松弛开裂经验表明,特别是高碳等级的不锈钢,即使残余应力会随着时间松弛,焊接残余应力也可能会导致损坏。Hughes 等在 2019 年讨论了英国先进的不锈钢气体容器中的应力松弛开裂问题,2014 年美国石油学会报告讨论了不锈钢和 800 合金中的应力松弛开裂问题以及其防止技术。但审查并没有对该问题给出具体解决方案,只是建议供应商制定自己的计划,以解决设计中潜在的应力松弛开裂问题。

3. 简化非弹性分析

简化弹塑性方法给出了三种测验方法 B1、B2、B3,测验方法 B1 适用于没有峰值应力的结构,也就是适用于筒状柱状形式等远离结构不连续的简单规则结构,测验方法 B2 适用于一般结构,具有更广泛的适用性,但只考虑稳态工况,瞬态工况等同于稳态。测验方法 B3 更为复杂,其目的是降低测验 B1、B2 的保守程度,但其本身仍是保守的,适用于轴对称载荷以及远离局部区的情况,具体可见 ASME 规范。

基于弹性分析给出了简化的非弹性分析方法,对 Bree 方法加以扩展以进行棘轮控制。该规范是由 O'Donnell 和 Porowski 在 1974 年基于数学边界策略所开发的,确保棘轮引起的累积应变不超过上限。Sartory 在 1989 年对峰值热应力效应加以改进,确保所有可能条件下的结果的保守性。许多作者已经通过使用有限元方法进行了验证,以确保准确性。

与弹性方法相比,基于累积薄膜应变边界的简化非弹性分析,则具有较低的保守性。

一般认为测验 B1 至 B3 均会产生保守结果,原因如下。

(1)边界定理确保使用测验能够得到保守的结果。

(2)HBB-1310 保证安定性的变极限是相当保守的。

(3)该方法仅预测发生裂纹萌生而不是针对结构完全失效。实际上,发生裂纹萌生之后,通常还要经历相当长一段时间,才会导致高温结构彻底失效。

可见,HBB-T-1332 节的测验方法 B1、B2 是可以接受的。但应该指出,在循环的低温端低于蠕变范围的情况下,应使用测验方法 B1 和 B2 计算棘轮效应的保守估计值。

但是,必须注意残余应力的影响。O'Donnell 和 Porowski 研究了由于焊接和其他制造工艺造成的残余应力的影响,可以附加到使用该方法获得的操作应力及其界限中,但这可能会过于保守。Frederick 和 Armstrong 的定理直接适用于这个问题,并预示残余应力将产生松弛,从而对棘轮产生二次效应。然而,一些轻水堆的运行经验清楚地表明,在一定条件下,某些材料可能会因焊接残余应力的松弛而发生应力松弛开裂。记录应力松弛开裂的文献还包括英国原型快堆、法国原型快堆凤凰的经验、帝国理工学院 Kapadia 2014 发表的一篇博士论文。此后工作正在寻求解决办法,但相关研究成果尚未纳入规范。在残余应力松弛解决办法还没有正式纳入规范的情况下,建议设计者制定专门的计划,以解决可能出现的应力松弛开裂问题。

此外,HBB-T-1800 的平均等时应力、应变曲线用于获得总非弹性应变的上限,包括测验方法 B1 和 B2 中蠕变棘轮产生的应变。对于某些材料的长时间和高温等时曲线可能需要重新评估。另外,值得一提的是,blee 图最初是研究快堆元件而提出的概念,严格来说,它只适用于开口圆筒,对于两端封闭的圆筒是不安全的。测验 B2 只是按稳态进行分析,对于一些瞬态,温度虽然较高,但也是按高温数值的稳态进行分析,这显然加大了其保守程度。

关于地震载荷的处理,目前是按照均匀分布于寿期内处理,等同于运行期间地震载荷一直存在,这显然是非常保守的,如何合理考虑地震载荷,降低保守程度,是个非常值得研究的问题。采用测验方法 B2 的简化非弹性分析的有效蠕变应力参数如图 5-2-2 所示。

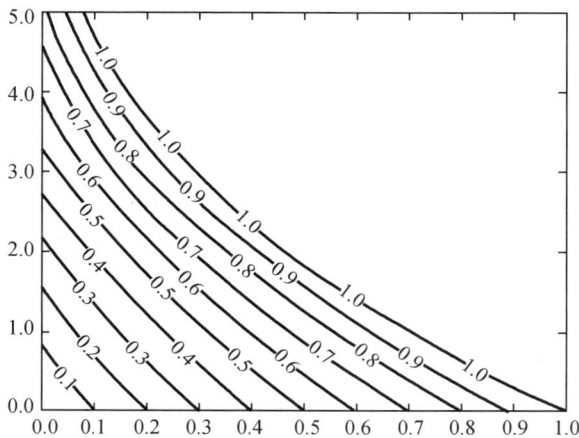

图 5-2-2 采用测验方法 B2 的简化非弹性分析的有效蠕变应力参数

Porowski 和 O'Donnell 对该方法的改进允许考虑硬化和与温度相关的屈服应力,从而降低了测验方法 B1 和 B2 的保守性。通过允许核心应力的部分松弛,该测验允许在塑性范围内进行有限数量的严重棘轮偏移。由于对轴对称几何形状和载荷的限制,并且由于只能在远离结构不连续性的情况下使用该测试,因此预计所有组件都会得到保守的结果。

HBB-T-1333 测验方法 B3 是可以接受的。值得注意的是,经过投票,测验方法 B3 于 2020 年 4 月从 ASME BPVC 高温反应堆(SG-HTR)规范中删除,因为该测验方法太难通过,从而不再被认为有用。这一点在 2021 版的 BPVC 规范中也得到了体现。

5.2.3 ASME 高温蠕变屈曲评价保守性分析

根据 ASME2015 第Ⅲ卷第五册中对屈曲计算加载系数的限值,对屈曲计算结果(与时间有关)进行评价,应遵守表 5-2-8。

表 5-2-8　与时间有关载荷控制的屈曲

运行载荷	使用系数	运行载荷	使用系数
A 级	1.5	C 级	1.5
B 级	1.5	D 级	1.25

与规范案例 1592 中的原始规则相比,屈曲设计规则以及时间相关屈曲的设计系数得到了显著增强。由于新规则更加具体,特别是 HBB-T-1522-1 到 HBB-T-1522-3 中定义的温度限制,因此不再需要 RG1.87 中关于屈曲的一些原始指南。此外,现行规则要求在应变和荷载控制屈曲可能相互作用的条件下,或在可能发生显著弹性跟随的条件下,使用荷载控制屈曲系数。建议接受 HBB-T-1510,因为这篇文章是一般性的,设计必须证明过程是纯应变控制的,或确认没有发生"显著的弹性跟随"。

建议接受 HBB-T-1521 与时间无关的屈曲,因为用于屈曲评估的荷载系数将产生保守的结果,并防止失稳。此外,对于 NB-3133 中考虑的配置也是有效的。

5.2.4 ASME 高温蠕变结构完整性评价实例

1. 功能性变形限制的保守性

审查建议接受 HBB-T-1110,当其与载荷控制的应力要求一起使用时,目标提供了高温组件的结构完整性和功能,并且预计会有保守的裕度。

建议接受 HBB-T-1121 的一般规则,因为这些规则包括当蠕变效应较为显著时可能发生的所有损坏机制。弹性规则产生的结果在某些情况下过于保守,同样,如果使用适当的本构模型,并使用 HBB-T 中指定的相应安全系数,则完全非弹性分析也将产生保守的结果。

ASME 委员会审查建议接受 HBB-T-1122,它描述了与高温变形设计一致的一般程序。图 HBB-3221-1 包括荷载控应力极限的规则,说明了变形和疲劳的设计规则。ASME 委员会审查建议接受 HBB-T-1210,因为该子条款是通用的,并提供了功能设计所需的要求。

ASME 委员会审查建议接受弹性分析方法 HBB-T-1220,因为该子条款是一般性的,并且参考了 HBB-T-3200 中的具体要求,用于弹性分析以符合变形要求。1% 的非弹性应变极限被认为是非常保守的,并且已被高温设备多年的成功运行所证实。此外,本报告总结的弹性分析方法具有良好的理论基础,并有大量的实验数据和运行经验提供支撑,提供了详细的认可信息。

ASME 委员会审查建议接受 HBB-T-1230 非弹性分析,因为该子条款是通用的,并规定如果弹性方法不符合要求,则需要非弹性分析规则。1%的非弹性应变极限被认为是非常保守的。如果非弹性分析用于设计,设计报告应证明材料模型的有效性。

2. 工程实例解析

某新型高温反应堆中心对称结构单元如图 5-2-3 所示,堆本体上下各有两个腔室,堆本体部中有多组套管。反应堆工况分为正常 A 级工况和异常 B 级工况,结构承受瞬态温度场、压力载荷、自重、接管载荷、地震载荷、落棒冲击等载荷,经过建立有限元模型,进行应力计算,根据 ASME 规范进行高温应变变形、蠕变疲劳和蠕变屈曲等评价。

图 5-2-3 某新型高温反应堆中心对称结构单元

结构在 A 级工况下运行温度远超蠕变温度,持续时间为 20 000 h,载荷循环 10 次;B 级工况下温度载荷更高,持续时间为 10 h,载荷循环 5 次。以上数据已经可以构建清晰的载荷循环。

A 级工况最大应力为 84 MPa,位于套管底端;B 级工况最大应力为 270 MPa,也位于套管底端。可见,栅板套管连接处是应力最大的部位,这一结果也是合理的。

堆容器各高温部件应变限值评价,见表 5-2-9。

表 5-2-9 高温部件应变限值评价

路径	$\left(P_{\mathrm{L}}+\dfrac{P_{\mathrm{b}}}{K_{\mathrm{t}}}\right)_{\max}$	$(Q_{\mathrm{R}})_{\max}$	S_{y}/MPa	X	Y	$X+Y$
1 号	55.69	7.94	155	0.36	0.05	0.41
2 号	55.69	43.00	154	0.36	0.28	0.64
3 号	23.93	69.54	153	0.16	0.45	0.61
4 号	28.40	50.64	139	0.20	0.36	0.57
5 号	14.92	1.36	135	0.11	0.01	0.12
6 号	14.92	33.58	139	0.11	0.24	0.35

表 5-2-9(续)

路径	$\left(P_L + \dfrac{P_b}{K_t}\right)_{\max}$	$(Q_R)_{\max}$	S_y/MPa	X	Y	$X+Y$
7 号	30.96	11.64	139	0.22	0.08	0.31
8 号	21.09	173.94	135	0.16	1.29	1.45

可知,容器 8 号路径不满足 ASME 规范关于高温应变限值的规定,其余位置满足 ASME 规范关于高温应变限值的规定。

对套管在 A 和 B 工况下可能发生的与时间有关的屈曲即套管在轴压作用下的屈曲进行分析。套管屈曲分析思路是,首先对套管进行特征值屈曲分析,找出套管结构中最容易发生失稳的部位。在特征值屈曲分析基础上,考虑材料的弹塑性因素,采用弧长法进行套管的非线性屈曲分析,得到临界屈曲载荷。

套管的轴压保守考虑,其连接的栅板上的压力全部由套管承担,得到其最大轴向力为 203 N。套管均采用壳单元模拟,边界条件均为约束套管两端的水平位移,约束套管中部的竖向位移。特征值屈曲分析计算得出套管的轴压特征值屈曲模态如图 5-2-4 所示。

图 5-2-4　套管的轴压特征值屈曲模态

由特征值屈曲分析得知内外套管的第一阶屈曲模态及材料弹性范围内屈曲载荷。在非线性屈曲分析模型中把材料作为塑性模型考虑,采用 316H 钢在 30 000 h 下的等时应力-应变曲线的数据,如图 1-4-4 所示。

采用 ANSYS 的弧长法进行非线性屈曲分析,将特征值屈曲分析得到的临界屈曲载荷施加到结构中,采用弧长法进行非线性方程求解。套管变形模态如图 5-2-5(a)所示,最大节点对应的载荷位移曲线如图 5-2-5(b)所示。

弧长法能很好地跟踪位移载荷路径全过程,包括上升段和极值下降段,效果较好。而牛顿辛普森法在跟踪到极值点时容易产生发散,而无法继续跟踪极值点以后的路径。可见,在非线性屈曲的有限元算法中,采用弧长法较为稳妥。

套管的轴压弹塑性临界屈曲载荷为 500 N。依据各工况下与时间有关的载荷系数,得出临界屈曲载荷为 500/1.5＝333.3 N>203 N,满足规范要求。因此,外套管在 A 和 B 工况下不会发生弹塑性屈曲。

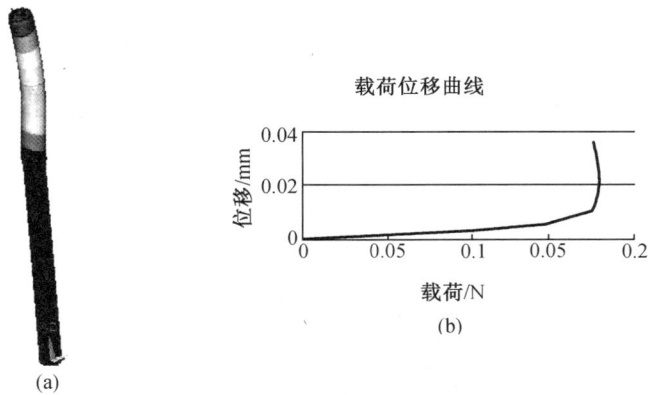

图 5-2-5 套管变形模态及最大节点的载荷位移曲线图

5.3 线性匹配法

对于反应堆承压设备高温力学分析而言,传统的分析方法是 ASME 规范基于应力分类的直接分析方法,应力分类法对规则的压力容器或特定的结构形式给出详细的路径划分,即其路径划分依赖于较为规则的结构形式,对于复杂的设备结构形式,如接管锥径段,应力分类法对应力路径的划分的认定就没有统一的认识。此外,用力分类法只是对载荷控制的失效模式进行限制,而不能限制由于高温导致的变形或蠕变疲劳损伤失效模式。

对于高温产生的变形或蠕变疲劳损伤失效,ASME 高温反应堆规范给出了弹性法、简化弹塑性法和非弹性方法,但从实际工程设计的力学分析评价效果看,这些方法均比较保守。工程上非常需要寻找新的高温变形及蠕变疲劳损伤评价方法。从工程需求的角度看,需要一种更为先进有效的高温结构力学分析的新方法,线性匹配法就是在这种背景下产生的。

5.3.1 线性匹配法的基本原理

Mackenzie 和 Boyle 等基于安定边界定理和重复弹性有限元分析,介绍了一种计算安定荷载界限的简单方法。该方法被称为弹性补偿法(ECM),可用于梁、二维实体和三维实体结构的比例和非比例载荷分析,弹性补偿法的基本原理是:在弹性分析中,按照单元应力与一个名义应力的比来调整每个单元的弹性模量,从而重新分布应力远离高应力区,系统地调整单元的弹性模量来模拟结构的塑性失效行为,经过一系列的弹性迭代分析,可以得到不同的许可应力场,从中可以得到极限载荷。

弹性补偿法对于简单问题的极限载荷计算确实简单有效,但对复杂结构存在较大的计算误差。杨璞等在弹性补偿法的基础上发展了一种修正的弹性补偿法,这种方法通过引入调整因子,定义了限制低应力单元弹性模量调整的名义应力,仅有超过名义应力单元的弹性模量才能被调整,通过改变调整因子即可控制弹性模量被调整的单元数目。对于复杂结构的极限分析,修正弹性补偿法是可行有效的,既保留了简单高效的特点,又提高了计算精度。

线性匹配法是在弹性补偿原则的基础上,由 Koiter 屈曲理论发展起来的,最初作为安定性和棘轮极限的一种简单评估方法,结合了传统的规则设计法与有限元仿真分析技术的特点,具有便利性、高效性和准确性的优势。其核心理论基础是非线性材料行为与线性材料行为的合理匹配,具体而言,就是通过修正弹性模量的弹性分析,来快速匹配结构的弹塑性力学响应,通过一个迭代的数值过程来模拟结构在循环加载条件下的非线性材料行为。

相比基于应力分类的直接分析法,线性匹配法能更加高效地分析任意结构在循环载荷作用下的力学响应,因而其应用范围更加广泛,能够分析涉及高温结构完整性评估的多个方面,如安定性分析、蠕变分析、蠕变疲劳损伤分析等。

例如,在结构安定性分析中,线性匹配法能直接计算结构响应的边界,高效准确地给出结构在参考载荷下的安定棘轮失效模式图,而常规的非弹性分析只能用于判断结构在参考载荷下是否安定。

线性匹配法通过直接稳态循环分析过程计算结构的稳态力学响应,从而获取关键位置的应力和应变等信息,其准确性已经通过非弹性分析得到了验证。然后,经过扩展的直接稳态循环分析,即可计算结构的蠕变疲劳响应,适用于复杂结构的高温瞬态工况,其计算结果可作为高温结构损伤评价的依据,为工程结构力学分析评价,特别是高温结构力学分析评价,开辟了一条与常规的直接分析法所迥然不同的新道路。

线性匹配法通过修正弹性模量的线弹性分析来模拟结构在循环过程中的弹塑性力学响应。其求解过程中,首先是对结构进行线弹性分析,然后根据材料的屈服条件来修正弹性模量,修正后的弹性模量再用于下一次线弹性分析,如此经过多次重复迭代求解,从而模拟弹塑性材料的最终力学响应。具体过程如图 5-3-1 所示。

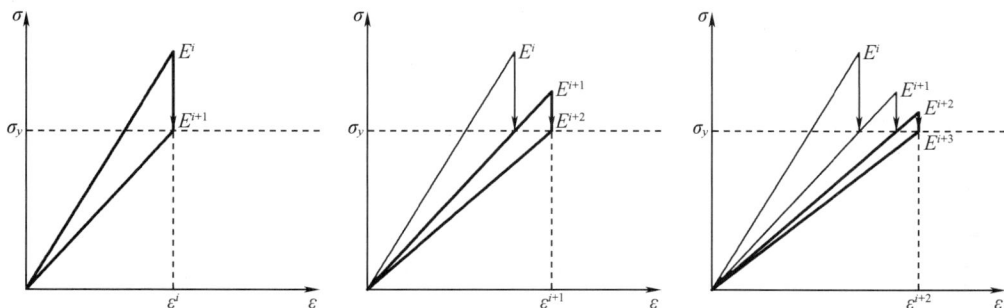

图 5-3-1 线性匹配法基本求解过程

对于任意一个体积为 V、表面积为 S 的结构,使用线性匹配法对其进行分析的前提是,其材料满足各向同性条件、理想弹塑性条件以及 Von Mises 屈服条件。在时间间隔为 $0 \leqslant t \leqslant \Delta t$ 的一个典型的载荷循环内,结构受到作用于整个体积的循环变化热载荷

$\lambda_\theta \theta(x,t)$，以及作用于部分表面 S_t 上的循环变化机械载荷 $\lambda_P P(x,t)$，在除 S_t 外的其他表面 S_u 上位移 $u=0$。则线弹性解可表示为

$$\hat{\sigma}_{ij}(x,t) = \lambda_\theta \hat{\sigma}_{ij}^\theta(x,t) + \lambda_P \hat{\sigma}_{ij}^P(x,t)$$

式中，$\hat{\sigma}_{ij}^\theta(x,t)$ 和 $\hat{\sigma}_{ij}^P(x,t)$ 分别表示 $\theta(x,t)$ 和 $P(x,t)$ 的弹性解，对于这样的循环问题，应力和应变率有以下关系：

$$\sigma_{ij}(t) = \sigma_{ij}(t+\Delta t) , \quad \dot{\varepsilon}_{ij}(t) = \dot{\varepsilon}_{ij}(t+\Delta t)$$

对于循环问题，一个于材料参数无关的循环应力历史可以表示为

$$\sigma_{ij}(x,t) = \lambda \hat{\sigma}_{ij}(x,t) + \bar{\rho}_{ij}(x) + \rho_{ij}^r(x,t)$$

式中，$\bar{\rho}_{ij}(x)$ 表示在循环开始和结束时的恒定残余应力场；$\rho_{ij}^r(x,t)$ 表示循环过程中残余应力变化，并且满足以下公式：

$$\rho_{ij}^r(x,0) = \rho_{ij}^r(x,\Delta t)$$

5.3.2 线性匹配法的蠕变分析

1. 稳定循环状态计算（DSCA）

线性匹配法的稳定循环状态分析是计算 N 个离散点的残余应力历史及其对应的塑性应变。对于严格的屈服条件，塑性应变只发生在应力历史的 t_n 时刻（$n=1,2,\cdots,N$），其余时刻的应力都必须在屈服曲面内，用 $\Delta\varepsilon_{ij}^n$ 表示 t_n 时刻的塑性应变增量，则一个循环的总的塑性应变增量为

$$\Delta\varepsilon_{ij}^p = \sum_{n=1}^N \Delta\varepsilon_{ij}^n$$

可以得到

$$I(\dot{\varepsilon}_{ij}^c,\lambda) = \sum_{n=1}^N I^n$$

其中

$$I(\dot{\varepsilon}_{ij}^c,\lambda) = \int_V \int_0^{\Delta t} \left\{ \sigma_{ij}^c \dot{\varepsilon}_{ij}^c - \left(\lambda\hat{\sigma}_{ij}^{\bar{F}} + \hat{\sigma}_{ij}^\Delta(x_k,t) + \rho_{ij}(t)\dot{\varepsilon}_{ij}^c\right) \right\} dt dV$$

$$I^n(\Delta\varepsilon_{ij}^n,\rho_{ij}(t_n)) = \int_V \left\{ \sigma_{ij}^n \Delta\varepsilon_{ij}^n - \left(\hat{\sigma}_{ij}^\Delta(t_n) + \rho_{ij}(t_n)\right)\Delta\varepsilon_{ij}^n \right\} dV$$

$$\rho_{ij}(t_n) = \bar{\rho}_{ij} + \sum_{l=1}^n \Delta\rho_{ij}^l$$

$$\Delta\varepsilon_{ij}^{Tn} = C_{ijkl}\Delta\rho_{ij}^n + \Delta\varepsilon_{ij}^n$$

式中，总应变增量 $\Delta\varepsilon_{ij}^{Tn}$ 是相容的，并且在时刻 t_n 时的变残余应力 $\Delta\rho_{ij}^n$ 满足平衡条件。

对于各向同性和理想弹塑性结构，在 von Mises 屈服条件下，公式 I^n 的最小化过程如下所述，假设有一个初始应变估计 $\Delta\varepsilon_{ij}^n = \Delta\varepsilon_{ij}^{ni}$，通过线性匹配公式定义剪切模量：

$$\sigma_y = 2\bar{\mu}_{ni}\bar{\varepsilon}(\varepsilon_{ij}^{ni}) , \quad 2\sigma_y = \left(\frac{3}{2}\right)2\bar{\mu}^i\bar{\varepsilon}(\Delta\varepsilon_{ij}^{ci})$$

考虑第 m 和 $m+1$ 次迭代，在 t_n 时刻的剪切模量 $\bar{\mu}_{m+1}(t_n)$ 由线性匹配公式得到，即

$$\bar{\mu}_{m+1}(t_n) = \bar{\mu}_m(t_n) \frac{\sigma_y}{\bar{\sigma}(\hat{\sigma}_{ij}(t_n) + \rho_{ij}^m(t_n))} \tag{5-3-1}$$

然后即为求解下列弹性问题

$$\Delta \varepsilon_{ij}^{Tf} = \frac{1}{2\mu}\Delta \rho_{ij}^{nf} + \Delta \varepsilon_{ij}^{nf}, \Delta \varepsilon_{kk}^{Tf} = \frac{1}{3K}\Delta \rho_{kk}^{nf}$$

$$\Delta \varepsilon_{ij}^{nf} = \frac{1}{2\overline{\mu}_{ni}}[\hat{\sigma}_{ij}(t_n) + \rho_{ij}(t_{n-1}) + \Delta \rho_{ij}^{nf}]'$$

式中：

$$\rho_{ij}(t_{n-1}) = \rho_{ij}(t_0) + \Delta \rho_{ij}^1 + \Delta \rho_{ij}^2 + \cdots + \rho_{ij}^{n-1}, \rho_{ij}(t_0) = \overline{\rho}_{ij}$$

在上述直接稳态循环分析的数值过程基本上，线性匹配法使用扩展的稳定循环状态分析直接法来分析评价蠕变疲劳，通过多个循环的迭代求解，程序可以给出详细的蠕变应变和塑性应变范围，以便用于蠕变疲劳损伤评估。由于蠕变发生时必须考虑应力松弛，因此扩展的蠕变分析程序与直接稳态循环分析最大的不同在于，式(5-3-1)某一时刻发生蠕变松弛行为，需要线性匹配公式中用蠕变流动应力 $\overline{\sigma}_c$ 代替该时刻的屈服强度 σ_y。

采用 Norton-Bailey 本构方程来计算结构稳定运行状态时发生的蠕变行为：

$$\dot{\varepsilon}_c = B\overline{\sigma}^{n*}t^{m*} \tag{5-3-2}$$

式中，$\dot{\varepsilon}_c$ 是有效蠕变应变率；$\overline{\sigma}$ 是有效 von Mises 应力；t 表示蠕变保载时间；其余参数为材料的蠕变常数。

应力松弛过程中，假设在空间中的每个点上由弹性跟随因子(Elastic Follow-up Factor) Z 满足：

$$\dot{\varepsilon}_c = -\frac{Z}{\overline{E}}\dot{\overline{\sigma}} \tag{5-3-3}$$

式中，$\overline{E} = 3E/2(1+\nu)$，$E$ 是杨氏模量并且有 $\dot{\overline{\sigma}} = \dot{\overline{\sigma}}(\sigma_{ij})$。

结合式(5-3-2)和式(5-3-3)并且在应力松弛期间积分可得

$$\frac{B\overline{E}\Delta t^{m*+1}}{Z(m*+1)} = \frac{1}{n*-1}\left[\frac{1}{(\overline{\sigma}_c)^{n*-1}} - \frac{1}{(\overline{\sigma}_s)^{n*-1}}\right] \tag{5-3-4}$$

式中，$\overline{\sigma}_s$ 表示保载应力(dwell stress)的初始有效值；$\overline{\sigma}_c$ 表示蠕变流动应力的有效值而且 $\overline{\sigma}_c = \overline{\sigma}(\sigma_{sij} + \Delta \rho_{Cij})$。下式给出了在保载时间 Δt 内的有效蠕变应变：

$$\Delta \overline{\varepsilon}_c = -\frac{Z}{\overline{E}}(\overline{\sigma}_c - \overline{\sigma}_s) \tag{5-3-5}$$

联立式(5-3-4)和式(5-3-5)并且消去 $Z/\overline{E}$ 可得

$$\Delta \overline{\varepsilon}_c = \frac{B(n*-1)\Delta t^{m*+1}(\overline{\sigma}_s - \overline{\sigma}_c)}{\left[\dfrac{1}{(\overline{\sigma}_c)^{n*-1}} - \dfrac{1}{(\overline{\sigma}_s)^{n*-1}}\right](m*+1)} \tag{5-3-6}$$

在保载时间 Δt 结束时的蠕变应变率 $\dot{\varepsilon}^F$ 由式(5-3-4)和式(5-3-6)计算：

$$\dot{\varepsilon}^F = B(\overline{\sigma}_c)^{n*}\Delta t^{m*} = \frac{\Delta \overline{\varepsilon}^c}{\Delta t}\frac{m*+1}{n*-1}\frac{\overline{\sigma}_c^{n*}}{\overline{\sigma}_s - \overline{\sigma}_c}\left[\frac{1}{(\overline{\sigma}_c)^{n*-1}} - \frac{1}{(\overline{\sigma}_s)^{n*-1}}\right] \tag{5-3-7}$$

对于纯蠕变行为 $\overline{\sigma}_s = \overline{\sigma}_c$，则蠕变应变变为

$$\Delta \overline{\varepsilon}^c = \frac{B \overline{\sigma}_s^{n^*} \Delta t^{m^*+1}}{m^* + 1} \qquad (5-3-8)$$

蠕变应变率 $\dot{\overline{\varepsilon}}^F$ 则变为

$$\dot{\overline{\varepsilon}}^F = B(\overline{\sigma}_s)^{n^*} \Delta t^{m^*} \qquad (5-3-9)$$

因此在迭代过程中,用初始的应力值 $\overline{\sigma}_c^i$、$\overline{\sigma}_s^i$ 代入式(5-3-6)、式(5-3-7)或者式(5-3-8),然后通过下式来计算新的蠕变应力值 $\overline{\sigma}_c = \overline{\sigma}_c^f$,最后代入线性匹配公式计算结构响应。

$$\overline{\sigma}_c = \left(\frac{\dot{\overline{\varepsilon}}^F}{B \Delta t^{m^*}} \right)^{\frac{1}{n^*}} \qquad (5-3-10)$$

2. 蠕变断裂分析

在结构设计中,给定机械载荷和热载荷下的蠕变断裂寿命评估是很重要的。R5 规范中定义了断裂参考应力,通过材料的蠕变断裂数据来预测剩余蠕变断裂寿命。对于恒定载荷,断裂参考应力 σ_{ref}^R 可以通过主要载荷参考应力和一个应力集中系数推导得到。通过一个给定的机械和热载荷在屈服条件下的安定极限和蠕变范围内的蠕变断裂应力相结合,可以预测出结构的蠕变断裂寿命。线性匹配方法通过扩展的安定性分析以模拟蠕变断裂的影响。该方法通过比较选取材料的屈服应力与分析公式计算所得到的蠕变断裂应力的较小值作为修正的屈服应力,应用扩展的安定分析方法评估结构的蠕变断裂极限,此方法中每个积分点上的修正屈服应力由材料的屈服应力及蠕变断裂应力的最小值所决定。

与蠕变下的直接稳态循环分析的线性匹配法一样,蠕变断裂分析也是以蠕变断裂应力代替屈服强度代入线性匹配公式中,在蠕变范围之下的屈服强度 $\sigma_y^{\text{LT}}(\theta)$ 只和材料以及温度 θ 有关,在特定的蠕变温度下屈服应力用蠕变断裂应力 $\sigma_c(t_f, \theta)$ 来代替,只和蠕变断裂寿命 t_f 以及温度有关。要求在最大蠕变断裂寿命下的应力对对应的载荷使得结构处于安定极限之内,因此蠕变断裂分析被认为是一种新的安定问题。

在循环的某一时刻 t_m 时,结构内每点的屈服应力被定义为

$$\sigma_y(x_i, t_m) = \min \left\{ \sigma_y^{\text{LT}}(\theta), \sigma_c(t_f, \theta(x_i, t_m)) \right\} \qquad (5-3-11)$$

为简化计算,有如下式子成立:

$$\sigma_c(t_f, \theta) = \sigma_y^{\text{LT}} R\left(\frac{t_f}{t_0} \right) g\left(\frac{\theta}{\theta_0} \right) \qquad (5-3-12)$$

$$\sigma_c(t_f, \theta) = \sigma_y^{\text{LT}} \quad \text{当 } R\left(\frac{t_f}{t_0} \right) g\left(\frac{\theta}{\theta_0} \right) = 1 \qquad (5-3-13)$$

式中,R 是剩余蠕变断裂寿命 t_f 的函数;g 是温度 θ 的函数;而 t_0 和 θ_0 是材料参数;R 和 g 两个函数可以由用户通过准则来确定。

5.3.3 线性匹配法的研究现状

线性匹配法结合了规则法的便利高效性以及有限元仿真技术的准确性,涉及非线性材料行为与线性材料行为的匹配,能够通过一个迭代的数值过程来模拟结构在循环加载条件

下的非线性材料行为。Haofeng Chen 等介绍了线性匹配法框架(LMMF)数值程序和用户图形用户界面插件软件工具,展示了它的灵活性和增强的可访问性,并且适用的用户范围较为广泛,包括在理论和编程技能方面知识较少的用户。LMMF 集成了安定分析程序、扩展的安定程序和直接稳态循环分析程序等,可以用于评估结构的多种失效模式。

H. F. Chen 和 A. R. S. Ponter 首次介绍了用于三维结构件极限和安定分析的线性匹配法,并且用中心开孔平板和带缺陷的圆管进行分析验证;2003 年,H. F. Chen, M. J. Engelhardt 等对线性匹配法进行扩展到蠕变断裂分析,并对中心开孔平板进行了验证计算;2010 年,H. F. Chen 和 A. R. S. Ponter 发展出用于棘轮分析的扩展程序;2014 年,Haofeng Chen 和 Weihang Chen 等将线性匹配法和直接循环稳态分析子程序(DSCA)嵌入到线性匹配法框架(LMMF)中,并且开发出了用于蠕变疲劳分析的 eDSCA 扩展程序。2018 年将 eDSCA 程序嵌入线性匹配法框架中,至此经过十余年的发展,打造出了一套用于极限分析、安定棘轮分析、蠕变疲劳和蠕变断裂分析的线性匹配法框架(LMMF)。

线性匹配法应用广泛,研究者做了较多的工程实例应用研究。安定分析的实例包括过热器出口管板、带缺陷的圆管、加压的双棒结构、带斜喷嘴的圆管、航空发动机涡轮盘、热交换器管板、90°弯管等。棘轮分析的实例有缺陷圆管、径向开孔复合气缸、航空发动机热交换器、90°弯管、含有周向裂纹的焊接管等。用于蠕变疲劳分析的实例有焊接件、汽轮机转子、缺口棒等。线性匹配法用于安定棘轮的分析经过了严密的理论验证和大量复杂结构的应用验证,足以证明其有效性。对于结构的蠕变疲劳分析,应用基于线性匹配法的直接稳态循环分析方法进行研究,可以计算出蠕变保载发生在应力峰值时结构的力学响应,在相关理论验证和实例应用上也有不少研究,通过结果对比证明也比较成功,可以作为结构蠕变疲劳损伤评价的重要参考。

总之,线性匹配法本身的计算原理具有先天性的优势,能高效地分析任意结构在循环载荷作用下的力学响应,可以进行安定分析、棘轮分析、高温蠕变分析、蠕变疲劳损伤分析。研究表明,线性匹配法能够较好地弥补常规应力分类法的先天不足,给高温设备变形评价和蠕变疲劳损伤评价带来新的方法。

但是,目前而言,线性匹配法仍然处于理论体系的研究完善阶段,距离工程应用尚有不小的距离需要跨越。

参 考 文 献

[1] 涂善东,轩福贞.高温承压设备结构完整性技术[J].压力容器,2005(11):39-47.

[2] 梁浩宇.金属材料的高温蠕变特性研究[D].太原:太原理工大学,2013.

[3] 张亚岗.P91 钢高温蠕变行为数值研究[D].西安:西北大学,2019.

[4] 姚华堂,轩福贞,王正东,等.基于孔洞长大理论的多轴蠕变设计模型及其工程应用[J].核动力工程,2007(3):72-77.

[5] CHEN H F, CHEN W H. A direct method on the evaluation of cyclic steady state of

structures with creep effect[J]. Journal of Pressure Vessel Technology Copyright VC 2014 by ASME DECEMBER ,2014(36):15−20.

[6] CHEN H F, PONTER A R S. Linear matching method on the evaluation of plastic and creep behaviours for bodies subjected to cyclic thermal and mechanical loading[J]. Int. J. Num. Methods Eng. , 2006,68(1):13−32.

[7] CHEN H F. Lower and upper bound shakedown analysis of structures with temperature−dependent yield stress[J]. ASME J. Pressure Vessel Technol. , 2010,132(1):011202.

[8] CHEN H F, PONTER A R S. A direct method on the evaluation of ratchet limit[J]. ASME J. Pressure Vessel Technol. ,2010, 132(4):041202.

[9] 姚华堂.高温构件多轴蠕变理论及其设计准则的研究[D].上海:华东理工大学,2008.

[10] ROBINSON E L. Effect of temperature variation on the creep strength of steels[J]. Transaction of the ASME,1938,60:253−259.

[11] LARSON F R, MILLER J. A time−temperature relationship for rupture and creep stresses [J]. Transactions of the American Society of Mechanical Engineers, 1952, 74 (5): 765−771.

[12] LEMAITRE J, Lippmann H. A course on damage mechanics[M]. Berlin:Springer,1996.

[13] CHEN H F. Lower and upper bound shakedown analysis of structures with temperature−Dependent yield stress [J]. Journal of Pressure Vessel Technology, 2010, 132(1):011202.

[14] MATHEW M D , LATHA S , RAO K B S . An assessment of creep strength reduction factors for 316L (N) SS welds [J]. Materials Science and Engineering A , 2007,456(1−2):28−34.

[15] 沈孝鹏.基于应变分类的高温结构蠕变设计准则研究[D].上海:华东理工大学,2015.

[16] 张力文,钟玉平.金属高温蠕变理论研究进展及应用[J].材料导报,2015,S1:409,416.

[17] 赵彩丽,刘新宝,郝巧娥,等.高温金属构件蠕变寿命预测的研究进展[J].材料导报,2014,23:55−59.

[18] 涂善东,轩福贞,王卫泽.高温蠕交与断裂评价的若干关键问题明[J].金属学报,2009,7:781−787.

[19] 涂善东,轩福贞,王国珍.高温条件下材料与结构力学行为的研究进展[J].固体力学学报,2010,6:679−695.

[20] 涂善东.高温结构件完整性原理[M].北京:科学出版社,2003.

[21] URE J, CHEN H F. Verification of the linear matching method for limit and shakedown analysis by comparison with experiments [J]. Journal of Pressure Vessel Technology Copyright VC 2015 by ASME, 2015, 137:1−6.

第6章　高温结构蠕变疲劳损伤

6.1　高温蠕变疲劳损伤国内外研究现状

蠕变疲劳交互作用是材料在高温下经历循环载荷时发生的蠕变疲劳互相影响的一种复合失效模式,也称作时间相关疲劳。需要说明是,蠕变与疲劳依次或同时发生时,有可能在不同平面和方向上发展,并非一定互相影响。蠕变疲劳交互作用下,损伤行为和破坏方式与单独考虑蠕变或疲劳的情况完全不同,材料强度会在蠕变和疲劳的基础上加速降低,进而导致单独考虑蠕变和疲劳的寿命预测失效,造成安全事故和经济损失。

蠕变疲劳现象在疲劳问题的早期研究中就已经发现,但并未引起广泛讨论,直到20世纪50年代后,压力容器的温度进一步提高,航空工业和核工业快速发展过程中蠕变疲劳问题愈发凸显,才开始系统地研究蠕变疲劳交互作用的微观机理和寿命预测方法。

蠕变疲劳复合作用的研究起点较高,其微观机理的研究与蠕变疲劳机理的研究密切相关,但又复杂得多,不同材料、不同实验条件甚至同一材料、不同研究者的研究结果都会有所不同,甚至相互冲突,可见蠕变疲劳复合作用机理的复杂性。Plumbridge 等对 316 不锈钢的实验研究发现,作为主要损伤的疲劳裂纹为沿晶发展,晶界空洞促使沿晶裂纹加速扩展,这是一种典型的蠕变疲劳交互作用。该团队对 1Cr1MoV 钢的研究,观察到了晶界空洞的形核、长大和连接,结果表明蠕变损伤为主要损伤,断裂机制为沿晶断裂。有趣的是,Nam 同样对 1Cr1MoV 钢进行了研究,却观察到了明显的疲劳辉纹而并未观察到蠕变空洞,即疲劳损伤为主要损伤,断裂机制为穿晶断裂。

核电行业对蠕变疲劳研究较多的钢种是耐热钢 P92,它是日本在 P91 基础上通过降低 Mo 含量添加钨含量研发的,T/P92 钢是目前国内外超(超)临界火力发电机组中锅炉管道、主蒸汽管道、汽轮机箱体等高温部件应用较为广泛的材料。实践证明,T92 钢适用于制造蒸汽温度在 580~600 ℃ 同时金属最高温度处于 600~620 ℃ 的锅炉本体过热器和再热器,P92 钢适用于制造锅炉的零部件如管道等,蒸汽温度最高可达到 625 ℃。高温蠕变在很大程度上影响了材料的性能,虽然 T/P92 钢已经研发出了很长时间,但对其蠕变机理的理解依然有待完善,对其蠕变性能的研究仍在不断进行。

轩福贞在 625 ℃ 下进行 P92 钢的应变控制蠕变−疲劳实验,开发了在 Chaboche 模型框架内的新的统一黏塑性本构模型,可以很好地再现疲劳蠕变相互作用的加速循环软化和减速应力松弛响应。Lei 提出了一种改进的运动学和各向同性组合硬化模型,以模拟 P92 钢蠕变疲劳的循环应力应变行为直至断裂,并预测随着施加的应变幅度和保载时间的变化而引起的失效寿命。关于顺序加载的蠕变疲劳实验,王晓伟与张伟等研究了先前循环加载对P92钢蠕变行为的影响,从微观角度解释了先前循环减弱蠕变强度的原因,此外还提出了一种考虑位错密度和马氏体板条演变的运动损伤方程。利用所提出的模型,可以令人满意地预测在各种寿命因素,预先疲劳载荷下的蠕变断裂寿命和蠕变失效应变。对于P92钢蠕变-疲劳性能影响因素的研究已经有较多成果,保载时间、应变速率和应变幅等因素对蠕变-疲劳寿命的影响都已经有了初步结论。但是,关于P92钢损伤机理的研究还不够完善。此外,P92钢在预损伤条件下的蠕变-疲劳行为研究和实验数据还很匮乏。

据统计,目前提出的蠕变疲劳寿命预测方法达100多种,这是由于蠕变疲劳交互作用十分复杂,影响因素众多,包括材料的化学成分、处理工艺、微观组织、载荷水平、保载时间、加载速率和历史以及温度、环境等。因此,提出适用于大量材料和循环情况的蠕变疲劳模型和寿命预测方法是非常困难的,现有方法一般只对特定材料及部分循环有效。

1962 年,Taira 基于 Robinson 蠕变损伤法则和 Miner 疲劳损伤法则,提出了经典的线性累积损伤法,将蠕变损伤和疲劳损伤独立计算并直接相加,目前仍在诸多规范中被广泛应用。该方法操作简单,但对蠕变疲劳交互作用并没有进行处理,后续的部分工作对其进行了完善,如包络线修正、Lagneborg 等提出的蠕变疲劳交互作用模型等,出于工程应用考虑,大多规范中使用的都是包络修正。

1981 年,Priest 在 Ellison 对 Cr-Mo 钢的研究基础上,提出了延性耗竭理论。该理论认为,材料在蠕变疲劳的损伤过程中,疲劳与蠕变是以黏性流的方式造成损伤的,蠕变引起晶界延性耗竭,疲劳引起晶内延性耗竭,两种损伤都会导致材料延性的降低,当材料延性降低到临界值时即导致失效。Goswami 在此基础上提出了延性耗竭模型,对部分 Cr-Mo 钢的蠕变疲劳寿命进行了较为成功的预测。

基于连续损伤力学方法,Lemaitre 在 1979 年后提出了 Lemaitre 模型,Chaboche 等在此基础上提出了描述蠕变疲劳非线性交互作用的 Chaboche 损伤模型,该模型简单直观地反映了等效应力和塑性应变的影响,研究人员使用该模型对部分材料获得了很好的预测结果。

6.2　高温蠕变疲劳损伤力学行为及寿命外推

6.2.1　高温蠕变疲劳损伤力学行为

由于蠕变的出现,结构在循环载荷下的响应会发生很大变化。循环载荷下蠕变的关键特征就是蠕变与塑性的交互作用,承受蠕变和循环载荷的结构会呈现出不同的力学行为:

(1)没有周期性增强蠕变(如蠕变棘轮)。这时不会发生应力松弛,因此蠕变应变的积累是由于每个载荷循环期间的主要载荷,这时的状态类似于单调加载。

(2)具有周期性增强蠕变和有限的保载时间。应力松弛过程引入了残余应力场,使得结构在卸载过程局部中有发生屈服的趋势。因此,在没有蠕变产生弹性安定的情况下也会产生闭合迟滞回线。如果载荷水平处于塑性安定区域,那么蠕变和塑性的交互作用会产生额外的塑性应变,使闭合迟滞回线扩大。

(3)具有周期性增强蠕变和较长的保载时间。尽管蠕变和周期性塑性对残余应力场的影响使得循环应力在每个载荷循环都会被重置,但较长的保载时间会产生比塑性应变更大的蠕变应变(其大小受到残余应力场的影响)。也就是非闭合迟滞回线的出现是由于蠕变应变,而非塑性应变。

(4)具有周期性增强蠕变,在整体蠕变应力较低的情况下,应力松弛较大。此时蠕变应变很小,但由于松弛应力明显,卸载后出现较大的塑性应变,塑性应变占主导地位,出现了非闭合的迟滞回线。

6.2.2 高温蠕变疲劳损伤寿命外推

蠕变的特征和机理与疲劳完全不同,具有时间依存性,其性质完全取决于时间变化,而疲劳的特性完全取决于循环的变化,具有循环依存性。两者的强度可分别根据各自的特性来计算,但对一般的蠕变疲劳交互作用问题来说,其强度特性不能仅仅分为取决于时间和循环的两种特性,目前,不能像通常所说的蠕变和疲劳那样以完全不同的破坏机理加以区别。因此,蠕变疲劳交互作用下疲劳寿命的预测和疲劳裂纹扩展规律的建立,必须根据某种观点将两者特点相结合起来的理论进行。

对于这个问题,最具有代表性的观点是认为在高温疲劳循环过程中,非弹性应变部分影响着疲劳特性和疲劳损伤程度,蠕变应变部分则影响着蠕变规律和蠕变损伤程度,而高温下的蠕变疲劳问题受着这两方面的共同影响。在蠕变和疲劳共同作用的情况下,两种现象会相互促进导致损伤加速发展,其失效形式与纯蠕变或纯疲劳失效存在明显的不同。疲劳会导致材料内部产生局部微裂纹,蠕变则会导致材料内部产生蠕变孔洞,在蠕变疲劳交互作用下,蠕变孔洞会成为新的疲劳源,更多的疲劳源则意味着更快的裂纹扩展,疲劳循环载荷也可能加速蠕变孔洞的形成和空化。蠕变疲劳交互作用范围可以使用 Hales 提出的蠕变疲劳断裂机制图进行判断,如图 6-2-1 所示。

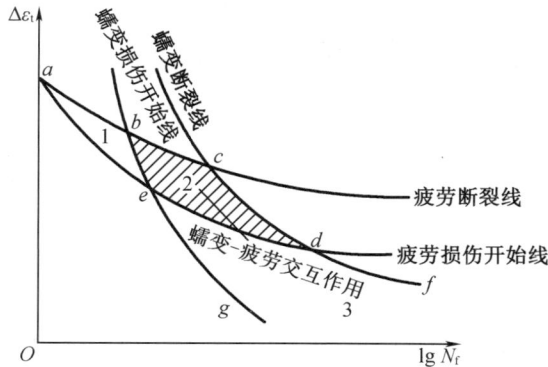

图 6-2-1　蠕变疲劳断裂机制图

蠕变疲劳断裂机制图实际是三元图的二元截面,其第三个轴为垂直于纸面的时间轴,二元图表示在拉应变保持时间一定的条件下,总应变范围 $\Delta\varepsilon_t$ 和疲劳寿命 N_f 的关系,如图

6-2-1 所示。从图 6-2-1 中可以看到,在应变幅很大时,只有疲劳损伤,疲劳寿命即图中 *abc* 线;在应变幅很小时,只有蠕变损伤,蠕变寿命即图中 *cdf* 线;应变幅介于两种情况之间时,即图中阴影部分 *bcde*,就可能发生蠕变疲劳交互作用。

进一步分析,不难看出,在图中疲劳断裂线 *abc* 上方,结构已失效,蠕变损伤已无意义,在蠕变断裂线 *cdf* 右方,结构也已失效,疲劳损伤已无意义。而在蠕变开始线 *eg* 和疲劳开始线 *ae* 的左下方,结构尚不存在蠕变疲劳现象。只有其余三个区域 1 区、2 区和 3 区是损伤实际发生的有效区,在 *abc* 围成的 1 区,由于应变较高,故而结构出现了单一的低周应变疲劳损伤,而循环次数极少故没有蠕变损伤。同样,在 *fdeg* 与横轴围成的区域 3 区,由于载荷循环次数较高,故而结构将发生蠕变损伤,但载荷较小没有达到疲劳极限门槛值而不发生疲劳损伤。

概括而言,1 区、2 区和 3 区为损伤发生区,依次是纯疲劳区、蠕变疲劳交互区以及纯蠕变区。以损伤发生区为隔离带,其左下方是无蠕变无疲劳的承载结构区,右上方是因蠕变或疲劳损伤已经断裂失效的区域。

蠕变-疲劳的交互作用机理复杂,循环应力/应变幅、应变速率、保载时间、加载波形、温度和材料微观组织等因素都会明显影响材料的交互作用。同时,蠕变-疲劳实验的数据具有很大的分散性,即便是相同材料,由不同炉号得到的实验数据也是不尽相同的。尽管人们对多种材料的蠕变-疲劳交互行为进行了大量研究,也取得了较多的研究成果,但蠕变-疲劳交互作用的微观损伤机理目前还尚未完全明确。

蠕变-疲劳是高温部件的重要失效形式之一,对高温部件进行可靠且准确的寿命预测十分重要。目前,国内外的学者在大量研究的基础上,已经提出了超过 100 种蠕变疲劳寿命预测方法,虽然绝大多数方法的泛用性有限,但每种方法都有其特定的适用范围,在特定环境中对特定类别的材料具有较为良好的预测效果,因此,一般需要根据实际情况选用适合的蠕变疲劳寿命预测方法。

目前被广泛接受的蠕变疲劳寿命预测方法如下。

1. 线性累积损伤法。

线性累积损伤法基于 Robinson 蠕变损伤法则和 Miner 疲劳损伤法则,它是由 Taria 于 1962 年提出的,是最早的蠕变-疲劳寿命预测模型。同时该模型也是工程上应用最广泛的方法,已经被 ASME Coad Case-N47、法国 RCC-MR 和英国 R5 规程等世界主流规范收录。该方法假设蠕变疲劳的总损伤等于蠕变损伤和疲劳损伤的线性累积总和:

$$D = D_f + D_c = \sum_{i=1}^{m} \frac{n_i}{N_i} + \sum_{j=1}^{n} \frac{t_j}{t_{rj}} \tag{6-2-1}$$

式中,D 为总损伤;D_c 为蠕变损伤;D_f 为疲劳损伤;n_i 为循环次数;N_i 为对应条件下疲劳断裂时的循环次数;t_j 为蠕变时间;t_{rj} 为对应条件下的蠕变断裂寿命。

针对 304 和 316L 不锈钢的研究表明,线性累积法对 304 不锈钢的预测能力较好,数据点基本都在 2 倍误差带以内;而对 316L 不锈钢的寿命预测结果相比实验数值偏大。此外,针对 Cr-Mo 钢和镍基高温合金,线性累积法的预测结果准确度是非常可靠的。总的来说,线性累积损伤模型是一种简单易行的方法,但需要特定温度下的疲劳寿命与蠕变断裂时间等数据。经过修正的线性累积损伤模型添加了蠕变-疲劳的交互作用系数,可以调整实验结果和预测结果的误差,精度得到了很大提升。而且该方法对 Cr-Mo 钢、镍基高温合金以及部分不锈钢材料也具有较高的寿命预测准确度。

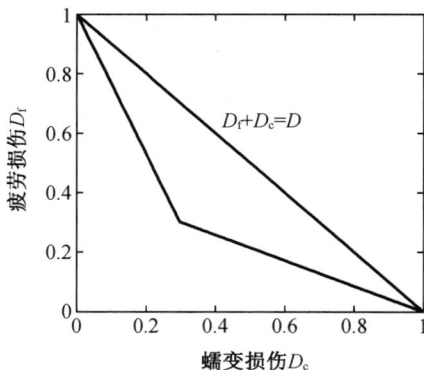

图 6-2-2　蠕变疲劳损伤图

式(6-2-1)可以通过图 6-2-2 表示,图中直线即 $D=1$,代表两种损伤简单叠加到 1 时发生断裂,该直线并未考虑蠕变疲劳交互作用;图中的双直线(折线)即 $D<1$,代表发生了蠕变疲劳交互作用。Lagneber 等提出增加蠕变疲劳交互作用项来表示蠕变疲劳交互作用,增加项如下:

$$B(D_cD_f)^{\frac{1}{2}}$$

式中,B 是蠕变疲劳交互作用系数,但此种方法不够灵活,一般仍采用双线性方法对蠕变疲劳交互作用进行修正。

需要注意的是,除前文中提到的预测结果分散性较大的问题以外,由于线性累积损伤法对拉伸保载和基本不产生蠕变损伤的压缩保载进行同等处理,还存在较为保守的问题。

整体而言,线性累积损伤法简单易行,且相关工作积累了大量蠕变数据,应用相当成熟,是目前规范中广泛应用的方法。

2. 延性耗竭法

1981 年,Priest 和 Ellison 在 Cr-Mo 钢的研究基础上,提出了延性耗竭法,为英国主导研发,已经形成核反应堆高温力学分析评价的新型理论和规程。该方法认为材料在蠕变疲劳的损伤过程中疲劳与蠕变是以黏性流的方式造成损伤的,蠕变引起晶界延性耗竭,疲劳引起晶内延性耗竭。两种损伤都会导致材料延性的降低,当材料延性降低到临界值时即认为材料已经失效,失效判据为

$$D = \int_0^{t_h} \frac{\dot{\varepsilon}_p}{\sigma} \mathrm{d}t = 1 \tag{6-2-2}$$

式中,D 为损伤值;t_h 为保载时间;σ 为材料延性;$\dot{\varepsilon}_p$ 为塑性应变率。

延性耗竭法一般针对蠕变损伤或疲劳损伤其中一种占主导地位的寿命预测,结果较为精确。对于其他情况,比如交互作用影响较大的情况,延性耗竭法预测的寿命结果往往相对于实验值偏低,对于工程设计而言,这一结果是保守的。

与线性累积法相似,延性耗竭法也是把蠕变损伤和疲劳损伤分开计算,因此该模型主要针对蠕变损伤和疲劳损伤两者之一占主导地位的寿命预测。对于交互作用影响较大时,延性耗竭法预测的寿命结果往往相对于实验值偏低,但对工程而言,这是保守的。

3. 应变范围划分法

应变范围划分模型(SRP)最早由 Manson 和 Halford 等于 20 世纪 70 年代基于损伤演化机理的 P92 钢蠕变-疲劳实验研究提出,也叫应变幅分割法。该模型认为在每个应力应变循环中,包含的塑性应变和蠕变应变都可以分为拉伸应变和压缩应变,这些不同性质的应变以不同的方式和规律影响总损伤。该方法将四种不同的循环方式作用下产生的非弹性应变范围进行计算和测量,用非弹性应变范围作为材料损伤的考量,将不同循环造成的损伤分量进行相加,从而得到一个总损伤值,通过该损伤值去预测材料的寿命,既考虑到了蠕变应变和塑性应变间存在的交互作用,也考虑了压缩应变的影响,将应力应变循环中的总非弹性应变 $\Delta\varepsilon_{in}$ 根据性质不同划分为四种不同分量的组合:

$$\Delta\varepsilon_{in} = \Delta\varepsilon_{pp} + \Delta\varepsilon_{cc} + \Delta\varepsilon_{pc(cp)} \tag{6-2-3}$$

式中,$\Delta\varepsilon_{pp}$ 为塑性应变幅;$\Delta\varepsilon_{cc}$ 为蠕变应变幅;$\Delta\varepsilon_{pc(cp)}$ 为塑性蠕变(蠕变塑性)应变幅,分别对应拉伸应变大于或小于压缩应变的情况,只能同时存在一个。

SRP 模型具有适用范围广的特点,对大多数金属材料的预测精度都在可接受范围以内。而且该模型不需要拟合新的材料参数,可以直接对采集得到的实验数据进行分析处理,因此该模型具有操作简便、可行性高的独特特点。但实际工况中,高温部件的应力-应变循环并不是单一的蠕变和疲劳依次交互作用,是更加复杂的情况。而且在多数情况下塑性变形和蠕变变形是同时发生的,尤其是针对塑性应变较小的情况,应变划分非常困难,这限制了 SRP 方法的使用。针对不锈钢材料(304、316L)和 Cr-Mo 钢材料(P92、P91),绝大多数数据点都在 2 倍误差带以内,但是部分镍基材料的预测结果存在较大偏差。

4. 频率修正法

频率修正法由 Coffin 在 1974 年对 Coffin-Manson 公式扩展得到,该方法假设总应变范围分为弹性应变范围和塑性应变范围,在 Coffin-Manson 公式的基础上,通过引入频率因子,即以 $Nf^{(k-1)}$ 代替 N,获得了塑性应变范围计算公式:

$$\Delta\varepsilon_p (Nf^{k-1})^\beta = C \tag{6-2-4}$$

式中,f 为循环频率;N 为循环周次;$\Delta\varepsilon_p$ 为塑性应变范围,其他参数可见频率分离法。

频率修正法通过加载速率将蠕变因素引入疲劳寿命预测方法,使其可以计算蠕变-疲劳交互作用的情况。但是,该方法存在较大的局限性,只能用于预测应变速率相同且没有保载时间的情况下的蠕变疲劳寿命,且寿命预测结果偏保守。

5. 频率分离法

为了克服上述频率修正法存在的问题,Coffin 进一步提出了频率分离法,在公式中引入拉伸保载频率和压缩保载频率：

$$N_f = C(\Delta\varepsilon_{in})^\beta f_t^m \left(\frac{f_c}{f_t}\right)^k \tag{6-2-5}$$

式中，C、β、m 和 k 是与时间、温度和材料有关的参数；f_c 为压缩保载频率；f_t 为拉伸保载频率；ε_{in} 为非弹性应变。常数 k 可以由不平衡波形的疲劳数据获得；C、β 和 m 可以通过平衡波形实验数据由频率修正法获得。该方法认为拉伸和压缩保载对材料产生相同损伤，将拉伸损伤和压缩损伤分别进修正，可以显著降低寿命预测的误差，但并未考虑压缩保载对裂纹的闭合作用。

频率分离法对多种材料都有较好的寿命预测能力，应用方便，且可预测带保载时间的蠕变疲劳实验，具有广泛的应用范围，诸多材料的预测精度都处于可接受范围内。但是该方法需要大量的材料实验数据来拟合参数，应用上存在较大困难，并且不能准确预测应变速率变化的加载情况下的蠕变疲劳失效寿命。

6. 应变能范围划分法

应变能范围划分模型（SEP）是基于应变范围划分模型与能量法改进而来的。1983 年，何晋瑞等提出把非弹性应变能的拉伸部分作为控制参量，解释了材料在损伤时能量的用途。SRP 法与 SEP 法比较相似，只是 SEP 法采用了应变能来预测蠕变-疲劳寿命，针对部分材料进行了改进：该方法与应变范围划分法较为类似，采用应变能来预测蠕变疲劳寿命，针对部分材料进行了改进：

$$N_{ij} = C_{ij}(\Delta U_{ij})^{\beta_{ij}} \tag{6-2-6}$$

式中，ΔU_{ij} 为应变能范围；N_{ij} 为循环周次；C_{ij} 和 β_{ij} 为材料参数。

SEP 法是在 SRP 的基础上改进提出的，从能量角度进行蠕变-疲劳寿命的评估预测。SRP 法是应用较广泛的寿命预测模型，而 SEP 法针对高强度，低延性材料，具有比 SRP 法更好的寿命预测能力。研究结果表明，该模型对于高温合金 GH4049 具有最好的预测能力。

7. 回线能量法

Prodriguez 在 Ostergren 能量法的基础上，利用 maxp 计算拉伸回线能量，结合 Manson-Coffin 方程和频率、保载时间的影响，通过修正模型得到回线能量法。

$$\sigma_{max}\Delta\varepsilon_p N^\beta V^{\beta(k-1)} = C$$

回线能量法是应变能模型的一种改进，物理意义明确，该模型不仅考虑了加载波形和保持时间的机理，还考虑了平均应力对寿命的影响。

总之，蠕变疲劳损伤评价方法种类繁多，各有优劣，但受到工程人员普遍认可且便于工程使用的，依然十分有限。这主要是两方面原因：一方面是保守性和安全性问题，另一方面是经济性、便捷性和泛用性问题。常用的蠕变疲劳寿命预测方法的优缺点比较分析见表6-2-1。另外，损伤力学方法也是常用的蠕变疲劳寿命预测方法，这里不再赘述。

表 6-2-1　蠕变疲劳寿命预测方法

方法	公式	优点	缺点	适用性
线性累积损伤	$D = D_f + D_c$	简单易行规范收录	需要实验数据,分散性大	Cr-Mo 钢、镍基合金、部分不锈钢
延性耗竭	$d_c = \int_0^{t_h} \left(\dfrac{\dot{\varepsilon}_c}{\delta} \right) dt$	适合蠕变或疲劳单一主导,分散性小	交互作用明显时,过于保守	不锈钢材料、镍基合金材料
应变范围划分	$\Delta \varepsilon_{in} = \Delta \varepsilon_{pp} + \Delta \varepsilon_{cc} + \Delta \varepsilon_{pc(cp)}$	应用广泛,直接分析	划分困难	Cr-Mo 钢、不锈钢、镍基合金
频率修正	$\Delta \varepsilon_p (N_f^{k-1})^{\beta} = C$	简单易行,需要式样少	仅适用无保载情况	Cr-Mo 钢、不锈钢、镍基合金
频率分离	$N_f = C(\Delta \varepsilon_{in})^{\beta} f_t^m \left(\dfrac{f_c}{f_t} \right)^k$	简单,适用性强	拟合困难偏保守	Cr-Mo 钢、不锈钢材料、镍基合金和钛合金
应变能范围划分	$N_{ij} = C_{ij} (\Delta U_{ij})^{\beta_{ij}}$	对高强度低延性材料精度更高	划分困难	对镍基材料精度更高
回线能量法	$\sigma_{max} \Delta \varepsilon_p N^{\beta} V^{\beta(k-1)} = C$	物理意义明确	偏保守	Cr-Mo 钢、不锈钢

6.3　高温蠕变疲劳损伤评价方法

6.3.1　美国 ASME 规范蠕变疲劳损伤评价方法

ASME 规范是美国机械工程师协会发布的设计评价规范,其中 ASME-Ⅲ-5 为高温反应堆的设计评价内容,附录 HBB-T 提供了蠕变疲劳损伤评价方法。ASME 规范认为,当蠕变疲劳损伤达到临界值时,即结构失效。但根据 ASME 相关参考文献说明,ASME 规范下蠕变疲劳损伤达到临界值时仅代表裂纹萌生,在此之后实际还有相当长的寿命,即 ASME 规范对蠕变疲劳损伤结果的评价仅代表裂纹萌生前的寿命。

ASME 采用时间分数法计算疲劳损伤 D_f,表达式如下:

$$D_f = \sum_{j=1}^{p} \left(\frac{n}{N_d} \right)_j \tag{6-3-1}$$

式中,p 为循环数;n 为循环作用次数;N_d 为第 j 类循环的设计许用循环次数,由对应循环中最高金属温度的设计疲劳(ε_t-N_d)曲线确定。等效应变范围采用下式计算:

$$\Delta \varepsilon_{eq,i} = \frac{\sqrt{2}}{2(1+\nu^*)} \left[(\Delta \varepsilon_{xi} - \Delta \varepsilon_{yi})^2 + (\Delta \varepsilon_{yi} - \Delta \varepsilon_{zi})^2 + (\Delta \varepsilon_{xi} - \Delta \varepsilon_{zi})^2 + \frac{3}{2} (\Delta \gamma_{xyi}^2 + \Delta \gamma_{xzi}^2 + \Delta \gamma_{yzi}^2) \right]^{1/2}$$

$$\tag{6-3-2}$$

式中,ν^* 是不同分析方法限制的系数,对于非弹性分析,$\nu^* = 0.5$;$\Delta\varepsilon_{xi}$、$\Delta\varepsilon_{yi}$、$\Delta\varepsilon_{zi}$、$\Delta\gamma_{xyi}$、$\Delta\gamma_{yzi}$、$\Delta\varepsilon_{\gamma xi}$ 为单一循环中每个时间点 i 的应变分量减去循环极值状态点 o 的应变分量,即

$$\Delta\varepsilon_{xi} = \varepsilon_{xi} - \varepsilon_{xo}$$
$$\Delta\varepsilon_{yi} = \varepsilon_{yi} - \varepsilon_{yo}$$
$$\Delta\varepsilon_{zi} = \varepsilon_{zi} - \varepsilon_{zo}$$
$$\Delta\gamma_{xyi} = \gamma_{xyi} - \gamma_{xyo}$$
$$\Delta\gamma_{yzi} = \gamma_{yzi} - \gamma_{yzo}$$
$$\Delta\gamma_{zxi} = \gamma_{zxi} - \gamma_{zxo} \tag{6-3-3}$$

出于保守考虑,非弹性分析中采用每个循环的最大等效应变范围 $\Delta\varepsilon_{max} = \max\Delta\varepsilon_{eq,i}$,将应力循环周次 N_d 代入相应公式计算损伤。

其次,采用时间分数法计算蠕变损伤 D_c,表达式如下:

$$D_c = \sum_{k=1}^{q}\left(\frac{\Delta t}{T_d}\right)_k \tag{6-3-4}$$

式中,q 为时间间隔数;Δt 为时间间隔 k 的持续时间;T_d 为时间间隔 k 的许用持续时间,根据时间间隔中最高温度和一定等效应力除以安全系数 K'(对奥氏体不锈钢的非弹性分析取 0.67)得到的应力值由预计最小断裂应力-时间(S_r-t_r)曲线确定。多轴等效应力采用公式计算:

$$\sigma_e = \overline{\sigma}\exp\left[C\left(\frac{\sigma_1 + \sigma_2 + \sigma_3}{(\sigma_1^2 + \sigma_2^2 + \sigma_3^2)^{\frac{1}{2}}} - 1\right)\right] \tag{6-3-5}$$

式中,$\overline{\sigma}$ 为 Mises 应力;σ_1、σ_2、σ_3 为主应力;常数 C 对 316 型不锈钢取 0.24。非弹性分析中计算每个时间间隔的 $\dfrac{\sigma_e}{K'}$ 确定对应的许用持续时间 T_d,代入相应公式计算损伤。

采用双线性累积损伤法计算总蠕变疲劳损伤 D,对于可接受的设计应满足:

$$\sum_{j=1}^{p}\left(\frac{n}{N_d}\right)_j + \sum_{k=1}^{q}\left(\frac{\Delta t}{T_d}\right)_k \leqslant D \tag{6-3-6}$$

式中,总损伤 D 应不超过图 6-3-1 中的蠕变疲劳损伤包络线。

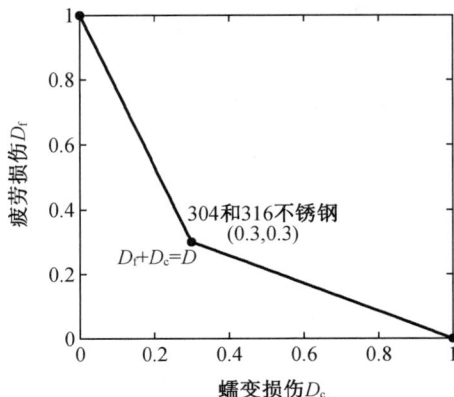

图 6-3-1　ASME 蠕变疲劳损伤包络线

6.3.2 英国 R5 规程蠕变疲劳损伤评价方法

R5 规程是由英国 R5 工作委员会负责编制发布的高温反应堆高温结构评价规范,是英国核电行业的标准,经常用于在蠕变范围内运行的高温气冷堆(AGR)组件的结构完整性评估,也适用于核电行业以外的高温结构完整性评估。R5 规程对蠕变疲劳寿命的评估分为两部分,第一部分是评估由于蠕变疲劳损伤在无初始缺陷的部件中裂纹萌生的时间,第二部分是评估部件中裂纹由于蠕变疲劳机制而增长到临界尺寸的时间。其中 volume 2/3 卷即第一部分蠕变疲劳损伤评估,当计算的蠕变疲劳损伤达到临界值时,即认为裂纹萌生,此时有必要改进分析或使用 volume 4/5 卷中的程序执行裂纹扩展评价。实际上,裂纹萌生并不一定就意味着结构破坏失效,在部分情况下,裂纹可能在部件计划剩余寿命内亚临界扩展,或停止扩展并进入休眠状态,考虑裂纹扩展时间无疑能够合理延长结构安全寿命。

R5 规程同样采用时间分数法计算疲劳损伤 D_f:

$$D_f = \sum_j \frac{n_j}{N_{0j}} \qquad (6-3-7)$$

式中,n_j 是循环类型 j 的循环数;N_{0j} 是该循环类型的许用周次,该表达式形式与 ASME 相近,但与 ASME 不同的是,R5 认为疲劳损伤分为两个阶段:第一个阶段形成尺寸 $a_i = 0.02$ mm 的缺陷,第二阶段为该缺陷生长到指定深度 a_0,认为此时裂纹开始萌生。R5 规程确定许用周次 N_0 的过程如下:

(1)获取疲劳相关的数据,包括实验室试样失效周次 N_1、失效尺寸 a_1,待评价结构裂纹萌生尺寸 a_0;

(2)将失效周次 N_1 划分为对应上述两个阶段的形核周次 N_i 和缺陷生长周次 N_g,使用 Hales 经验公式计算 N_i 和 N_g,有

$$\ln(N_i) = \ln(N_1) - 8.06 N_1^{-0.28} \qquad (6-3-8)$$
$$N_g = N_1 - N_i \qquad (6-3-9)$$

(3)计算待评价结构缺陷生长周次 $N_g' = M N_g$,对 M 有

$$M = \begin{cases} \dfrac{a_{\min} \ln\left(\dfrac{a_0}{a_{\min}}\right) + (a_{\min} - a_i)}{a_{\min} \ln\left(\dfrac{a_1}{a_{\min}}\right) + (a_{\min} - a_i)} & a_0 > a_{\min} \\[4mm] \dfrac{a_0 - a_i}{a_{\min} \ln\left(\dfrac{a_1}{a_{\min}}\right) + (a_{\min} - a_i)} & a_0 \leqslant a_{\min} \end{cases} \qquad (6-3-10)$$

式中,$a_{\min}$ 最小取为 0.2 mm。

对于仅涉及拉伸保载或拉伸保载蠕变应变大于压缩保载蠕变应变的情况,$N_0 = N_i + N_g'$,对于仅涉及压缩保载或压缩保载蠕变应变大于拉伸保载蠕变应变的情况,有必要去除形核阶段 N_i,即 $N_0 = N_g'$。除此之外,R5 规程中还单独讨论了大剪切应变、循环顺序效应、材料效应等对疲劳损伤计算等影响的情况,并给出了相应的解决方案。

在蠕变损伤计算方面,R5 在部分情况下也可以采用时间分数法,与 ASME 区别不大。以下主要讨论 R5 规程推荐使用的延性耗竭法。延性耗竭法基于延性耗竭理论,认为当局

部区域的累积蠕变应变达到断裂延性值时,损伤达到临界值,材料即告失效,延性耗竭法计算蠕变损伤 D_c,有

$$D_c = \int_0^{t_h} \frac{\dot{\bar{\varepsilon}}_c}{\bar{\varepsilon}_f} \mathrm{d}t \qquad (6\text{-}3\text{-}11)$$

式中,$\dot{\bar{\varepsilon}}_c$ 为保载期间的瞬时等效蠕变应变率;$\bar{\varepsilon}_f$ 为考虑应力状态温度等影响因素的适当蠕变延性;t_h 为蠕变保载持续时间。

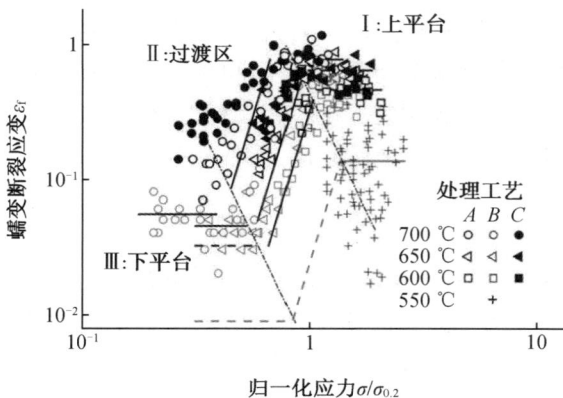

图 6-3-2　316H 蠕变断裂应变随归一化应力的变化

图 6-3-2 为 316H 蠕变断裂应变随归一化应力的变化,蠕变延性为断裂时的蠕变应变,可通过单轴蠕变试样延伸率获取或截面收缩率换算,其影响因素较多,包括温度、应力、材料加工工艺等,实验值较为离散,在应用时,一般保守选取相近温度的下限延性值。出于简单化和保守性考虑,R5 规程提供了三个主要的延性耗竭法选项:

(1)蠕变延性取下限延性

假设保载期间状态始终是最严酷的应力状态,蠕变延性不随延伸率变化,而是始终等于下层延性 ε_L,即使用与应变率和应力无关的蠕变延性,该选项是最保守的选择。失效时的单轴下层蠕变应变 ε_L 应用于延展性随应变率没有明显变化的数据,如图 6-3-3 所示。

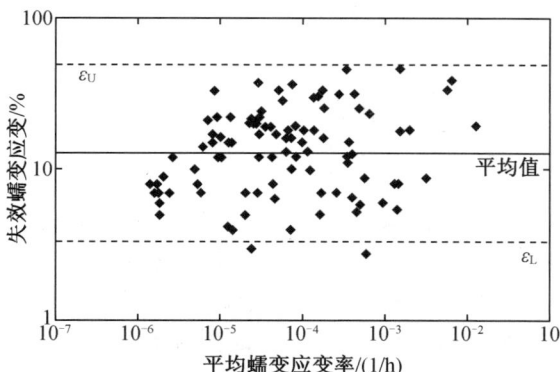

图 6-3-3　不具备明显转变行为的延性数据

蠕变损伤计算为

$$D_c = n_j d_{cj}$$

$$d_c = \frac{\Delta \varepsilon_c}{\varepsilon_L} \tag{6-3-12}$$

该选项可以适用于弹性分析,考虑应力松弛,有

$$d_c = \frac{Z\Delta\overline{\sigma}'}{\overline{E}\varepsilon_L} \tag{6-3-13}$$

式中,Z 为弹性跟随系数;$\overline{E}$ 为有效弹性模量;$\Delta\overline{\sigma}'$ 为考虑弹性跟随的等效应力降。

(2)蠕变延性视为常数或应变率的函数

对于延性随应变率降低而降低的材料,可以减少选项1的保守程度。该选择在低应力下变得越来越保守,这可能与低应变范围($<0.4\%$)蠕变疲劳循环中的初始应力驻留低于循环峰值应力的驻留有关。然而,在某些情况下,对于涉及高强度热影响区或冷加工材料中特别高的初始残余应力的情况,该选项可能是不保守的。

蠕变延性 ε_f 定义为工程蠕变应变失效。对于塑性加载应变显着的情况,有必要通过减去塑性加载应变来校正测量的失效时总工程应变。平均蠕变应变率 $\dot{\varepsilon}_c^{av}$ 定义为失效的工程蠕变应变除以失效时间 $\left(\dfrac{\varepsilon_f}{t_f}\right)$。

蠕变数据应适合使用条件即温度、老化、辐照等的影响,蠕变数据应与材料条件相适应,即考虑冷加工、塑性应变和焊接的影响。对焊件进行评估则需要考虑热影响区 HAZ、材料的蠕变延展性。在没有奥氏体不锈钢 HAZ 数据的情况下,允许使用母材失效时的蠕变应变,这对于具有低起始保压应力的典型循环来说是保守的。但是,如果初始驻留应力特别高,那么母材的失效蠕变应变就可能不保守。

在典型的使用条件下,在蠕变数据表示为 $\log \varepsilon_f$ 与 $\log\left(\dfrac{\varepsilon_f}{t_f}\right)$ 的关系图,并且应变率范围为 $10^{-6} \sim 10^{-2}$ h^{-1} 的情况下,通常将观察到两种不同类型的行为:

(1)延展性不随应变率的降低而明显降低,如图 6-3-3 所示。

(2)延展性随着应变率从高峰区上部到下部的降低而降低,如图 6-3-4 所示。

假设使用对数正态分布分析适当温度下的数据。延展性下限 ε_L 由 97.5% 置信下限给出。在该图形中的应变速率 $\dot{\varepsilon}_L$ 和 $\dot{\varepsilon}_U$ 是保守选择,以限制图 6-3-4 的过渡区域中的数据。对于低于 $\dot{\varepsilon}_L$ 的应变率,所有数据均假定与较低的下层延性 ε_L 相关。对于超过 $\dot{\varepsilon}_U$ 的应变率,所有数据均被视为与上层延性 ε_U 相关。如果在小于 $\dot{\varepsilon}_L$ 或大于 $\dot{\varepsilon}_U$ 的应变率下存在足够的数据,则可以将延性水平 ε_L 和 ε_U 的下限值定义为数据集的 97.5% 的下限置信度,假设其服从对数正态分布。如果低于 $\dot{\varepsilon}_L$ 或高于 $\dot{\varepsilon}_U$ 的数据集太小,无法进行统计操作,则 ε_L 和 ε_U 的下限值由最小记录值定义。如果 $\dot{\varepsilon}_U$ 以上的蠕变数据不足,则 ε_U 的值也可以通过拉伸实验的工程断裂应变来定义(图 6-3-4)。在 $\dot{\varepsilon}_L$ 和 $\dot{\varepsilon}_U$ 之间的应变率下存在的延性数据与以下给出的下限过渡关系相关:

$$\varepsilon_f = m\log \dot{\varepsilon}_c^{av} + C \tag{6-3-14}$$

式中，m、C 为常数；$\dot{\varepsilon}_c^{av}$ 为平均蠕变应变率。式(6-3-14)将过渡区域与上、下层延展性联系起来，并将该区域的数据限定在一起。

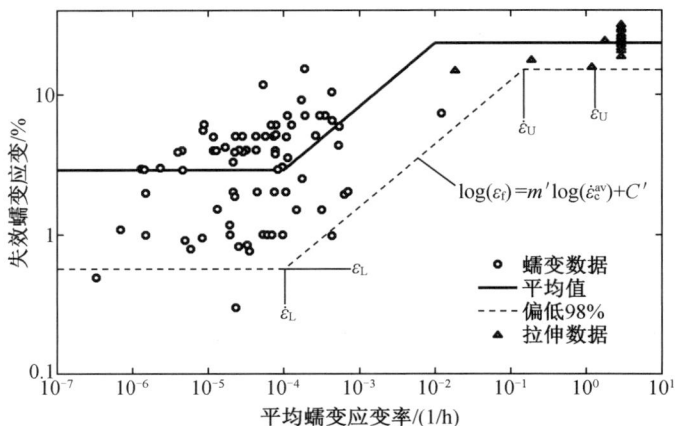

图 6-3-4 显示上平台、下平台及其转变行为的延性与应变率变化关系

（3）应力修正延性耗竭法

与前两个选项相比，第三个选项提供了更真实的蠕变损伤预测，尤其适用于低应变范围（<0.4%）的蠕变疲劳循环，起始驻留应力低于循环峰值应力的驻留，以及如果起始驻留应力特别高，则适用于硬化奥氏体钢，如热影响区或冷加工材料。然而，应力修正延性耗竭法的数据并不充分，可能需要分析适当的蠕变延性数据才能使用该选项。所以，应力修正延性耗竭法仅限于已完成蠕变疲劳数据验证的材料和材料组合，而且，目前不包括焊接件。其发展过程大概如下。

考虑空穴生长机制简化模型开发，Spindler 将延性定义为失效时的 Mises 非弹性应变，并描述为 Mises 非弹性应变率、最大主应力、多轴应力状态和温度的函数。该方法将延性分为三部分进行描述，都与温度有关，在高应力时，空穴通过塑性控制机制生长，此时延性为恒定上层延性，即图中的上平台部分，有

$$\overline{\varepsilon}_f = \varepsilon_U(T)\exp\left(\frac{1}{2} - \frac{3\sigma_H}{2\overline{\sigma}}\right) \tag{6-3-15}$$

式中，ε_U 为上层延性；在高应力向低应力过渡时，空穴通过扩散控制机制生长，此时延性为应变率、应力的函数，即图中的斜线部分，有

$$\overline{\varepsilon}_f = A_1\exp\left(\frac{Q_1}{T}\right)\dot{\overline{\varepsilon}}_{in}^{n_1}\sigma_1^{-m_1}\frac{\overline{\sigma}}{\sigma_1}\exp\left(\frac{1}{2} - \frac{3\sigma_H}{2\overline{\sigma}}\right) \tag{6-3-16}$$

式中，A_1、Q_1、n_1、m_1 为材料常数；$\dot{\overline{\varepsilon}}_{in}$ 为非弹性应变率；σ_1 为最大主应力；$\dfrac{\overline{\sigma}}{\sigma_1}\exp\left(\dfrac{1}{2} - \dfrac{3\sigma_H}{2\overline{\sigma}}\right)$ 为多轴系数；在低应力时，空穴通过约束控制机制生长，此时延性为恒定下层延性和应力相关延性中的较小值，即图中的下平台部分，有

$$\overline{\varepsilon}_f = \min\left[\varepsilon_L(T), A_2\exp\left(\frac{Q_2}{T}\right)\sigma_1^{-m_2}\right]\left[\frac{\overline{\sigma}}{\sigma_1}\exp\left(\frac{1}{2}-\frac{3\sigma_H}{2\overline{\sigma}}\right)\right] \tag{6-3-17}$$

式中，A_2、Q_2、m_2 为材料常数；ε_L 为下层延性。我们可以根据实际需要的不同使用逻辑语句将公式组合使用，对于三阶段均有涉及的情况，延性如下：

$$\overline{\varepsilon}_f = \max\left\{\begin{array}{l}\min\left[A_1\exp\left(\frac{Q_1}{T}\right)\dot{\overline{\varepsilon}}_{in}^{n_1}\sigma_1^{-m_1}\right]\\[2mm]\min\left[\varepsilon_L(T), A_2\exp\left(\frac{Q_2}{T}\right)\sigma_1^{-m_2}\right]\end{array}\right\}\cdot\left[\frac{\overline{\sigma}}{\sigma_1}\exp\left(\frac{1}{2}-\frac{3\sigma_H}{2\overline{\sigma}}\right)\right] \tag{6-3-18}$$

R5 使用线性累积损伤法计算总损伤，有

$$D_f + D_c < 1 \tag{6-3-19}$$

R5 蠕变损伤包络线如图 6-3-5 所示，$D_f + D_c \geqslant 1$，即认为裂纹萌生。

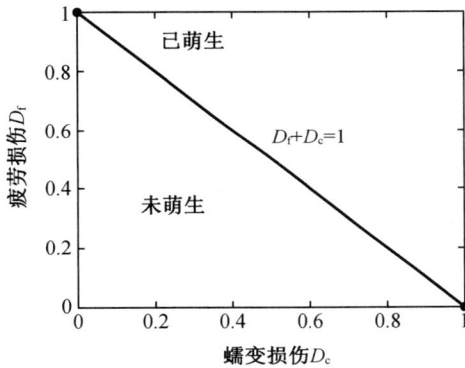

图 6-3-5　R5 蠕变损伤包络线

6.3.3　ASME 和 R5 蠕变疲劳损伤评价对比分析

ASME 和 R5 两种规范的非弹性蠕变疲劳损伤评价方法的保守性表现出巨大差异，分析如下。

（1）失效评价。损伤临界的实际意义均为裂纹萌生，但 ASME 认为损伤临界即结构失效；R5 则认为损伤临界即裂纹萌生，可进一步评价裂纹扩展至结构失效。ASME 在蠕变疲劳损伤评价中不考虑裂纹扩展过程，较 R5 更为简洁，但也降低了灵活性，更加保守。

（2）疲劳损伤计算。使用方法相同且均通过最大等效应变幅确定疲劳曲线参数，但许用周次和疲劳曲线不同。循环周次一般为疲劳实验稳态应力或峰值应力减少 25% 的循环次数，对应约 3 mm 裂纹。ASME 使用 Langer 公式对实验数据进行拟合，公式如下：

$$\varepsilon_a = A_1(N)^{-n_1} + A_2 \tag{6-3-20}$$

式中，ε_a 是施加的应变幅度；N 是循环周次；A_1、A_2 和 n_1 都是拟合参数。同时，将实验数据最佳拟合曲线上的各个点的应变除以 2 或寿命除以 20，并取两种规范的较小值，获得疲劳设计曲线。除以的值为调整系数，用于解释疲劳实验试样未能完全考虑的因素，其中 20 为数据分散性 2、尺寸效应 2.5 和实验条件 4 的乘积。R5 单独处理尺寸效应，其疲劳曲线可保守使用从假设数据对数正态分布的回归分析中获得的下限数据,或使用特定铸件数据避免过度保守,且可用从应变范围比率获取的疲劳强度折减系数处理热老化、循环频率效应等。R5 可根据实际情况灵活处理多种选项,计算疲劳损伤时更加精确,保守性小于大幅度保守处理的 ASME。通过公式(6-3-8)至公式(6-3-10)可以得到尺寸效应随循环周次的变化曲线,如图 6-3-6 所示。

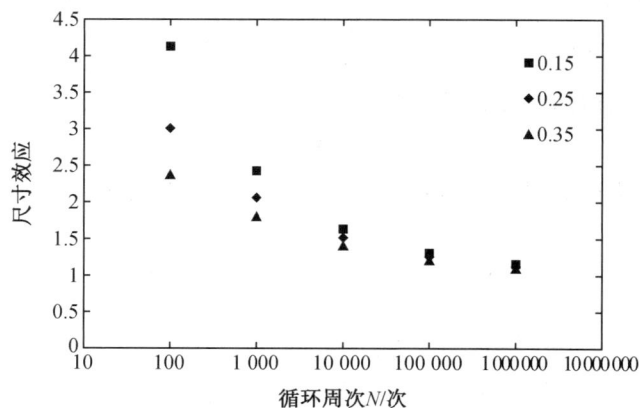

图 6-3-6　尺寸效应随循环周次的变化

可以看出,ASME 选取尺寸效应 2.5 是相当保守的选择,图中三条曲线分别对应于不同的 M 值,M 为待评价结构缺陷生长周次与实验试样缺陷生长周次之比,主要由实验试样失效裂纹尺寸和待评价结构壁厚确定。由图 6-3-6 和式(6-3-8)至式(6-3-10)可知,随着循环周次的增加,缺陷形核周次占裂纹萌生周次的比例逐渐增大,尺寸效应逐渐减小,趋近于 1;随着 a_0 的增大,M 值逐渐增大,尺寸效应同样逐渐减小,趋近于 1。在实验数据处理方法和结构参数确定的情况下,疲劳拟合曲线和 M 值随之确定,进而尺寸效应得到确定,最终得到 R5 和 ASME 的不同疲劳寿命曲线,由于疲劳损伤计算方法相同,两种规范的疲劳损伤结果存在一定的量化关系。

(3)蠕变损伤计算。区别在于参考数据、安全系数和使用方法。ASME 采用 Larson-Miller 参数法对蠕变断裂实验数据进行回归分析拟合:

$$LMP = T(\lg(t_r) + C) \tag{6-3-21}$$

$$\lg(t_r) = \frac{a_0 + a_1 \lg(\sigma_R) + a_2 [\lg(\sigma_R)]^2}{T} - C \tag{6-3-22}$$

式中,LMP 为中间参数;t_r 为断裂时间;σ_R 为等效应力;T 为温度;C、a_0、a_1、a_2 为常数,拟合时将所有断裂寿命数据降低 1.65 倍估计标准误差(对应 95% 置信区间,降低断裂寿命取下限),以得到最小断裂应力 S_r 曲线。由于时间分数法预测结果较为离散,ASME 非弹性分析使用 S_r 曲线时需要除以安全系数 0.67 以进行保守估计,其对应于特殊测试、负载条件和配置,在大部分情况下十分保守。R5 同样认可时间分数法,其使用 MHP 法(等温线法)对蠕变实验数据进行回归分析拟合:

$$\sigma_R = 17.665P - 289.8 \tag{6-3-23}$$

$$P = 10^3 \frac{16-3-72-\lg(t_r)}{T-227} \tag{6-3-24}$$

式中,P 为中间参数,550 ℃ ≤ T ≤ 700 ℃,取平均值 −25% 作为最小断裂应力下限 S_R 曲线,但不单独采用安全系数,部分 S_R 曲线与 S_r 曲线如图 6-3-7 所示。可以看到,在不使用安全系数的情况下,ASME 的保守性远低于 R5;在使用安全系数 0.67 的情况下,ASME 的保守性则是远大于 R5 的,在相同应力的情况下,断裂时间的差距可达一个量级;而在使用安全系数 0.9 的情况下,情况则相反,可以看到安全系数对两种规范保守性对比的巨大影响;同样地,也可以看到 ASME 非弹性安全系数由 0.9 调整为较为极端的 0.67 产生的巨大保守性。R5 主要采用的是延性耗竭法,延性耗竭法直接使用应变表征蠕变损伤,在物理意义上更符合实际情况,其预测精度普遍优于时间分数法,但由于延性数据较少、离散性较大以及延性确定方式多样等原因,在实际应用中存在一定困难。ASME 使用的时间分数法在工程上更加保守直观,便于工程应用,而 R5 并未使用安全系数,其保守性普遍小于 ASME。

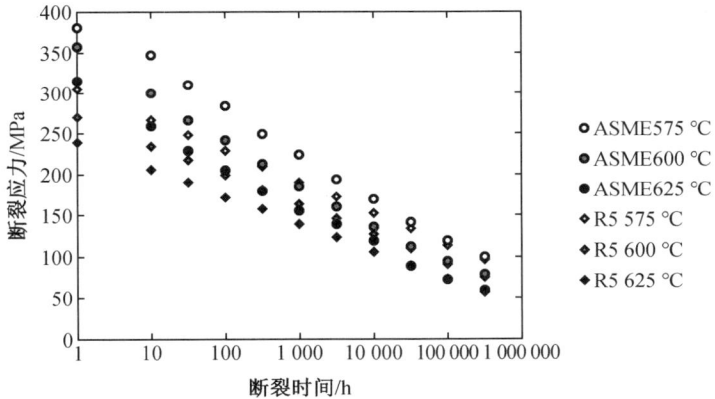

(a) 原始规范数据

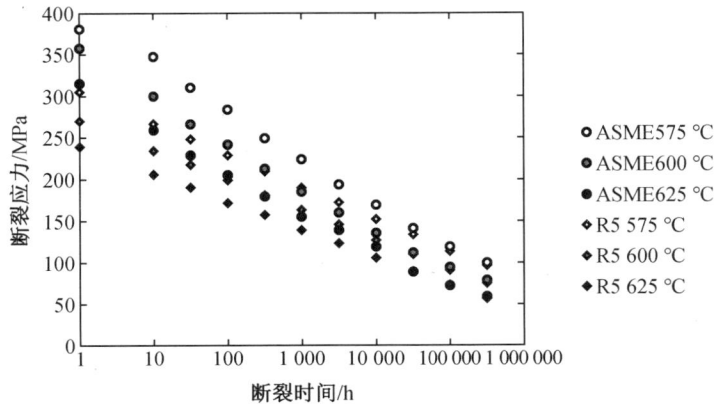

(b) 处理后的规范数据

图 6-3-7　ASME 和 R5 最小断裂应力曲线

（4）总损伤包络曲线。R5 认为在多轴载荷下,蠕变疲劳损伤很可能在不同的平面上发展,强相互作用可能性较低,因此选用线性损伤总和,指出在应用中损伤包络图不能直接比较,而是需要根据具体情况进行处理,且给出了线性损伤总和的验证案例。而 ASME 双线性损伤包络图,则是根据应变控制疲劳实验选择性引入峰值拉伸应变保载时间,并计算平均蠕变损伤和疲劳损伤得到的,其保守性在于普遍认为存在强相互作用。

总而言之,ASME 对参考数据、评价方法做保守处理,流程简便,但在许多情况下,蠕变疲劳设计的整体安全系数大于 25,对材料和结构设计要求十分严苛,评价难以通过;R5 则指出多种影响因素,并提供多种选项和参考方法,使用者可以根据实际情况灵活选取,但由于其基础数据积累不足、数据获取渠道较为有限等因素,导致整体应用效率偏低,在工程应用时存在明显的困难。

6.3.4 蠕变疲劳损伤评价优化方法

非弹性方法本身主要基于结构的详细非弹性有限元分析结果,两种规范的非弹性方法都是根据有限元结果,分别计算蠕变损伤和疲劳损伤,并最终通过蠕变疲劳损伤包络线进行评价。根据本书的解析可知,ASME 和 R5 两种规范的蠕变疲劳损伤评价方法的两大部分,即蠕变评价和疲劳评价,都是自成体系的。蠕变损伤评价和疲劳损伤评价方法之间相对独立而不是相互依存的,二者之间并不存在明显的逻辑关系。

换句话说,蠕变评价和疲劳评价只是采用不同的方法平行展开,得到各自评价结果之后,使用蠕变疲劳损伤包络线进行总损伤评价,虽然蠕变和疲劳损伤的形成在理论上具有相互作用,但在非弹性的损伤评价方法上,均把对方的作用视为一个与普通贡献因素相同的作用加以对待,所以,蠕变损伤和疲劳损伤评价完全是相互独立的,因此,根据这一情况,完全可以对这些方法进行有针对性的组合,即把某个方法用另一方法替代。

另外,两种规范对蠕变疲劳的评价的保守性以及优缺点又各自不同,可以根据实际情况选择更加有力的方法。对于蠕变损伤而言,ASME 规范的时间分数法的优点是数据详尽、全面,工程应用可行性强,但缺点是评价结果过于保守。而 R5 规程的延性耗竭法的优点则是保守程度较低,预测效果较好,但缺点是基础数据有限工程应用可行性不够。对于疲劳损伤而言,ASME 评价方法的优点是数据处理简单明确,工程可行性好,R5 规程评价方法则需要具体讨论尺寸效应,因而显得较为烦琐,不便于工程应用。对于蠕变疲劳损伤包络线而言,ASME 规范认为蠕变疲劳损伤包络线是交互的,R5 规程认为蠕变疲劳损伤包络线不是交互的,从而可以根据蠕变和疲劳是否发生交互作用灵活选用。

单独使用 ASME 规范或者 R5 规程进行蠕变疲劳评价都是允许的,但是,如上所述,鉴于两种评价方法都各自独立而并不互相依存,从而允许灵活选用,加上两种评价方法又各自具有某些优缺点或不便之处。所以,规程上有选择地结合使用两种规范中的评价方法,从理论上来说是合理的,而从工程上来说是必要的。

因此,基于合理性兼顾保守性的原则,对 ASME 规范非弹性蠕变疲劳损伤评价方法提出了优化方案:对于蠕变损伤评价,使用 R5 规程中的延性耗竭法替代 ASME Ⅲ-5 规范中的蠕变时间分数法,对于疲劳损伤评价,使用 ASME 规范的疲劳评价方法,对于蠕变疲劳损伤评价包络线,使用 ASME 规范的双折线包络评价图。优化方案的优势在于,既能保证考虑到蠕变疲劳存在强交互作用这一保守前提,又能得到保守性适度降低的工程评价结果。在单独使用 ASME 规范和 R5 规程无法通过损伤评价时,特别是疲劳损伤在总损伤中不占主要比例时,本书提出的优化方法所具有的优势是相当明显的。

经过以上不同规范对比分析,可总结得到具体结论如下。

(1)ASME Ⅲ-5 规范是世界广泛应用的设计规范,着重于其通用性,为此尽可能地包络了较多情况,ASME Ⅲ-5 规范在非弹性蠕变疲劳损伤评价过程中,对实验数据处理、调整系数、安全系数、相互作用、计算方法等许多方面进行保守处理,整体安全系数过高,要求严苛,过分保守,而使评价难以通过。

(2)R5 规程强调原则性和适用性,将非弹性蠕变疲劳损伤评价过程进行细分,尽可能避免过度包络,且给出了许多选项供使用者根据实际情况进行选取,从而大大降低保守性,提高了灵活性,但相应的数据和内容较为有限,需要查阅相关文献或通过实验获取,在实际应用中存在一定困难。R5 规程的非弹性疲劳蠕变损伤评价方法灵活且保守程度较低,在ASME Ⅲ-5 规范的非弹性疲劳蠕变损伤评价因过分保守而无法通过时, R5 规程提供了一种可选方案。

(3)非弹性方法本身主要基于结构的详细分析结果,相对灵活,两种规范的非弹性方法每个部分都相对独立完善,并无严格意义上的直接联系。本书结合 R5 规程,提出了一种对ASME Ⅲ-5 规范非弹性蠕变疲劳损伤评价方法的改进方案,可在保证考虑到蠕变疲劳强交互作用的前提下,仍能得到保守性适度的工程评价结果。

6.4　ASME 蠕变疲劳损伤评价方法保守性分析

ASME-Ⅲ-5 高温反应堆设计规范中,载荷控制应力的限制是强制性的。相反,其附录HBB-T 中的控制限制则属于非强制性的,包括应变限制、蠕变疲劳限制以及屈曲和不稳定性限制等。ASME 技术委员会审查发现,虽然业主可以使用 ASME BPVC 第三节 NCA-3550分段中证明的其他方法,但 HBB-T 的限制也是一种用于证明第 5 部分 A 类部件符合设计要求的可接受方法。设计者将使用基于非线性有限元的方法来证明构件的合规性。这可能会减少基于弹性分析的简化 HBB-T 设计规则中的固有保守性。该审查报告在 Code Case1592 上下文中引用的参考文献包含了附录 HBB-T 中许多规则的合理性陈述,都仍然适用附录 HBB-T 的规则。对于 ASME-BPVC-Ⅲ-5 分部的第 Ⅰ 和第 Ⅷ 部分,基于多年的高温运行经验,更早确立了优先权。审查为附录 HBB-T 中的许多规则提供了详细的合理性依据。

可以确定的是,在高温反应堆设计中,弄清楚高温变形以及蠕变疲劳评价方法中的保守性,对设计质量以及设计效率将非常重要。结合作者多年的高温反应堆力学设计经验和体会,以下详细给出 ASME 审查委员会的审查结论。

6.4.1　蠕变疲劳损伤弹性方法保守性分析

ASME-BPVC-III-5 中最新的一般规则是根据 Severud(1991)的工作及引用的参考文献制定的,目前使用弹性分析方法进行蠕变疲劳评估的规则即是基于此项工作。Severud(1978、1991)基于多年的工作经验以及运行经验而精心制定的规则被认为是保守的,在通过规范委员会的审查后,认为该方法可以接受。对于蠕变疲劳,推荐使用这些文章进行保守性认定,更广泛的讨论和更多的参考资料也支持了这一结论。

1. 关于 HBB-T-1432 应变范围测定

根据图 HBB-T-1432 获得了修改后的等效应变范围的增加值,与 Severud(1991)的图 2 相同。该范围由 HBB-T-1800 适当引入等时曲线构成,Severud 详细描述的多轴调整系数由图 HBB-T-1432-2 确定。Jetter(2017)用物理术语描述了确定应变范围的其他程序,这些程序是适当的,并有望提供疲劳损伤部分的保守估计。丰富的运营经验也支持这一结论。

HBB-T-1432 程序有望对损坏的疲劳部分提供保守的预测,在某些情况下可能过于保守。

2. 关于 HBB-T-1433 蠕变损伤评估

基于弹性分析的蠕变损伤评估程序同样源于 Severud(1991)总结的程序,所讨论的边界定理是确保蠕变损伤的保守估计的基本原理的一部分。正如 Severud 所指出的,经验表明,通常控制蠕变-疲劳损伤预测的是蠕变损伤,而不是疲劳损伤。在高温和长时间条件下,某些等时曲线可能是不保守,这将影响应力松弛项。此外,HBB-I-14.6 中一些高温长时的蠕变断裂曲线可能需要调整。然而,由于与蠕变疲劳规则相关的裕度和安全系数已经制定,以确保基于多年来测试数据的保守性,因此该规则不太可能存在问题。然而,委员会建议进一步审查 HBB-I-14.6 中的数字和表格。也就是说,对 HBB-T-1433 是否可接受尚有疑问。通过调整 HBB-I-14.6 中的断裂应力,可得到敏感性分析结论。

委员会建议接受 HBB-T-1435 蠕变疲劳评估替代方法。很简单,如果满足可忽略的蠕变标准,可以使用 ASME BPVC 第三节程序和高温疲劳曲线。T-1435(a)只是将 5 类疲劳曲线的应变范围转换为 NB 的应力幅度。T-1435(b)用峰值应力 S_p 代替一次加二次应力 S_n,这是保守的。S_n 中 S_p 的使用大致相当于 HBB-T-1324(c)中的 $3\bar{S}_m$。而允许使用系数为 0.9,这是一种更进一步的保守思想。

6.4.2　蠕变疲劳损伤非弹性方法保守性分析

在形成 ASME-HBB-T 蠕变疲劳评估方法之前,考虑了许多可能的方法。最终选择了简单的线性蠕变疲劳交互作用方法,即 HBB-T-1411 损伤公式,因为它便于设计者使用,并且材料数据要求是所有考虑的方法中最简单的,这是其另一优势。

这种方法在时间分数的基础上考虑蠕变损伤,并且疲劳损伤使用与应变率无关的 Miner 定理进行累积计算。组合损伤仅限于根据经验为不同材料确定的相互作用损伤值。在没有使用安全系数的情况下,这种蠕变疲劳损伤评估规则是不保守的。然而,根据 Jetter

（2017）的说法，随着安全系数的使用，这种方法多年来反复被证明是保守的。此外，这些规则可防止裂纹萌生，并且通常在部件中的某一点出现裂纹萌生后仍有相当长的寿命。后续章节对这一基本原理将进行补充讨论。所以，HBB-T-1411 也是可以接受的。

关于 HBB-T-1412 免除疲劳分析，疲劳规则的免除不适用于温度高于蠕变温度限值的结构，除非工作载荷可以被评定为不引入显著的时间相关效应。因此建议接受 HBB-T-1412。

关于 HBB-T-1413 等效应变范围，用于确定多轴载荷下疲劳设计的等效应变范围的方法与 Jetter（2017）指出的使用方法基本相同。此外，BPVC 疲劳设计曲线忽略了平均应力的影响。在同一工作中，Jetter 讨论了改进的古德曼图方法如何导致疲劳曲线没有调整。

建议接受 HBB-T-1413，一份 ORNL 报告研究了平均压力效应（Wang 等，2019 年、2020年），最近的实验工作表明，高温下的平均应力效应并不重要。这是有道理的，因为在高温下，蠕变往往会消除平均应力效应。

关于 HBB-T-1414 替代计算方法——等效应变范围，规定了当主应变方向在运行期间不变时，定义疲劳评估的多轴应变范围的替代方法。

关于 HBB-T-1420 使用非弹性分析限制，完全非弹性分析涉及对感兴趣的组件的蠕变疲劳问题进行有限元分析，并使用适当的本构方法将蠕变和塑性（所有非弹性行为）组合为整个使用载荷历史中的温度函数来处理。对整个加载历史进行建模以执行评估。这样的分析和拟合材料行为与常数是具有挑战性的任务。

限制的使用应确保保守的设计，必须对循环蠕变荷载评估中使用的本构模型进行验证，以证明非弹性本构模型的有效性。

参 考 文 献

[1] 雷月葆,高增梁.高温结构完整性评定规程 R5 的现状与技术进展[J].核动力工程,2011,32(S1):9-12.

[2] 翟俊霞,涂善东.高温下焊接结构完整性评定的方法(Ⅰ):R5 卷 6《异种焊接头的评定方法》简介[J].压力容器,2000,17(1):5-8.

[3] 翟俊霞,涂善东.高温下焊接结构完整性评定的方法(Ⅱ):R5 卷 7《同种钢焊接的特性》简介[J].压力容器,2000,17(2):6-8.

[4] 张超群,古建兵,孙永莹.长期运行后汽轮机转子断裂力学性能研究[J].东北电力技术,2008(1):9-11.

[5] 郭乙木,鲁祖统,孙海银,等.工业汽轮机转子高温疲劳及寿命评估[J].热能与动力工程,1995,10(6):385-392.

[6] 李益民,杨百勋,史志刚,等.汽轮机转子事故案例及原因分析[J].汽轮机技术,2007,49(1):66-69.

[7] 何晋瑞.金属高温疲劳研究与发展[J].机械工程材料,1979(6):2-18.

[8] 李伟,史海秋.航空发动机涡轮叶片疲劳-蠕变寿命实验技术研究[J].航空动力学报,

2001,16(4):323-326.

[9] SRINIVASAN V S. Effect of hold-time on low cycle fatigue behavior of nitrogen bearing 316L stainless steel[J]. International Journal of Pressure Vessels and Piping,1999(76):863-870.

[10] SCHWEIZER C,SEIFERT T,NIEWEG B,et al. Mechanisms and modeling of fatigue crack growth under combined low and high cycle fatigue loading[J]. International Journal of Fatigue,2011(33):194-202.

[11] 王莺.典型钢种高温疲劳裂纹扩展规律研究[D].杭州:浙江工业大学,2003.

[12] PARIS P C,GOMEZ M P,ANDERSON W E. A rational analytic theory of fatigue[J]. The Trend in Engineering,1961(13):9- 14.

[13] ZHANG G P,WANG Z G. Fatigue crack growth of Ni3Al single crystals at ambient and elevated temperatures[J]. Acta Mater, 1997,45(4):1705-1714.

[14] PRAKASH D G,WALDHM J,MACLACHLAN D,et al. Crack growth micro-mechanisms in the IN718 alloy under the combined influence of fatigue,creep and oxidation[J]. International Journal of Fatigue,2009,31(11):1966-1977.

[15] GAO M. Niobium enrichment and environment enhancement of creep crack growth in nickel-base superalloys[J].Script Metal- lurgical Material,1995,32(8):1169-1174.

[16] 张芳.典型钢种的高温疲劳裂纹扩展实验研究与计算机模拟[D].杭州:浙江工业大学,2003.

[17] 姚志浩,董建新,张麦仓,等.组织特征对粉末高温合金FGH96疲劳裂纹扩展速率的影响[J].机械工程学报,2013,49(20):158-164.

第7章　高温结构蠕变疲劳损伤弹性分析

在 ASME BPVC-Ⅲ-5 高温反应堆规范中,关于高温蠕变疲劳损伤的分析评价,给出了两种方法,即弹性方法和非弹性方法。二者各有优劣,弹性方法将蠕变疲劳及其相互作用的复杂性进行了较大的简化,采用了许多安全系数,尽可能包络更多具体情况,忽略一些次要因素,使得该方法趋向于简单化,使蠕变疲劳损伤的工程分析评价易于实现。但是,其优点也是其弱点,大幅度地简化包络,使得该方法过分保守,很多时候,其分析结果无法满足工程评价的要求,又需要对具体情况进行具体分析,从而降低保守程度。

非弹性方法就是在这一背景下出现的,它较少采用安全系数,较少采用包络处理,尽可能面对蠕变疲劳及其相互作用现象本身的实际情况,通过定义本构方程进行非弹性分析,以模拟结构高温蠕变下的真实变形过程,其结果更加精确,保守程度得到明显降低。但是,其优点也是其弱点,详细的非弹性分析,需要对蠕变机理认识得相当透彻,本构方程定义得相当准确,就需要耗费相当大的时间成本,计算效率大大降低。

在高温反应堆工程蠕变疲劳分析评价中,往往先采用弹性分析评价方法,以保证计算效率,而只有当弹性方法的结果无法满足规范评价要求时,才需要使用非弹性方法进行详细计算分析,耗费较大的时间成本和计算资源,换取不过分保守的较为精确的分析评价结果。

7.1　蠕变疲劳弹性方法分析原理

美国 ASME 规范是比较系统、成熟,应用比较广泛的高温反应堆设计规范,以下蠕变疲劳弹性方法以 ASME 的分析评价流程为例进行介绍。

对 ASME 规范规定的各级使用载荷组合,应计算考虑持续时间和应变率影响的累积蠕变与疲劳损伤。对于可接受的设计,蠕变和疲劳损伤应满足下列关系式:

$$\sum_{j=1}^{p} \left(\frac{n}{N_d}\right)_j + \sum_{k=1}^{q} \left(\frac{\Delta t}{T_d}\right)_k \leqslant D \qquad (7\text{-}1\text{-}1)$$

式中,D 为总蠕变-疲劳损伤

$(N_d)_j$ 为第 j 类循环的设计许用循环次数,它由对应于循环中最高金属温度的设计疲劳曲线(ASME 图 HBB-T-1420-1A~HBB-T-1420-1E)确定。设计疲劳曲线是在应变率不小于曲线指出的应变率的情况下,根据完全往复的载荷条件确定的。

$(T_d)_k$ 为在时间间隔 k 的持续过程中,根据所研究的点上出现的一定的应力和最高温度,由 ASME 图 HBB-I-14.6A~HBB-I-14.6F(应力-断裂曲线)确定的许用持续时间。

可见,ASME 规范采用时间分数线性累积的方法评估蠕变疲劳损伤的综合效果,所考虑的运行载荷,涵盖了正常、异常和紧急工况下的所有载荷,不仅考虑了发生概率很高的一二类工况载荷如压力、温度、重力及常规地震等,而且即便是发生概率非常低(寿期内至多可能只发生 20 次)的三类工况载荷如蒸汽发生器传热管断裂,也考虑了它的损伤贡献。而只有次数极少的事故工况载荷如停堆地震,才不考虑其损伤贡献。实际上,四类工况载荷的影响首先是安全问题,其次才是运行寿命和强度问题,所以,为了安全问题而设置的工况,不必考虑其对功能造成的影响。

7.1.1 疲劳分析原理

ASME 蠕变疲劳分析的弹性方法中,对疲劳分析规定了如下步骤。

(1)采用 HBB-T-1413 或 HBB-T-1414 计算应变范围 $\Delta\varepsilon_{max}$。

对 HBB-T-1413 或 HBB-T-1414 中采用的应变分量进行弹性计算,且不计及局部几何应力集中效应。另一种方法可以采用 NB-3216 中描述的应力差值方法计算 $\Delta\varepsilon_{max}$,但计算 $\Delta\varepsilon_{max}$ 要忽略局部几何应力集中的影响。应变范围 $\Delta\varepsilon_{max}$ 定义为 $2S_{alt}/E$,其中 E 为循环中经历的最高金属温度对应的弹性模量。

(2)采用下列(3)、(4)或(5)中任意一个规定的方法计算修正的最大等效应变范围 $\Delta\varepsilon_{mod}$。

(3)修正的最大等效应变范围 $\Delta\varepsilon_{mod}$ 可按下式计算:

$$\Delta\varepsilon_{mod} = \left(\frac{S^*}{\bar{S}}\right) K^2 \Delta\varepsilon_{max} \tag{7-1-2}$$

符号释义如下。

K:由实验或分析确定的等效应力集中因子,或所考虑的局部区域在任意方向上的理论弹性应力集中因子的最大值。等效应力集中因子定义为有效(Von-Mises)一次加二次加峰值应力除以有效一次加二次应力。注意,当蠕变效应不可忽略时,由低温持续循环疲劳实验中得到的疲劳强度减弱因子不能用于定义 K。

S^*:ASME 图 HBB-T-1432-1 的应力-应变曲线上取应变范围 $\Delta\varepsilon_{max}$ 时的应力;

$\bar{S}$:ASME 图 HBB-T-1432-1 的应力-应变曲线取应变范围 $K\Delta\varepsilon_{max}$ 时的应力;

$\Delta\varepsilon_{max}$:最大等效应变范围,按照上述(1)中的方法确定;

$\Delta\varepsilon_{mod}$:修正的最大等效应变范围,考虑了局部塑性和蠕变效应。

分析采用 ASME 图 HBB-T-1432-1 的合成应力-应变曲线,该曲线是通过将应力范围 S_{rH} 的弹性应力-应变曲线与 ASME 图 HBB-T-1800-A-1～ HBB-T-1800-E-11 中合适的与时间无关的等时应力-应变曲线(σ',ε')相加得到的。ASME 图 HBB-T-1800-A-1～ HBB-T-1800-E-11 中合适的曲线对应循环中发生的最大金属温度。

O:分析中采用的合成等时应力-应变曲线(ASME 图 HBB-T-1432-1)的原点。

O':ASME HBB-T-1800-A-1～ E-11 中的与时间无关的等时应力-应变曲线的原点。

S_{rH}:ASME HBB-T-1324 中定义的松弛强度。

ε'：ASME 图 HBB-T-1800-A-1~HBB-T-1800-E-11 中的与时间无关的等时应力-应变曲线的应变横坐标。

σ'：ASME 图 HBB-T-1800-A-1~HBB-T-1800-E-11 中的与时间无关的等时应力-应变曲线的应力纵坐标。

（4）相比于最大等效应变范围 $\Delta\varepsilon_{max}$，式（7-1-2）求得的是保守的修正最大等效应变范围 $\Delta\varepsilon_{mod}$，更准确的、保守性更低的修正最大等效应变范围 $\Delta\varepsilon_{mod}$，可按下式确定：

$$\Delta\varepsilon_{mod} = \Delta\varepsilon \frac{K^2 S^* \Delta\varepsilon_{max}}{\Delta\sigma_{mod}} \qquad (7-1-3)$$

式中，$\Delta\varepsilon_{mod}$、$\Delta\varepsilon_{max}$、K 和 S^* 的定义同步骤（3），$\Delta\varepsilon_{mod}$ = 合成应力-应变曲线（ASME 图 HBB-T-1432-1）中与应变范围 $\Delta\varepsilon_{mod}$ 相对应的有效应力范围。式（7-1-3）中的未知量 $\Delta\sigma_{mod}$ 和 $\Delta\varepsilon_{mod}$，可以通过绘图或分析的方法拟合合适的合成应力-应变曲线来得到。合成应力-应变曲线的拟合方法同步骤（3）。

（5）修正的最大等效应变范围 $\Delta\varepsilon_{mod}$ 的最保守估值，可按下式确定：

$$\Delta\varepsilon_{mod} = K_e K \Delta\varepsilon_{max} \qquad (7-1-4)$$

式中，$\Delta\varepsilon_{mod}$、K 和 $\Delta\varepsilon_{max}$ 的定义同步骤（3），且

$$K_e = \begin{cases} 1 & K\Delta\varepsilon_{max} \leqslant 3\dfrac{\overline{S}_m}{E} \\[4mm] \dfrac{K\Delta\varepsilon_{max}E}{3\overline{S}_m} & K\Delta\varepsilon_{max} > 3\dfrac{\overline{S}_m}{E} \end{cases}$$

7.1.2　蠕变分析原理

ASME 蠕变疲劳分析的弹性方法中，式（7-1-1）中的蠕变损伤采用下面步骤（1）中定义的一般方法或步骤（2）中定义的替代方法评定。如果任一规定循环类型 j 的总应变范围 ε_t［HBB-T-1432(h)中所确定的］超过 $3\overline{S}_m/E$，则使用寿期的任何部分都不能采用替代方法。

下列步骤（1）到（10）给出了评定蠕变损伤的一般方法，步骤（3）到（7）需对 HBB-T-1432 中评定的每一个循环 j 做重复。同 HBB-T-1411 中定义 j 由 1 至 P。其具体流程步骤如下。

（1）考虑整个规定的使用寿期，定义温度超过 800 ℉（425 ℃）［对 2¼Cr-1Mo 为 700 ℉（370 ℃）］所经历的总小时数为 t_H。

（2）定义保持温度 T_{HT} 等于持续正常运行过程中发生的局部金属温度。

（3）对每个循环类型 j，定义平均循环时间 $\overline{t}_j$ 为

$$\overline{t}_j = t_H / n_j$$

式中，n_j 为对循环类型 j 确定的重复次数；t_H 为（整个使用寿期内）在规定高温下总小时数，如上面步骤（1）中所定义的；$\overline{t}_j$ 为循环类型 j 的平均循环时间。

（4）由对应持续时间的温度 T_{HT} 的图 HBB-T-1800 选择与时间无关的等时应力-应变曲线。根据应力-应变曲线和等于应变范围 ε_t 的应变水平可得到对应的应力水平 S_j。ε_t 为循环类型 j 在 HBB-T-1432(h)中的计算值。注意，对所有循环类型都采用相同的等时应力-应变曲线，因为 T_{HT} 与循环定义无关。

（5）计算平均循环时间 $\bar{t}_j$ 过程中的应力松弛

在等于 T_{HT} 的不变温度下进行应力松弛计算。循环类型 j 的初始应力为 S_j。应力松弛历程可按如下方法确定：

采用如下公式考虑多轴应力状态的调整单轴松弛分析：

$$S_r = S_j - 0.8G(S_j - \bar{S}_r)$$

G：表示应力循环的两个极值的应力状态所确定的多轴系数的最小值。多轴系数定义为

$$\frac{[\sigma_1 - 0.5(\sigma_2 + \sigma_3)]}{[\sigma_1 - 0.3(\sigma_2 + \sigma_3)]}$$

σ_1、σ_2 和 σ_3 为主应力，不考虑应力循环极值对应的局部几何应力集中系数，其定义如下：$|\sigma_1| \geqslant |\sigma_2| \geqslant |\sigma_3|$

大于 1.0 的 G 值应取 1.0。

S_j = 循环类型 j 的初始应力水平。

S_r = 考虑多轴应力状态的时间 t 对应的松弛应力水平。

$\bar{S}_r$ = 基于单轴松弛模型的时间 t 对应的松弛应力水平。

（6）平均循环时间 $\bar{t}_j$ 是持续正常运行时间加上高温瞬态时间，其中高温瞬态时间定义为 $(t_{TRAN})_j$。找出瞬态工况中最大载荷控制应力对应的时间点，并定义 $(S_{TRAN})_j$ 为该时间点的应力强度。需在 ASME 图 HBB-T-1433-3(a)所示的应力-时间历程（由以上步骤（5）得到）上标明 $(t_{TRAN})_j$ 和 $(S_{TRAN})_j$。如果在 $(t_{TRAN})_j$ 时间段内 $(S_{TRAN})_j$ 不超过应力-时间历程 [如图 HBB-T-1433-3(a)所示]，则不需要修正应力-时间历程；反之，则必须在时间上做简单的平移，以修正应力-时间历程，见图 HBB-T-1433-3(b)。

（7）定义 $(T_{TRAN})_j$ 为 j 循环类型中的最高金属温度，但 $(T_{TRAN})_j$ 绝不应小于持续时间内的温度 T_{HT}。注意，在确定应力松弛历程时不需要考虑温度 $(T_{TRAN})_j$，但在后续确定 $(t_{TRAN})_j$ 时间内的蠕变损伤时，应该考虑 $(T_{TRAN})_j$。

（8）对 $j=1$ 到 P，重复上述步骤（3）到（7），计算得到 P 个应力/温度-时间历程。再对这些应力/温度-时间历程进行叠加和包络，如 ASME 图 HBB-T-1433-4 所示。

（9）将以上包络的应力/温度-时间历程划分为 q 个时间段，以便评定公式 7-1-1 中的蠕变损伤项。在每个时间段 $(\Delta t)_k$ 内，应力 $(S)_k$ 和温度 $(T)_k$ 都假设为常数，并且选择最具破坏性的应力温度组合。

（10）对每个时间段 $(\Delta t)_k$，根据温度 $(T)_k$ 和应力 $(S)_k / K'$（K' 由表 HBB-T-1411-1 查得），从 ASME 图 HBB-I-14.6A～HBB-I-14.6F 最小应力断裂曲线得公式 HBB-T-1411

（10）中的许用时间$(T_d)_k$。

可见,蠕变疲劳弹性分析方法包括的中间步骤相当复杂烦琐,计算人员必须严格遵守这些规定的过程并执行到底。一旦有任何一个中间环节出现问题,弹性分析方法就将无法实现计算评价。所以,该方法显得刻板教条,此外,过分保守也是其最大的问题。

7.2 蠕变分析中的弹性跟随估计

应用于高温结构的荷载通常包括严重的循环热应力,可能超过屈服强度,以及相对较小、更稳定的机械荷载。在这些情况下,在高温下稳定运行期间的行为会导致蠕变,并涉及初始高应力的松弛,因为蠕变应变取代弹性应变。与实验室松弛实验不同,部件中的总应变可能会增加,而不是保持不变。

这种应变增加可能发生在蠕变比大多数结构弱的局部区域。这可能是由于局部较薄的横截面、局部热点、材料变化或几何不连续性导致小体积上的应力升高所致。更大更强的区域变形更受弹性应变的控制,因为它具有抗蠕变能力,而局部区域的应变必须遵循这种弹性行为以保持相容性。术语"弹性跟随"用于描述局部区域的集中蠕变应变,其中总应变增加,应力降低速度减慢。

该过程可由以下形式的方程式描述:

$$\frac{d\overline{\varepsilon_c}}{dt} + \frac{Z}{E}\frac{d\overline{\sigma}}{dt} = 0 \qquad (7-2-1)$$

式中,Z 为弹性跟随系数。

作为避免求解松弛方程的近似值,该区域中的累积蠕变应变可以被认为是标量因子 Z 乘以在相应的实验室松弛实验中累积的蠕变应变（即具有相同的初始应力、停留时间和温度）。然后,应力降被视为源自标准实验室测试的材料特性,当应力降乘以 $\frac{Z}{E}$ 时,会导致对蠕变应变的保守估计。

弹性跟随系数 Z 表征在高温稳定运行期间由于蠕变而遵循的应力-应变路径,例如,$Z=l$ 表示恒定应变下的松弛,$Z\to\infty$ 表示恒定应力下的正向蠕变。这些特殊情况分别在图 7-2-1（a）和图 7-2-1（b）中说明了单轴特性。图 7-2-1（c）说明了更一般情况下的 Z 定义。

如果在驻留期间 Z 值不是恒定的,那么用于评估的标量值应该来自图 7-2-1（c）所示的结构。经过 R5 附录 A14 的验证计算,发现 Z 具有随着应力松弛而持续增加的趋势。请注意,必须针对每种类型的负载循环单独评估弹性跟随系数。并使用该因子来估计在每个驻留期间发生的蠕变应变和损坏。适度的稳定机械载荷导致的总应变增加可能包含在弹性跟随系数 Z 中。但是,该近似值必须受到限制,并且不适用于机械载荷主导次要载荷时。

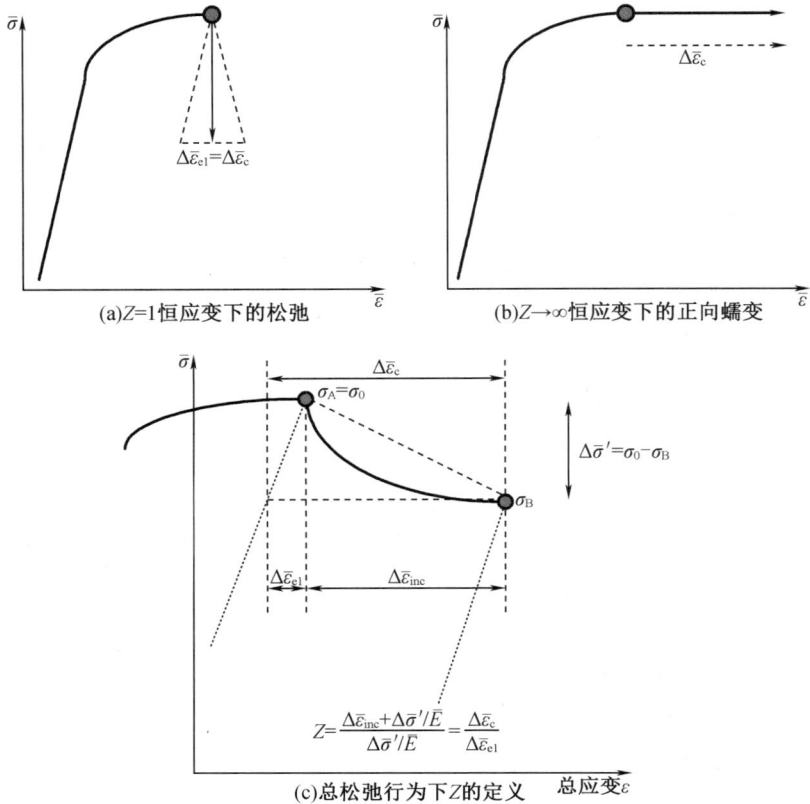

(a)$Z=1$恒应变下的松弛

(b)$Z\rightarrow\infty$恒应变下的正向蠕变

$$Z=\frac{\Delta\bar{\varepsilon}_{inc}+\Delta\bar{\sigma}'/\bar{E}}{\Delta\bar{\sigma}'/\bar{E}}=\frac{\Delta\bar{\varepsilon}_c}{\Delta\bar{\varepsilon}_{el}}$$

(c)总松弛行为下Z的定义   总应变ε

图 7-2-1 弹性跟随系数 Z 的含义

对于具有大量机械载荷的结构,当应力分布接近稳态蠕变时,Z变为无穷大。为了降低机械载荷,在较低水平的松弛应力下达到此条件,直到对于没有主载荷的结构,当应力完全松弛到零时,Z可能趋于无穷大。所需的Z值是所考虑的负载循环中的h驻留时间的平均值,这可以通过计算单调松弛中的两个点来定义。当开始计算的弹性计算应力松弛到与所考虑的驻留中的峰值应力相等的水平时,第一个点出现,且已经在程序中获得。第二个重要的点对应于稳态蠕变解,如果主要载荷足够大,或者如果松弛没有因需要保持平衡而停止,则对应于驻留期结束时的应力水平。图 7-2-2 说明了后一种情况。Monotonic 在没有详细的弹塑性循环蠕变计算的情况下,在计算每次蠕变驻留期间的蠕变应变时,所需的弹性跟随评估是难以准确执行的。基于能量考虑的简化结构分析方法通常不能很好地描述这种局部行为变化。这里采用的方法是在系数Z的评估中进行保守近似,涉及简化的非弹性计算,该计算提供了对动力学变化的逼近,而不会引起弹塑性循环蠕变计算分析的更困难的一面。这避免了蠕变和塑性之间的循环交换的特殊困难,需要复杂的本构模型来确保真实的结果,以及需要分析多个载荷循环以达到稳定的循环状态。因此,除了Z的估计之外,不应期望该计算结果提供有关结构行为方面的任何准确信息。然而,更详细的非弹性计算,可能涉及来自弹塑性分析的蠕变松弛,仍然是一个替代选择。

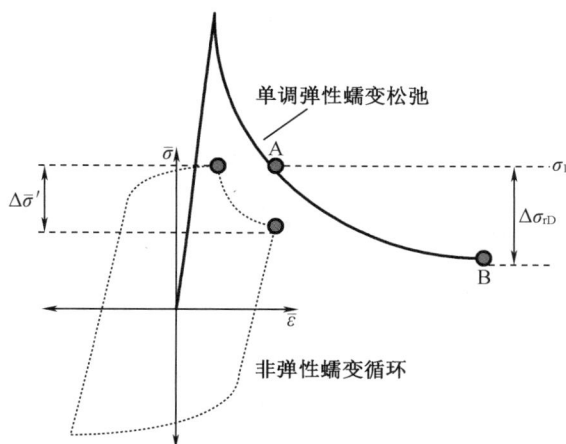

图 7-2-2　单调弹性蠕变分析弹性跟随系数 Z 的估计

适用于均质结构的程序给出了估算 Z 的三个选项,并给出了更多信息以及注意事项。状态注释考虑了评估对 Z 估计精度的总体敏感性,并注释了其他简化方法。

目前有三个选项可用于评估弹性跟随。选项 1 忽略了由于蠕变引起的任何应力松弛或重新分布。选项 2 是通过比较悬臂梁的稳态蠕变和弹性解决方案得出的,并且仅适用于有限范围的情况。选项 3 提供了一种无须完全详细的循环非弹性计算即可获得更准确的系数 Z 估计值的方法。以下分别加以介绍。

7.2.1　选项 1

该选项不利用可能实际发生的任何应力松弛,可应用于任何情况,并将导致对蠕变损伤的保守评估。使用等时曲线进一步逼近单调蠕变数据是足够的;判断该点上的任何误差被该方法的保守思想所抵消。应遵循以下步骤。

(1)对于每种类型的载荷循环,从加载历史中确定计算的驻留期间峰值应力稳定运行的时间 t_h、σ_0 和参考温度 T_{ref}。

(2)估计驻留期 t_h 期间 σ_0 和 T_{ref} 处的正向蠕变应变 $\Delta \bar{\varepsilon}_c$;这可以使用平均前向蠕变数据或通过从 t_h 处的等时曲线和零时拉伸曲线获得的应变之间的差值来完成。

(3)应力松弛被忽略,因此 $Z = \infty$,并且不包括在每个循环的蠕变损伤的计算中。

尽管在估计蠕变损伤时使用此选项忽略应力松弛,但有必要考虑应力松弛对用于计算疲劳损伤的总应变范围的影响。

7.2.2　选项 2

选项 2 基于对由一端位移加载的悬臂梁的分析。在等温情况下,对于 $3 \leqslant n \leqslant 7$,悬臂梁内置端的表面应变的弹性跟随系数由 $Z = 3$ 限制,其中 n 是蠕变应力指数。这不能应用于非等温情况,因为如果内置端比悬臂梁的其余部分热得多,Z 可能会变得无限大;此外,如果施加显著的机械负载,Z 会随时间增加。

如果结构是等温的,则可以应用此选项,以使温度变化不超过 10 ℃。另外,要保证一

次荷载比二次荷载小，或者结构有承受应力松弛的能力，使得

$$P_L + P_B < 0.2\sigma_{ref}^s$$

或

$$P_L + P_B < 0.2(\sigma_0 - \Delta\sigma_{rD})$$

处处满足。对于这些条件，该因子可以保守地以值 $Z=3$ 为界。注意，在这种情况下，对于 $\Delta\bar{\varepsilon}_c$ 非常小的情况，选项 1 可能会得出一个限制较少的结果。

7.2.3　选项 3

Z 的值可以通过单调的弹性蠕变计算来评估。应该注意的是，虽然这个选项涉及非弹性计算，但没有必要考虑交替塑性和蠕变，也不需要分析大量循环以获得稳定状态，因此该选项比通过完全非弹性分析进行评估要简单得多，见 R5 规程 A7.2。目前，这是估计蠕变引起的运动学变化的最有效方法。

选项 3 旨在通过简化的非弹性计算来模拟线性弹性运动学的变化。计算步骤如下。

(1)建立一个简单的蠕变定律

$$\dot{\varepsilon}_c = A^c \sigma^n f(T)$$

式中，$\dot{\varepsilon}_c$ 是蠕变应变率。指数 n 应适用于所用材料；奥氏体的典型值为 $n=5$，铁素体的典型值为 $n=3$。乘数 A^c 不影响 Z 的估计，可以设置为任何方便的值。如果结构是等温的，$f(T)$ 是常数且可以包含在 A^c 中，否则 A^c 应反映材料蠕变率的实际温度依赖性。

(2)使用处于适当循环状态的材料的应力松弛数据，从驻留时间峰值 σ_0 开始，在使用周期内的驻留时间内，估计松弛应力降 $\Delta\sigma_{rD}$。在理想情况下，数据应来自实验室应变控制的蠕变疲劳实验。

(3)从循环中最大热弹性应力对应的弹性计算状态开始，进行单调弹性蠕变计算。继续松弛，直到应力变得恒定，代表与结构上的机械载荷平衡的稳定应力状态，或直到应力降低到 $\sigma_0 - \Delta\sigma_{rD}$ 给出的水平以下。

(4)在后一种情况下，记录图 A7.2 中 A 和 B 两点之间发生的总应变增量 $\Delta\bar{\varepsilon}_{inc}$。$A$ 点定义为部分松弛应力等于驻留中的峰值应力 σ_0，B 点定义为进一步松弛 $\Delta\sigma_{rD}$。然后保守地假设驻留中的应力降 $\Delta\bar{\sigma}' = \Delta\sigma_{rD}$。

如果接近稳态蠕变，则应力降 $\Delta\bar{\sigma}'$ 可能小于 $\Delta\sigma_{rD}$，并且可能无法得出上述点 B。然后有必要使用第 5 步或迭代程序来估计应力降 $\Delta\bar{\sigma}'$ 和总应变的增加 $\Delta\bar{\varepsilon}_{inc}$。

(5)如果松弛被机械载荷平衡的稳态蠕变状态中止，则 B 将不会由上述方法定义。计算稳态应力 σ_{ss}。在应力 σ_{ss} 持续时间 t_h 时，根据真实材料属性，估计来自正向蠕变的蠕变应变 $\bar{\varepsilon}_{c,ss}$ 的贡献。将总应变 $\bar{\varepsilon}_{inc}$ 的增加估计为

$$\Delta\bar{\varepsilon}_{inc} = \Delta\bar{\varepsilon}_{EF} + \bar{\varepsilon}_{c,ss}$$

式中，$\Delta\bar{\varepsilon}_{FE}$ 定义为当应力松弛

$$\Delta\bar{\sigma}' = \sigma_0 - \sigma_{ss}$$

时，总应变的增加。

（6）用公式

$$Z = \frac{\Delta\bar{\varepsilon}_{\text{inc}} + \Delta\bar{\sigma}'/\bar{E}}{\Delta\bar{\sigma}'/\bar{E}} = \frac{\bar{\varepsilon}_{\text{c}}}{\Delta\bar{\varepsilon}_{\text{el}}}$$

估计 Z。图 7-2-1（c）清楚地说明了这一点。

上述过程可扩展为多轴应力状态的单轴描述。由于使用等效应力和应变属性来估计多轴应力状态的蠕变损伤，因此，使用这些等效测量就有必要使用有效模量 $\bar{E}$。

R5 附录 A11 给出了一种估计松弛蠕变损伤的方法，考虑到包括拉应力和压应力的多轴应力状态比仅具有拉应力的应力状态更小。当一个或多个应力分量具有强压缩性时，这在多轴应力状态下可能是有利的。该方法允许对可能需要 Z 值的有限应力降进行近似计算。在这种情况下，应综合使用 von Mises 等效应力方法估计 Z 的值。

①降低保守性的迭代

相关验证表明，普通方法获得的 Z 估计值可能相当保守。如果应力降采用实验室循环松弛数据的应力降（即 $Z=1$），则由此产生的蠕变损伤估计也将相应地保守。R5 附录 A11 给出的松弛方程允许对 $Z>1$ 的值估计应力降，此时将会发现，Z 的增加会减慢应力降低的速度。可以使用这个重新估计的值 $\Delta\bar{\sigma}'$ 而不是 $\Delta\sigma_{\text{rD}}$，在步骤（4）重新进入上述过程，进而获得 Z 的修正值。以这种方式对 $\Delta\bar{\sigma}'$ 和 Z 进行交替修正会导致这两个量收敛到一对新的值，这将给出一个不太保守的损伤估计。建议在评估报告中保留这两个结果，以证明该近似值的敏感性。

②保持时间内的非等温条件

所有避免循环计算的 Z 的简化估计方法在某些情况下都应该谨慎使用。例如，对于厚壁部件，循环中的热应力可能由装置停止运行时的热冲击产生。在这种瞬态过程中产生的塑性应变会产生高残余应力，当设备重新投入运行时，残余应力会松弛，而这些应力在高温下的松弛会导致蠕变损坏。这里有必要在步骤（3）中使用来自瞬态条件的应力，但这些可能与温度分布相关，该温度分布与蠕变保持期间应用的温度分布完全不同。有限元代码通常不允许同时指定两种温度分布，一种产生热应力，另一种控制蠕变应变率。

如果组件在驻留期间是等温的，则没有问题（尽管这种情况说明了为什么必须在步骤（3）中使用瞬态热弹性解决方案）。如果部件在驻留期间是非等温的，那么用户必须找到一种方法来模拟蠕变对这种温度变化的敏感性。显而易见的方法是根据该区域的平均温度在结构的不同区域定义几种不同的蠕变材料，已经有验证表明，定义三个蠕变区域就足够了。建议尝试对该模型进行不同程度的改进，并将其作为敏感性研究报告。

③机械应力和热应力的组合

如果在驻留期间存在机械载荷，则可能需要谨慎，原因与非等温情况相同。这里的问题是，与瞬态产生的热弹性应力相比，厚壁部件中的残余应力可能在符号上相反，而机械应力可能不会。如果在一次应力和二次应力总和正确的情况下给出的 Z 值，则需要反转一组应力。幸运的是，对于热弹性应力，这可以通过规定负膨胀系数非常简单地完成。

④灵敏度

松弛方程表明,如果 Z 增大,应力降则减小。因此,如果估算的 Z 与材料数据中的 $\Delta\sigma_{rD}$ 值一起使用,即不使用迭代方法,则 Z 中的任何高估值将在一定程度上通过应力降的低估得到补偿,反之亦然。因此,对于不太大的 Z 值,损伤计算对 Z 不太敏感。

经验表明,对于 $Z \leq 5$,将 Z 估计为一个有效数字就足够了,该方法的主要优点是能够证明 Z 值接近统一。对于 $Z > 5$,再次建议与使用选项 1 进行比较,以测试灵敏度。

对 Z 的估算还存在其他方法,其中涉及管道系统,但仅考虑有限的特性和循环荷载范围。它们不太适合 R5 容纳的更大范围的组件。

一种具有更大潜力的未来方法是线性匹配方法(LMM),它使用迭代方法来修改弹性模量。在该方法中,蠕变或塑性较弱的区域通过降低的弹性模量进行建模。随后的有限元计算能够近似动力学的局部变化,从而产生弹性跟随。目前,LMM 仅用于使用 Bailey-Orowan 蠕变模型预测弹性循环内的弹性跟随。然而,这项工作现在正在扩展,以允许 LMM 与其他更复杂的蠕变模型一起使用。显然,这一领域是很有发展前景的。

7.3 循环类型的构建

循环类型的构造对非弹性分析至关重要,稳态循环状态下的运行以及稳态之前的早期循环都是适用的,涉及构建循环响应必须遵守的循环类型,以及蠕变和疲劳损伤的替代简化评估是否足够。

循环被定义为加载和温度状态的重复序列,其第一状态和最终状态相同。这可能包括负载和温度变化的代表性包,其中一些本身满足定义。模拟真实载荷历史的目的应是确保保守估计高温下所有运行期间产生的疲劳应变范围和蠕变应变。这里针对一些情况加以说明。

如果两种不同的循环类型结合在一起导致的负荷或温度范围大于单独考虑的负荷或温度范围,则应对其进行包络,以确保保守建模。

图 7-3-1 显示了这种载荷循环的保守模型,在寿命期内,循环类型 1 发生 n_1 次,循环类型 2 发生 n_2 次($n_2 > n_1$),并且最大负载范围发生在循环类型恰好首尾相连时,应该假定这种情况发生在 n_1 个场合,除非有关于加载历史的进一步信息。因此,这种过程被模拟为循环包 1+2 在载荷范围 ΔP_{max} 内发生了 n_1 次,其余为循环类型 2 发生了 $n_2 - n_1$ 次。最大应变范围应落在负载循环包的所有时间对内。

使用打包负载循环将小而重要的循环叠加到较大的循环上,如图 7-3-2 所示。只有一个小周期需要包括在每个极端较大的周期,以确保最大负载范围的 P_{max},注意,包装周期发生 n 次。忽略剩余的小循环必须是合理的,这可能会确定需要单独评估高循环疲劳。

如果在这种情况下发生温度驻留,在蠕变驻留开始之前,应在大循环的末端叠加一个小循环(图 7-3-3)。这可能会改变驻留开始时的应力,但将确保循环中的应力范围得到适当的表示。

所用的叠加载荷循环　　　　$n_1=100$次
加所用的2类循环　　　　　$n_2-n_1=200$次

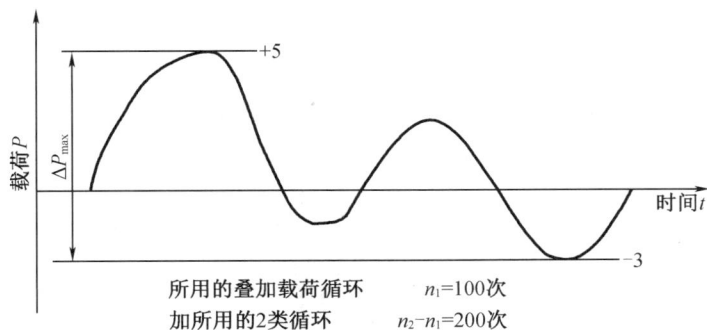

图 7-3-1 载荷循环的保守模型

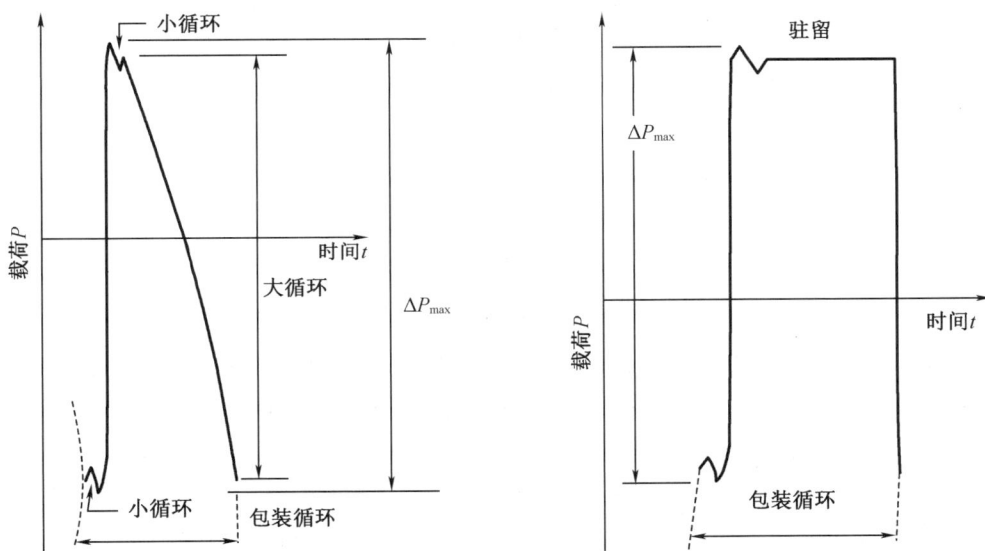

图 7-3-2 小而重要循环与大循环的叠加

图 7-3-3 在恒载荷驻留的大循环的末端叠加小循环

　　若每一个不同大小的载荷循环都与驻留有关,则必须以某种方式分类,以确保对蠕变损伤的保守估计。安定参考应力将由最严重的载荷循环确定,而松弛过程可以在几个不太严重的负荷循环中连续进行,如图 7-3-4 所示。这种松弛将持续进行,直到其中一个较小的循环导致屈服,或者遇到另一个严重的载荷循环。如果较小的循环在严重循环之间均匀分布,则蠕变损伤将最大化,因为任何其他分组将导致更多的反复松弛后的低应力水平驻留。

　　图 7-3-4 中共包括一个重要循环和 n_2/n_1 个小循环,这组载荷共循环了 n_1 次。注意,这种行为可能导致非常长的不间断蠕变驻留。如果一个不严重的小循环在某个阶段导致了反向屈服,那么连续松弛过程将被中止,随后的一些重复循环将伴随着由第一个较不严重循环定义的应力历史而导致反向屈服。

　　早期循环行为中,应力应变循环会因蠕变驻留期间的循环屈服和应力松弛而变化,从第一个循环响应到可重复的稳定循环响应,后者由使用安定结构的弹性循环确定。特别地,在安定结构中出现的初始焊接残余应力不包括在安定结构中,它们在稳态之前的循环中随蠕变应变而松弛。

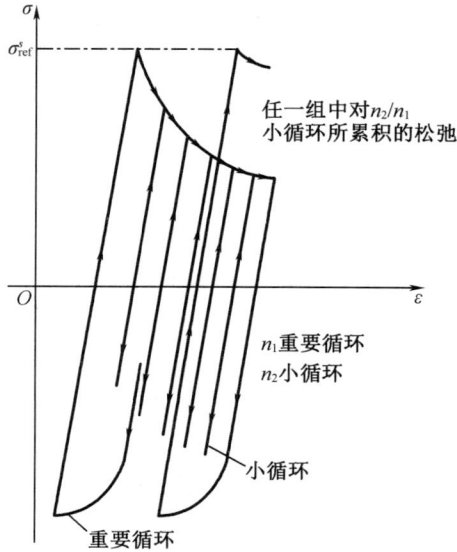

图 7-3-4 驻留变载荷循环的保守模型

蠕变松弛通常导致应力随时间减小,应力值为蠕变驻留开始时的值(图 7-3-5)。松弛将会持续,或者以两种方式受到限制,首先是要求保持一次载荷的平衡,其次是反向屈服。对于严格安定的循环,反向屈服意味着稳态循环的应力最低点达到反向屈服。对于超出安定的循环,循环响应受到轴对称要求的限制,再生应力发生在每个驻留的开始处。

如果疲劳作用可以忽略的话,则蠕变疲劳相互作用将不再重要。图 7-3-5(a)是单一循环中反复反向屈服提高了蠕变应力,图 7-3-5(b)为蠕变应力再分布或松弛不受反向应力干扰。

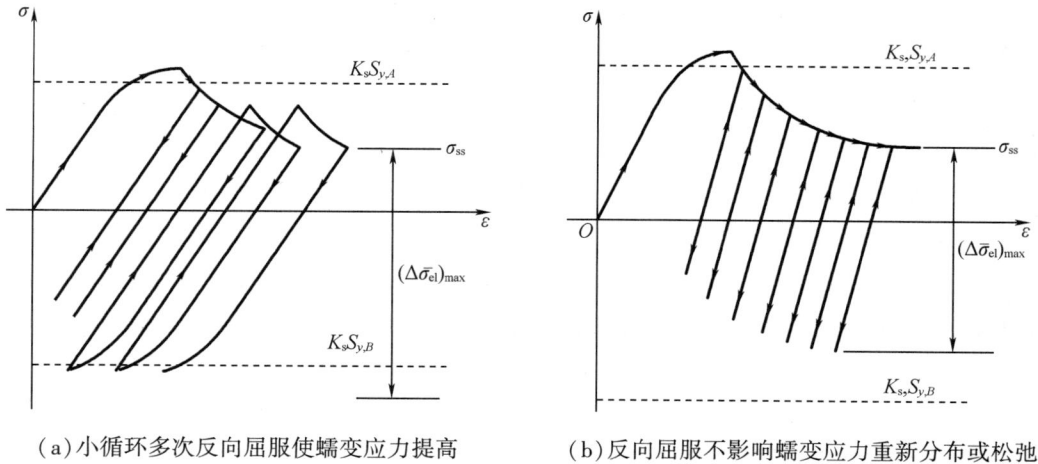

(a)小循环多次反向屈服使蠕变应力提高

(b)反向屈服不影响蠕变应力重新分布或松弛

图 7-3-5 单一循环蠕变应力的反向屈服效果

从第一个循环过渡到稳定循环行为的建模导致相关时间或循环次数。如果该过渡阶段的损坏被判定为严重损坏,则必须单独计算损伤,并将其与稳态运行相关的损伤相加。稳态运行中不显著蠕变-疲劳相互作用标准。

在某些情况下,施加在部件上的循环载荷足够低,以至于蠕变-疲劳相互作用不显著。因此,无须完全按照既定程序进行,可以规定蠕变-疲劳相互作用无关紧要时的外加标准。

不显著蠕变-疲劳相互作用的一个必要标准是,最严格循环发生在材料的弹性范围内,即最大弹性计算,Mises 等效应力范围 $\Delta\overline{\sigma}_{el}$ 不超过 $(K_sS_y)c+(K_sS_y)nc$。

如果不满足该标准,则应了解工程应力应变循环,并参考相关损伤计算。然后,应进行两次进一步的检验。

7.3.1 检验 1:可忽略疲劳

应采用合适方法计算每个循环的最大弹性应变范围的疲劳作用 $D_{f,el}$,如果 $D_{f,el}<0.05$,就蠕变-疲劳相互作用而言,疲劳对蠕变的作用可以忽略不计。然而,计算的疲劳应包括在总损伤计算中。如果该检验不符合要求,则应另行计算损伤,否则,则应进行下一步检验。

7.3.2 检验 2:未受循环载荷干扰的蠕变行为

为简单起见,假设载荷循环包含一个蠕变驻留,该蠕变驻留处于循环中的弹性峰值应力或中断载荷半周期(图 7-3-5)。最严重的载荷循环不应在循环的非蠕变极值 B 处导致屈服。

如果所有载荷都是二次载荷,则蠕变驻留中的应力将降至零。如果存在一次持续载荷,则蠕变应力将在驻留中降低至与一次载荷平衡的稳态值。稳态蠕变应力值可估算为

$$\sigma_{ss} = \left(1+\frac{\chi-1}{n}\right)\sigma_{ref}$$

式中,n 是蠕变变形中的应力指数;χ 通过下式给出:

$$\chi = \frac{\overline{\sigma}_{el,max}}{\sigma_{ref}}$$

其中,$\overline{\sigma}_{el,max}$ 为驻留区的最大弹性 von Mises 等效应力;σ_{ref} 为参考应力。σ_{ss} 计算中的应力量应包括归类为主要载荷的所有应力。对于蠕变脆性材料,稳态蠕变应力与本节定义的断裂参考应力不同。如果遵循可忽略蠕变-疲劳相互作用的简化路线,则不考虑导致蠕变延性材料断裂参考应力降低的应力再分布。相反,σ_{ss} 用于评估蠕变损伤。

图 7-3-5(a)显示了简单循环的情况,停留在循环的拉伸应力极限。反向屈服会反复提高驻留中的蠕变应力,无法满足蠕变-疲劳交互作用不显著的标准。图 7-3-5(b)显示了未超过反向屈服的情况,如果疲劳不显著,则满足标准。

图 7-3-6 说明了可能满足标准的一些其他循环类型,第一项是弹性计算应力历史,第二项是应力应变历史。这些表示单轴系统,或表示为带符号的等效应力应变。拉伸和压缩可以反转。一些多轴系统可能无法以这种方式清晰表示,因此可能需要考虑主应力和应变。

应仔细检查图 7-3-6(b)和 7-3-6(d)。屈服可以在与蠕变应力相同的应力下发生,并导致蠕变应力暂时降低。在这种情况下,应力重新分布会导致方程中驻留期间的应力增

加，n 为二次或平均蠕变应变率关系中的应力指数。与更典型的应力松弛形成对比。如果疲劳可以忽略不计，则可以满足标准。在评估这些情况时，可以假设蠕变应力的凹陷对于 n 的典型值和可忽略疲劳所暗示的有限屈服来说很小。在这些情况下，如果载荷不成比例，并且难以应用符号等效表示，建议要特别注意。可建议评估员在评估报告中包括此类图表，以支持对稳定循环行为的解释。

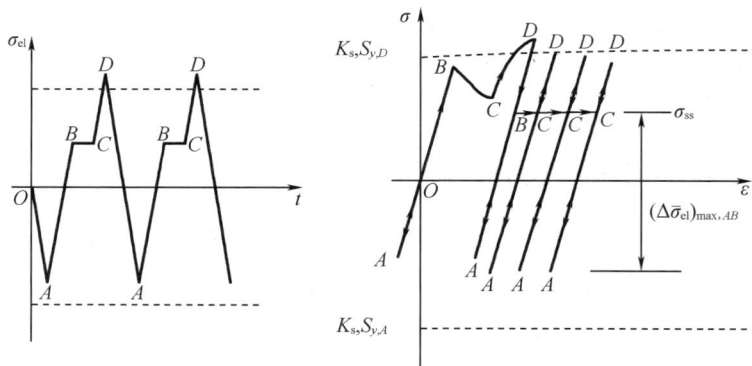

（a）稳态无屈服拉伸极限下产生的中面应力拉伸蠕变

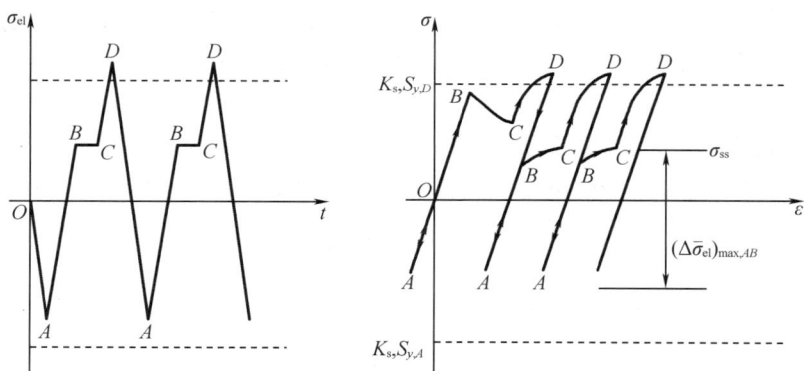

（b）稳态屈服压缩极限下产生的中面应力拉伸蠕变

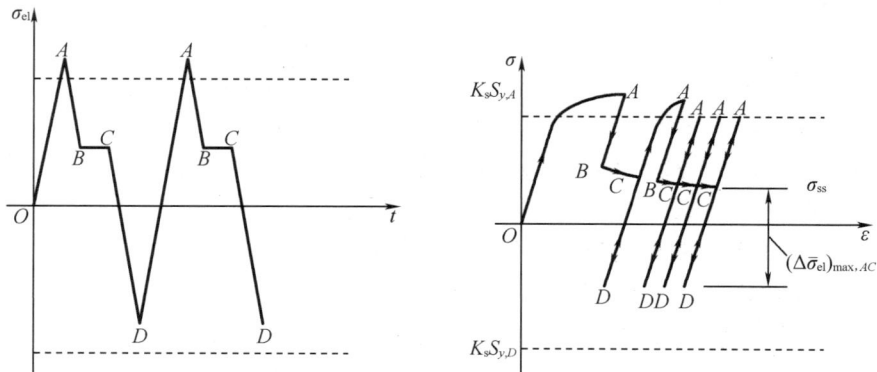

（c）稳态无屈服拉伸极限下产生的中面应力拉伸蠕变

图 7-3-6　稳态蠕变应力没有被屈服加强的循环类型

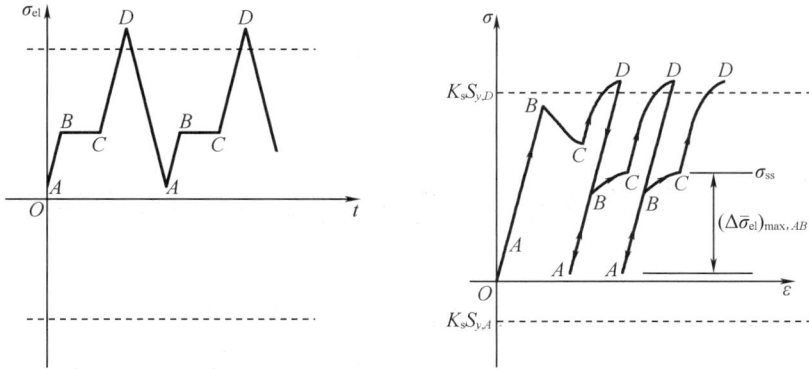

（d）稳态情况下所有弹性计算的拉伸屈服应力

图7-3-6（续）

以图7-3-5和图7-3-6为例，更复杂的循环需要通过案例加以考虑。如果蠕变应力没有在每次驻留中重复升高到 σ_{ss} 以上，则满足循环载荷未扰动蠕变行为的检验要求。

7.4　等时应力-应变曲线的保守性

平均等时应力应变数据数据描述了在高温和恒定应力下给定时间内获得的总应变，其总包含弹性应变+塑性应变+蠕变应变。蠕变应变应该通过等时应力-应变曲线减去相同应力和温度下零时刻的总应变获得。

建议有条件地接受 HBB-T-1800 等时应力应变关系，因为其中有些曲线是不保守的。

HBB-T-1810 的目标是使用高温等时应力应变曲线进行高温设计。一般来说，使用等时曲线可以产生保守的结果，不过，这一点并没有严格的证明。阿贡国家实验室已经对等时曲线进行过验证。但其中也发现了一些小错误，预期可在 2021 版规范中进行纠正。建议在审查 304 不锈钢、316 不锈钢、2.25Cr-1Mo 和 9Cr-Mo 钢的长时间高温曲线之前对此予以验证。但是，长期使用的外推程序会产生差异。

在 HBB-T-1820 材料和温度限制中，图 HBB-T-1800-A-1 到 HBB-T-1800-E-11 显示了每种符合 5 级标准的材料的等时应力-应变曲线，用于为设计人员提供有关高温应力下的总应变信息。这些数据是 1985 年之前在美国能源部（DOE）国家实验室的测试中产生的。

附录 A 讨论了与其他数据相比的等时曲线研究。等时曲线是"平均"数据曲线。用于比较的附加数据不能分为上、下或平均数据。因此，在没有新数据或完整的旧数据谱系的情况下做出了以下规定。

根据上述规定和附录 A 的讨论，HBB-T-1820 是可以接受的，但前提须符合以下规定：

（1）在温度高于 700 ℃（1 292 ℉）的情况下，304 和 316 不锈钢的等时性在超过 100 000 h 的时间段似乎略微不够保守。

（2）2.25Cr-1Mo 材料的等时曲线在超过 100 000 h 时间后，温度高于 600 ℃（1 112 ℉）的情况下，可能是不保守的。

（3）对于温度在 700 ℃（1 292 ℉）及以上、时间在 100 000 h 及以上的情况下，合金

800H 材料的等时曲线可能是非保守的。

（4）9CrMo 材料的等时曲线高于 ASME 标准技术 LLC1，最近根据新数据生成的新曲线，总体上可能略显不保守。

7.5 高温蠕变疲劳弹性分析评价实例

对承受一定温度压力以及其他载荷的反应堆结构，根据工况划分，一般只需要评定 A 级、B 级使用载荷及其载荷组合，应考虑持续时间和应变率影响的累积蠕变损伤和疲劳损伤及其相互作用，其评定公式如下：

$$\sum_{j=1}^{P} \left(\frac{n}{N_d}\right)_j + \sum_{k=1}^{q} \left(\frac{t}{T_d}\right)_k \leq D$$

式中，$\left(\frac{n}{N_d}\right)_j$ 为疲劳损伤；$\left(\frac{t}{T_d}\right)_k$ 为温度-时间变化历史的蠕变损伤。

提取各评价路径在温度载荷的应力时程数据，计算得到最大等效应变范围。各路径在评价蠕变疲劳时需用到应力集中系数 K，K 的取值详见规范规定。

根据 HBB-T-1431(3) 压力引起的膜应力加弯曲应力和热引起的膜应力归为一次应力（载荷控制）。根据各载荷下的应力时程，计算得到交变应力 S_{alt}，并计算得到应变范围 $\Delta \varepsilon_{max}$ 根据 HBB-T-1430 的方法进行疲劳损伤计算，根据 HBB-T-1440 的方法进行蠕变损伤计算。

在进行焊缝位置评价时，需考虑蠕变疲劳减弱系数，应取设计许用循环次数 N_d 和许用循环时间 T_d 的减弱值。N_d 为母材许用值的一半，T_d 由母材断裂应力乘以焊缝减弱系数得到的断裂应力曲线确定。

蠕变疲劳评定所使用到的符号很多，其释义见表 7-5-1。

表 7-5-1 符号说明

符号	说明	符号	说明
$\Delta \varepsilon_{max}$	最大等效应变范围	$\Delta \varepsilon_{max}$	最大等效应变范围
E	循环中最高金属温度对应的弹性模量	K_e	应变修正系数
S_{alt}	交变应力强度	K_v	多轴塑性和泊松比调整系数
$\Delta \varepsilon_{mod}$	修正的最大等效应变范围	K_v'	塑性泊松比调整系数
K	等效应力集中系数	$\Delta \varepsilon_c$	蠕变应变增量
T. F.	三轴系数	$\Delta \varepsilon_t$	总应变范围
f	通过三轴系数获得系数	N_d	根据 $\Delta \varepsilon_t$ 得到的循环次数
$3\bar{S}_m$	修正的 $3S_m$		

根据某反应堆堆容器蠕变疲劳损伤计算结果，得到相关分析评定数据，疲劳损伤数据见表 7-5-2，蠕变损伤数据见表 7-5-3。

表 7-5-2 疲劳损伤计算数据

工况	路径	E/MPa	$2S_{alt}$/MPa	K	$\Delta\varepsilon_{max}$	$\Delta\varepsilon_{mod}$	$3\bar{S}_m$/MPa	K_e	K_v	$\Delta\varepsilon_c$	$\Delta\varepsilon_t$	N_d	n	$\dfrac{n}{N_d}$
A级工况	1	163 100	70.46	1.76	0.043%	0.076%	222.56	1	1	0.005%	0.085%	1.95×10^{6}	12	6.17×10^{-6}
	2	162 400	63.9	1.44	0.039%	0.057%	220.48	1	1	0.005%	0.064%	2.55×10^{6}	12	4.70×10^{-6}
	3	161 300	68.68	1.64	0.043%	0.070%	186.99	1	1	0.004%	0.077%	1.91×10^{6}	12	6.28×10^{-6}
	4	150 600	57.53	1.43	0.038%	0.055%	137.02	1	1	0.027%	0.093%	1.18×10^{6}	12	1.02×10^{-5}
	5	151 000	80.326	1.14	0.053%	0.061%	138.99	1	1	0.150%	0.232%	8.88×10^{3}	12	1.35×10^{-3}
	6	150 300	65.906	1.00	0.044%	0.044%	135.55	1	1	0.052%	0.096%	1.03×10^{6}	12	1.17×10^{-5}
	7	148 900	60.826	1.00	0.041%	0.041%	128.67	1	1	0.037%	0.078%	1.86×10^{6}	12	6.47×10^{-6}
	8	150 200	91.788	1.80	0.061%	0.110%	237.62	1	1	0.008%	0.120%	1.72×10^{5}	12	7.00×10^{-5}
B级工况	1	163 100	73.33	1.76	0.045%	0.079%	222.87	1	1	0.004%	0.086%	1.91×10^{6}	15	7.87×10^{-6}
	2	162 400	102.09	1.44	0.063%	0.091%	220.98	1	1	0.004%	0.096%	1.62×10^{6}	15	9.26×10^{-6}
	3	161 300	159.35	1.64	0.099%	0.225%	188.46	1	1	0.009%	0.239%	8.14×10^{3}	15	1.84×10^{-3}
	4	149 000	118.86	1.43	0.080%	0.127%	152.93	1	1	0.022%	0.159%	4.53×10^{4}	15	3.31×10^{-4}
	5	147 900	96.48	1.14	0.065%	0.074%	148.40	1	1	0.113%	0.203%	1.52×10^{4}	15	9.85×10^{-4}
	6	148 900	91.12	1.00	0.061%	0.061%	152.56	1	1	0.014%	0.076%	1.98×10^{6}	15	7.59×10^{-6}
	7	148 900	50.46	1.00	0.034%	0.034%	152.56	1	1	0.007%	0.040%	3.64×10^{6}	15	4.12×10^{-6}

表 7-5-3　蠕变损伤计算数据

路径	$(\Delta\varepsilon_t)_{max}$	$\sum_{j=1}^{P}\left(\dfrac{n}{N_d}\right)_j$	$\dfrac{\Delta t}{T_d}$	路径	$(\Delta\varepsilon_t)_{max}$	$\sum_{j=1}^{P}\left(\dfrac{n}{N_d}\right)_j$	$\dfrac{\Delta t}{T_d}$
1	0.086%	2.81×10^{-5}	0.032 6	5	0.232%	2.34×10^{-3}	0.793 5
2	0.096%	1.40×10^{-5}	0.032 6	6	0.096%	1.92×10^{-5}	0.916 7
3	0.239%	3.70×10^{-3}	0.050 6	7	0.078%	2.12×10^{-5}	0.515 2
4	0.419%	6.83×10^{-4}	0.322 3	8			

各评价路径均满足 ASME 规范对高温下的应变及变形的要求,但 8 号路径评价不满足
ASME 规范对高温下蠕变疲劳交互作用的要求,所以,表 7-5-2 中没有给出 8 号路径的数
据。8 号路径评定通不过的主要原因,是异常工况载荷循环事件下不满足评定要求。对路
径 8 在循环事件从 1 次到 5 次分别进行计算,依次得到 5 种结果,其蠕变疲劳损伤结果不
同,8 号路径的蠕变疲劳交互作用的 5 种评价结果见表 7-5-4。

表 7-5-4　路径 8 蠕变疲劳损伤计算的 5 种结果

A 级工况	正常工况事件	12 次				
	蠕变损伤	0.15				
	疲劳损伤	7.0×10^{-5}				
B 级工况	异常工况事件	1	2	3	4	5
	剩余寿命/h	2 500	1 650	1 300	1 100	1 050
	蠕变损伤	0.96	0.97	0.95	0.93	0.93
	疲劳损伤	0.006	0.01	0.014	0.018	0.022

根据上述评价结果,套管底部焊缝处的 8 号路径的评价结果不满足蠕变-疲劳损伤包
络线的要求。评价结果中蠕变损伤值较大,需要进行详细评价说明。

A 级工况次数 12 次,暂不考虑焊缝减弱系数;B 级工况次数从 1 次到 5 次分别进行 5
次计算,得到发生不同次数的异常事件时结构可承受的寿命,见表 7-5-5。

弹性计算结果发现,得到的结构剩余寿命和循环次数的关系并非线性,每次循环导致
的塑性应变范围基本一致,每次循环得到的疲劳损伤呈逐渐增加趋势,但绝对差值基本一
致,而每次循环得到的蠕变损伤基本一致,并没有明显趋势。可见,结构蠕变损伤对破坏的
贡献远远大于疲劳损伤,前者大约是后者的上百倍。异常工况事件对结构的损伤贡献
较大。

表7-5-5 路径8套管底部焊缝疲劳蠕变损伤结果

循环次数	可用时间/h	$(\Delta \varepsilon_t)_{max}$	$\sum_{j=1}^{P} \left(\frac{n}{N_d}\right)_j$	$\frac{\Delta t}{T_d}$
1	2 500	0.76%	6.10×10^{-3}	0.96
2	1 650	0.73%	1.00×10^{-2}	0.97
3	1 300	0.72%	1.40×10^{-2}	0.95
4	1 100	0.71%	1.80×10^{-2}	0.93
5	1 050	0.71%	2.20×10^{-2}	0.93

参 考 文 献

［1］ 冯晓曾,刘北兴,刘巧红.热处理参数对高碳钢疲劳裂纹扩展的影响[J].机械工程材料;1985(3):33-36.

［2］ 余龙,宋西平,张敏,等.高铌TiAl合金在疲劳蠕变作用下的裂纹萌生及扩展[J].金属学报,2014,50(10):1253-1259.

［3］ SKLENICKA V. Development of intergranular damage under high temperature loading conditions[M]. Dordrecht:Kluwer Acadamic publishing. ,1996:43-58.

［4］ 王学,潘乾刚,陈方玉,等.P92钢高温蠕变损伤分析[J].材料热处理学报,2010,31(2):65-69.

［5］ 何晓东,刘玉民,刘东,等.P91钢高温持久性能及蠕变损伤研究[J].热加工工艺,2013,42(10):79-86.

［6］ PANAIT C,BENDICK W,FUCHSMANN A,et al. Study of the microstructure of the Grade 91 steel after more than 100,000h ofcreep exposure at 600°C[J]. International Journal of Pressure Vessels and Piping,2010(87):326-335.

［7］ VIVIER F,PANAIT C,GOURGUES- LORENZON A F,et al. Microstructure evolution in base metal and welded joint of Grade 91 martensitic steels after creep at 500-600°C[J]. 17th European conference on Fracture,2008:1095-1102.

［8］ CANE B J,BROWNE R J. Representative stresses for creep deformation and failure of pressured tubes and pipes[J]. Interna- tional Journal of pressure vessels and piping,1982,10(2):119.

［9］ 赵强,彭先宽,王然.P92钢的蠕变损伤容许量系数及蠕变断裂机理[J].钢铁研究学报,2010,22(2):56-58.

［10］ 郭建亭,袁超,侯介山.高温合金的蠕变及疲劳-蠕变-环境交互作用规律和机理[J].中国有色金属学报,2011,21(3): 487-504.

［11］ LAGNEBORG R, ATTERMO R. The effect of combined low-cycle fatigue and creep on the life of austenitic stainless steels[J]. Metallurgical Transactions, 1971, 2: 1821 −1827.

[12]　PRIEST R H, ELLISON E G. A combined deformation map − ductility exhaustion approach to creep−fatigue analysis[J]. Materials Science and Engineering, 1981, 49 (1): 7−17.

[13]　GOSWAMI T, HANNINEN H. Dwell effects on high temperature fatigue damage mechanisms: Part II[J]. Materials & Design, 2001, 22(3): 217−236.

[14]　LEMAITRE J, PLUMTREE A. Application of damage concepts to predict creep−fatigue failures[J]. Journal of Engineering Materials and Technology−Transactions of the ASME, 1979, 101(3): 284−292.

[15]　CHABOCHE J L. Lifetime predictions and cumulative damage under high−temperature conditions [J]. Low − Cycle Fatigue and Life Prediction, ASTM STP, 1982, 770: 81−104.

[16]　VISWANATHAN R. Damage mechanisms and life assessment of high temperature components[M]. New York: ASM, 1989.

[17]　LAHA K, RAO K B S, Mannan S L. Creep behaviour of post−weld heat−treated 2.25 Cr − 1Mo ferritic steel base, weld metal and weldments [J]. Materials Science and Engineering: A, 1990, 129(2): 183−195.

[18]　HYDE T H, SUN W, WILLIAMS J A. Creep behaviour of parent, weld and HAZ materials of new, service−aged and repaired 1/2Cr1/2Mo1/4V: 2 1/4Cr1Mo pipe welds at 640 C[J]. Materials at high temperatures, 1999, 16(3): 117−129.

[19]　TU S T, SANDSTRöM R. The evaluation of weldment creep strength reduction factors by experimental and numerical simulations[J]. International journal of pressure vessels and piping, 1994, 57(3): 335−344.

[20]　VEERABABU J, GOYAL S, NAGESHA A. Studies on creep−fatigue interaction behavior of Grade 92 steel and its weld joints [J]. International Journal of Fatigue, 2021, 149: 106307.

[21]　郑善合. 火力发电组汽轮机高温不见变形计蠕变寿命的研究[D]. 北京: 华北电力大学, 2007.

[22]　章武媚. 高应力条件下 T/P91 钢蠕变行为仿真分析[J]. 铸造技术, 2014, 35(5): 884 −886.

[23]　赵彩丽. 高温构件蠕变状态表征技术研究[D]. 西安: 西北大学, 2015.

第8章　高温结构蠕变疲劳损伤非弹性分析

目前,对核反应堆工程高温结构部件的蠕变疲劳分析评价来说,由于弹性方法通常过分保守,导致结构寿命评价结果无法满足规范要求,故而必须降低评价方法的保守程度,此时唯一可行的方法,只能是使用蠕变疲劳非弹性分析评价方法,即去除或降低弹性方法中为便于工程应用而使用的诸如材料、工艺以及安全考虑等方面的使用系数的保守程度。目前,最成熟最常用的非弹性分析方法,是基于 ASME BPVC-III-5 分卷高温反应堆的蠕变-疲劳损伤包络线的蠕变-疲劳评价方法,该方法的基本思想是,蠕变疲劳总损伤为蠕变损伤和疲劳损伤的线性叠加。

但是,必须指出的是,非弹性方法仍然是一种建立在安全实用基础上的工程评价方法,它通过较为精确的非弹性蠕变疲劳及其相互作用分析,能在一定程度上降低弹性计算方法所带来的保守性,增加了计算的复杂性,降低了工程实用性,对工程分析计算人员提出了更高的要求。但在高温蠕变疲劳评价原理上,仍然采用蠕变损伤和疲劳损伤的线性叠加,而且蠕变评价使用的等效应力仍然需要除以系数 $K' = 0.667$,即对等效应力采用了 1.5 倍的放大系数,对于弹性方法而言,非弹性方法采用了相同的处理方法,故其保守程度并没有降低。

8.1　ASME 蠕变疲劳损伤非弹性分析方法

根据 ASME BPVC-III-5 分卷高温反应堆蠕变-疲劳分析评价规范的规定,对 A 级、B 级和 C 级使用载荷的组合,应考虑持续时间和应变率影响的累积蠕变疲劳损伤,对于可接受的设计,蠕变和疲劳损伤应满足下列线性叠加关系:

$$\sum_{j=1}^{P} \left(\frac{n}{N_d}\right)_j + \sum_{k=1}^{q} \left(\frac{t}{T_d}\right)_k \leqslant D \tag{8-1-1}$$

式中,D = 总蠕变-疲劳损伤;$(N_d)_j$ = 第 j 类循环的设计许用循环次数;$(T_d)_k$ = 在时间间隔 k 过程中,根据所研究的点上出现的一定的应力和最高温度由最小断裂应力曲线确定的许用持续时间。对于非弹性分析,应采用如下等效应力数值。

$$\sigma_e = \bar{\sigma} \cdot \exp\left[C \cdot \left(\frac{J_1}{S_s} - 1\right)\right]$$

式中,$J_1 = \sigma_1 + \sigma_2 + \sigma_3 [\sigma_i (i=1,2,3)$ 为主应力$]$;$S_s = (\sigma_1^2 + \sigma_2^2 + \sigma_3^2)^{1/2}$;$\bar{\sigma}$ 为等效 Mises 应力;对于 316 不锈钢,$C = 0.24$。

对弹性和非弹性分析,都是根据最大应力除以系数 K' 后所得到的应力值,去查找最小断裂应力曲线,从而确定许用持续时间。对于奥氏体不锈钢 $K' = 0.67$。

使用 ASME BPVC-III-5 提供的最小断裂应力曲线确定该温度和应力下的许用时间,蠕变损伤值即为该温度和应力下的实际作用时间与许用时间的比值。ASME 采用时间分数法评价蠕变损伤,即结构实际发生的运行时间与理论可运行时间的比值,来表达蠕变导致的损伤。

在实际工程分析中,基于时间增量步节点将寿期分割为若干时间段,总蠕变损伤为每一时间段蠕变损伤的叠加。

对于弹性和非弹性分析,等效应变范围用于评定疲劳损伤的总和。其计算公式如下:

$$\Delta \varepsilon_{eq,i} = \frac{\sqrt{2}}{2(1+\nu^*)} \left[(\Delta \varepsilon_{xi} - \Delta \varepsilon_{yi})^2 + (\Delta \varepsilon_{yi} - \Delta \varepsilon_{zi})^2 + (\Delta \varepsilon_{xi} - \Delta \varepsilon_{zi})^2 + \frac{3}{2}(\Delta \gamma_{xyi}^2 + \Delta \gamma_{xzi}^2 + \Delta \gamma_{yzi}^2) \right]^{1/2}$$

式中,$\Delta \varepsilon_{xi}$ 指该时间点应变分量与该循环处于极值状态(最大或最小)时的某一点的应变分量的差值。采用非弹性分析的限制,$\nu^* = 0.5$。

利用第一周的等效应变范围确定许用循环次数。计算等效应变范围时,选择启动过程的初始时刻记为循环的极小值状态,该时间点用下标 o 表示,然后利用以上公式进行计算。基于 ASME BPVC-III-5 的疲劳设计曲线确定许用循环次数,对于每一种循环类型,疲劳损伤为实际循环次数与许用循环次数的比值。总疲劳损伤即为不同循环类型的疲劳损伤的叠加。

当蠕变损伤与疲劳损伤确定后,即可进行蠕变疲劳损伤评定。ASME BPVC-III-5 规定,蠕变损伤与疲劳损伤线性叠加之和应不超过图 8-1-1 的损伤包络线,对于 316H 奥氏体不锈钢,双折线交点为 $(0.3, 0.3)$。

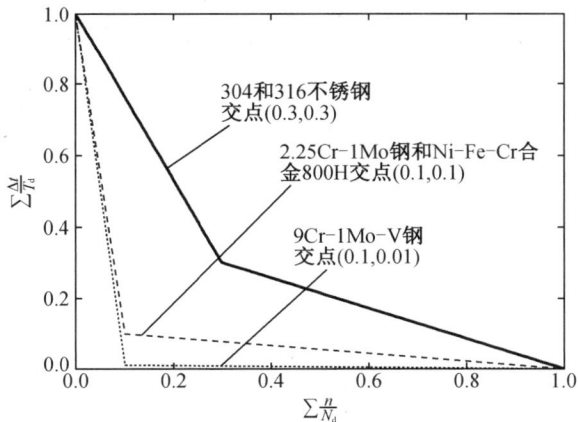

图 8-1-1　蠕变-疲劳损伤包络线

必须指出的是,ASME BPVC-III-5 分卷高温蠕变疲劳分析评价规范只针对四类材料给出了寿命评价所需要的完整参数,包括工程结构分析评价所使用的安全系数,比如确定等效 Mises 应力所使用的系数 C。显然,如果结构材料不是这几种类型,那么,ASME BPVC-III-5 分卷所规定的蠕变疲劳分析评价方法也将无法在工程评价中应用。

8.2 ASME 蠕变疲劳损伤非弹性分析工程实例

某高温反应堆堆容器两个栅板之间分布多个冷却剂套管,图 8-2-1(a)为堆容器简化后的中心对称模型的一部分,图 8-2-1(b)是栅板套管的局部模型。该部件在运行过程中承载高温、循环载荷等组合工况,其非弹性应变累积以及蠕变-疲劳损伤是该部件寿命失效的重要模式。

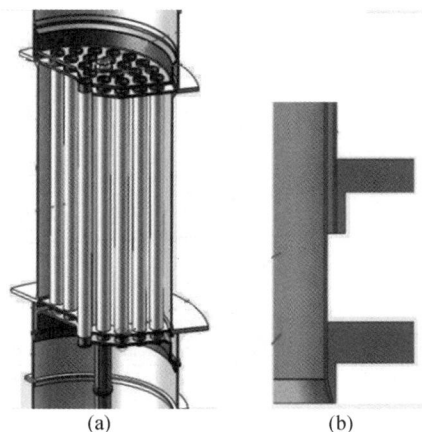

(a)   (b)

图 8-2-1 堆容器中心对称结构

基于 ASME BPVC-III-5 中的弹性分析方法的蠕变-疲劳损伤评定结果显示,部分位置蠕变疲劳损伤评价无法满足规范要求,因此,需要采用非弹性分析方法。根据弹性分析无法通过评价的损伤位置,选取冷却剂套管和栅板焊接处的焊缝进行非弹性分析。

根据 ASME BPVC-III-5 HBB-T 中的非弹性分析方法,在没有适用的蠕变本构方程的情况下,结构非弹性应变与蠕变-疲劳分析评价一般包括以下步骤。

(1)根据结构工况构建需要分析评价的载荷循环类型,包括结构瞬态温度场计算。

(2)确定材料本构方程的形式,根据已有数据拟合得到蠕变本构方程参数;进而得到蠕变本构方程。对于规范中没有给出本构方程的新材料,这是不可或缺的一步。本构方程的准确性与否,直接决定着蠕变分析评价结果的可靠程度。

(3)根据得到的蠕变本构方程,进行非弹性分析,获得结构的应力应变响应;

(4)根据规范要求评定结构的最大累积非弹性应变和蠕变-疲劳损伤。

8.2.1 载荷循环的构建

根据堆容器安全分析、功能需求和运行工况等多方面的综合考虑,可将其分为 A 级、B 级两种工况,分别代表正常运行和异常两种状态,即堆容器非弹性分析包括正常工况和异常工况两种循环,各自所包含的事件及其发生次数见表 8-2-1。

表 8-2-1　工况及其包含的事件及其发生次数

工况	事件	发生次数
正常	正常启动,正常停堆,功率转换等	30
异常	部分失流,控制鼓失控,水冷系统失流等	5

瞬态事件过程不同时刻点的温度场分布如图,其中瞬态事件的后段温度变化缓慢,给定的时刻点间隔相应加大。图 8-2-2 展示了一个套管的温度变化过程。另外,并非模型的所有位置都给定了温度边界,未给定的位置按照给定的温度边界线性分布。

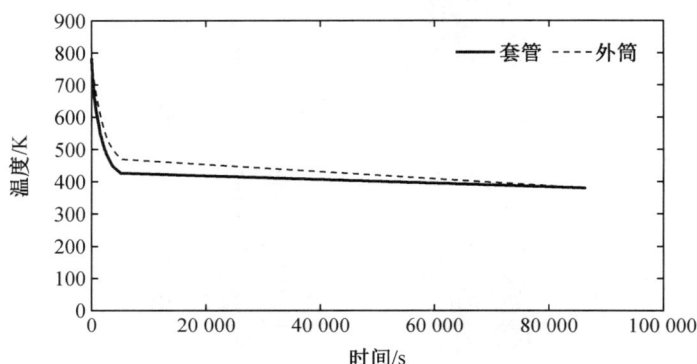

图 8-2-2　异常工况事件下的温度变化曲线

瞬态压力按照堆容器的各个腔室施加随时间变化的压力。

使用非弹性分析方法进行有限元计算分析时,需要构建合理的"启动-稳态-停堆"循环。由于每一次瞬态事件都会导致温度波动造成一定损伤,一般可按照工况构建循环类型,堆容器工况为 A 级、B 级,则可构建两种循环类型,具体信息见表 8-2-2 及图 8-2-3。实际分析时,分别计算两种循环类型下全寿期的应力应变响应,然后对两种工况的应力应变响应进行包络,评定结构的最大累积非弹性应变与蠕变-疲劳损伤。

表 8-2-2　循环类型及其信息

编号	循环类型	循环次数	循环时间	单周时间
C1	启动-稳态运行-正常停堆	12	12—2154—24	2190
C2	启动-稳态运行-异常停堆	5	12—5220—24	5256

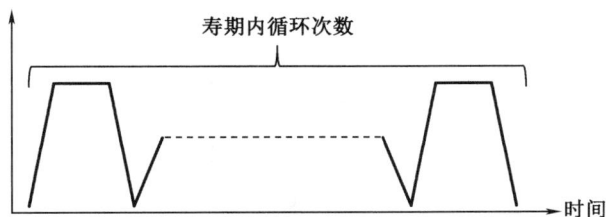

图 8-2-3 循环示意图

8.2.2 有限元模型及结果

1. 有限元模型

考虑到堆容器结构模型的循环对称性,采用了部分模型进行有限元分析。采用六面体单元模拟;在热力耦合分析中,六面体单元类型为 C3D8R,单元数量为 758 213 个。堆容器和套管有限元网格如图 8-2-4 所示。

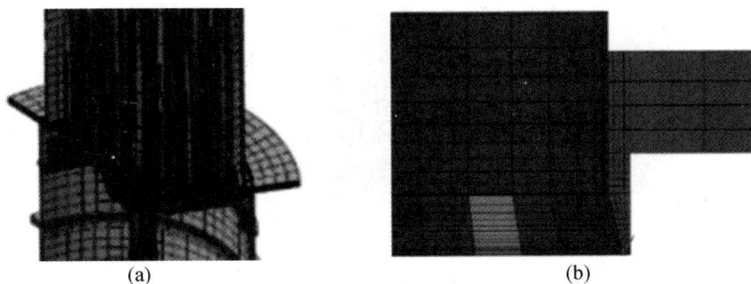

(a)   (b)

图 8-2-4 堆容器和套管有限元网格

采用顺序热力耦合方法进行有限元计算。首先进行温度场计算,基于温度边界及对应热传导系数,进行热分析,热分析计算只计算停堆过程的瞬态温度场。需要说明,在进行热力耦合计算时,停堆过程使用上述热分析计算的瞬态温度场结果,稳态运行过程使用上述热分析计算结果的初始时刻温度场,启动过程使用上述热分析计算结果的初始和结束时刻温度场按线性启动。

基于温度场的计算结果进行热力耦合计算,此时每一分析步对应一个瞬态事件,也就是说,一个完整的循环由三个分析步构成。其中,第一个分析步为静力通用步,对应着正常启动;第二个分析步为黏性步,对应着稳态运行,在黏性步内进行蠕变计算;第三个分析步为静力通用步,对应着停堆。

2. 边界约束及载荷

对于中心对称模型,考虑到循环对称特性,在模型人工切面建立中心对称约束,在堆芯底板法兰处施加轴向约束,限制轴向位移,如图 8-2-5 所示。

温度场计算时,按照停堆事件的瞬态温度数据施加在模型的相应位置。热力耦合计算时,直接读取温度场计算结果。需要说明的是,启动过程温度场加载方式为线性加载,在 12 h 内温度从最低温度线性升高到稳态温度。

图 8-2-5　模型简化及边界约束

3. 计算结果

异常工况下的温度变化过程如图 8-2-6 所示,图中所列时刻点依次为 0 s、6 s、60 s、3 600 s、86 400 s。

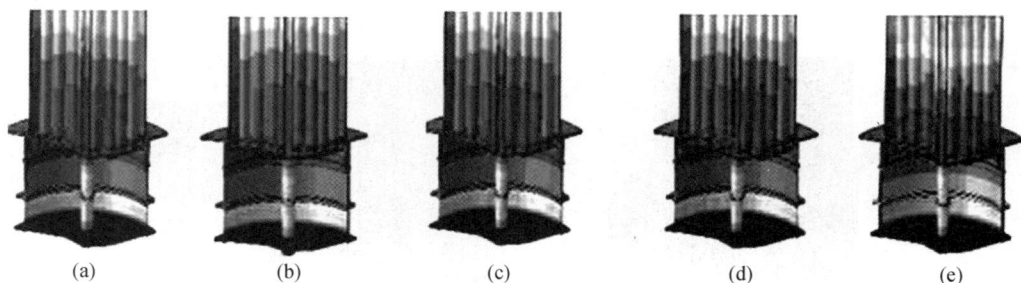

| (a) | (b) | (c) | (d) | (e) |

图 8-2-6　异常工况不同时刻温度场 ℃

对于温度场分析而言,由于热应力是一个范围而不是一个数值,即热应力取决于两个温度场的差值,而不是单个温度场的数值,一般温度场起点是室温,复杂结构的温度场以及由此带来的热胀关系往往非常复杂,一个温度场局部温度数值的升降往往不等同于所有温度同步升降,显然,局部区域的温度升降并不一定会使结构热应力同步变化,相应结构损伤变化也不一定具有同步性。根据笔者在实际工程计算分析中的经验,当损伤超过许用值时,想要减小损伤,试图通过降低该损伤区温度场数值,往往达不到目的,甚至适得其反。换个角度说,从结构温度场到蠕变损伤,是一个非常复杂的非线性过程,其中,热应力推到等效应力,等效应力再推到断裂时间,都是强非线性过程,不能简单用热应力与温场范围的线性关系审视。

不同循环类型下的应力分布如图 8-2-7 所示,可见,套管和栅板焊接处为模型薄弱点。

对于两种不同的循环类型,即正常工况与异常工况循环结束时,最大蠕变应变的位置不同。图 8-2-8 和错误! 未找到引用源。8-2-9 所示为两种循环结束时最大蠕变位置节点示意。

正常工况的最大蠕变应变位置位于栅板套管位置的管板焊缝处,节点编号为 9。

异常工况的最大蠕变应变位置位于栅板套管位置的管板根部处,节点编号为 3。

值得注意的是,在以上蠕变应变云图中,没有考虑启停堆状况的蠕变应变,所有蠕变应变均为稳态运行产生。实际上,启动停堆的时间短暂得多,产生的蠕变可以忽略不计。

图 8-2-7 异常工况第一周期启动结束时刻应力场

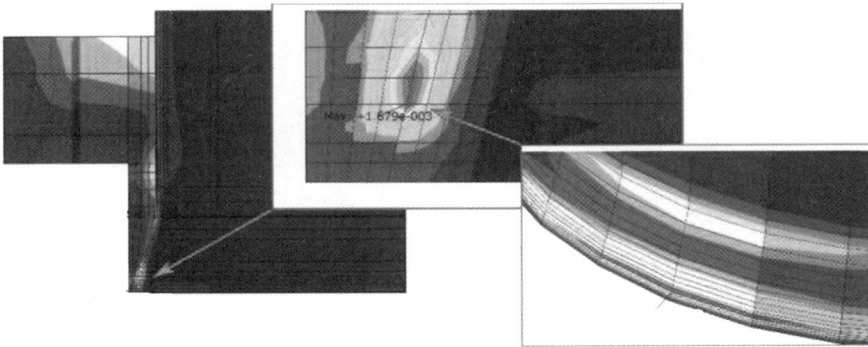

图 8-2-8 正常工况最大蠕变应变位置

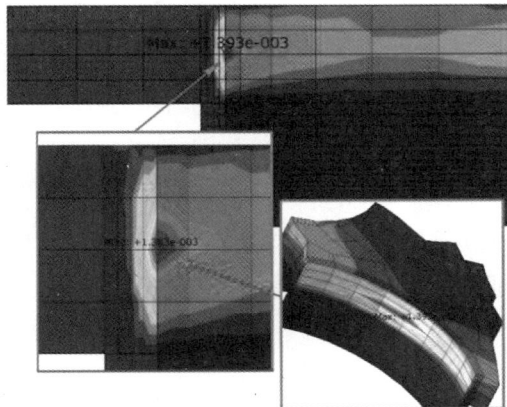

图 8-2-9 异常工况最大蠕变应变位置

8.2.3　应变及损伤工程评价

1. 非弹性应变评定

对于正常工况载荷循环,图 8-2-10 为节点 9 和节点 3 的最大主蠕变应变曲线,由于应力水平较低,蠕变应变数值很小,没有塑性变形产生,最大塑性应变为零。CE.max 代表最大主蠕变应变分量,PE.max 代表最大主塑性应变分量。

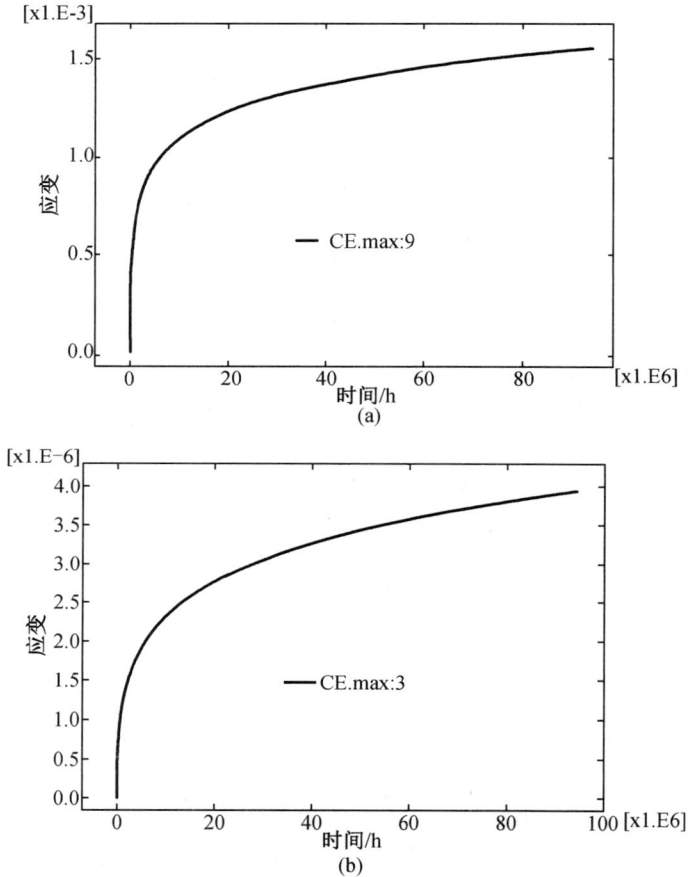

图 8-2-10　正常工况两个节点的蠕变应变曲线

由表 8-2-3 可以看出,正常工况循环两个节点 9 和节点 3 累积非弹性应变均满足焊缝 2.5%及 1%的应变限制。此外,由于危险区域仅仅位于表面有限区域,可以判断也满足平均应变 0.5%的应变限制。

表 8-2-3　正常停堆循环两个节点的累积非弹性应变

节点编号	CE. max	PE. max	累积非弹性应变
9	0.001 557	0	0.001 557
3	3.94×10^{-6}	0	3.941×10^{-6}

对于正常工况循环过程,两个节点在整个寿期都没产生塑性应变。主蠕变应变随着周次增加而不断累积。

对于异常工况载荷循环,非弹性应变限制的评定如下。

图 8-2-11(a)(b)分别为该循环节点 9 和节点 3 的最大主蠕变应变曲线和最大主塑性应变曲线。

可见,对于异常工况循环过程,节点 9 在整个寿期都没产生塑性应变,而主蠕变应变在第一个周期较大,后几个周期主蠕变应变都很小。节点 3 产生了塑性应变,并且在最后一个周期后塑性应变还在累积,并未达到安定状态,而主蠕变应变随着周次增加而不断累积,但蠕变应变累积速率随周次增加而减小。

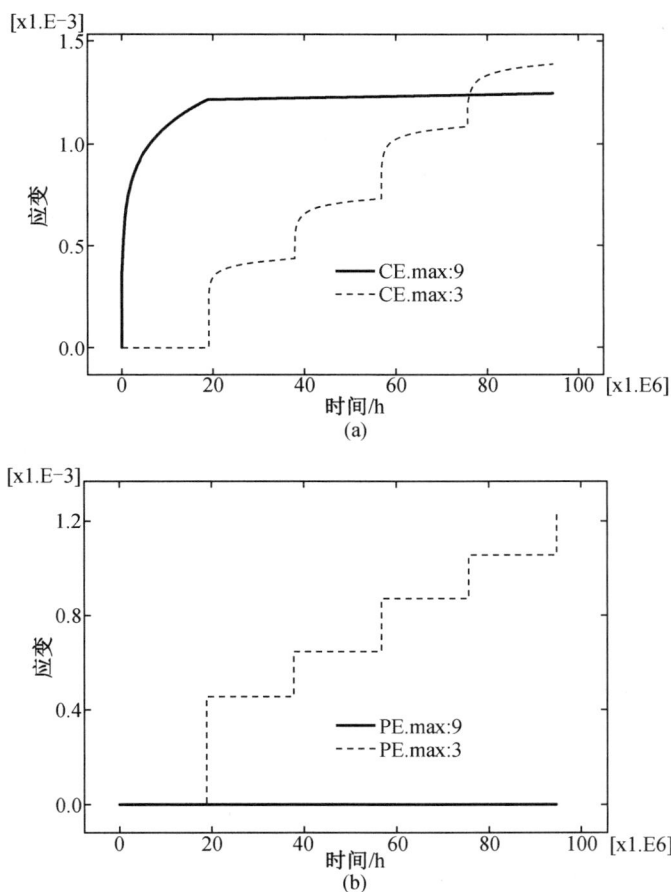

(a)

(b)

图 8-2-11 异常工况对应节点的最大主蠕变应变和最大主塑性应变

表 8-2-4 异常工况节点 9 和 48 300 累积非弹性应变

节点编号	CE. max	PE. max	累积非弹性应变
9	0.001 246	0	0.001 246
3	0.001 391	0.001 242	0.002 633

由此可见,对于异常工况循环过程,节点 9 在整个寿期都没产生塑性应变,而主蠕变应变在第一个周期较大,后几个周期主蠕变应变都很小。节点 3 产生了塑性应变,并且在最后一个周期后塑性应变还在累积,并未达到安定状态,而主蠕变应变随着周次增加而不断累积,但蠕变应变累积速率随周次增加而减小。

由表 8-2-4 可以看出,异常工况节点 9 和累积非弹性应变为均满足焊缝 2.5% 及 1% 的应变限制,此外,由于危险区域仅仅位于表面有限区域,可以判断满足平均应变 0.5% 的应变限制。

2. 蠕变-疲劳评定

在正常工况下,得到节点 9 和 3 的 Mises 应力变化曲线和蠕变损伤曲线,分别如图 8-2-12 和图 8-2-13 所示。可见,二者的 Mises 应力都随时间呈下降趋势,这与松弛相符合,而蠕变损伤方面,节点 9 的损伤量略呈非线性上升趋势,节点 3 则呈线性上升趋势。

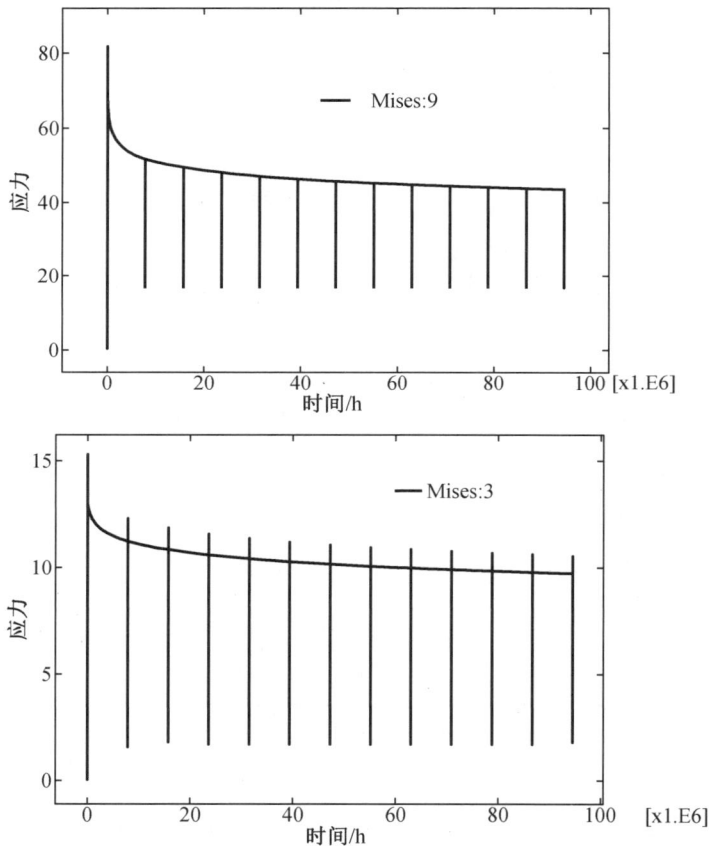

图 8-2-12　正常工况节点 9 和节点 3 的 Mises 应力变化曲线

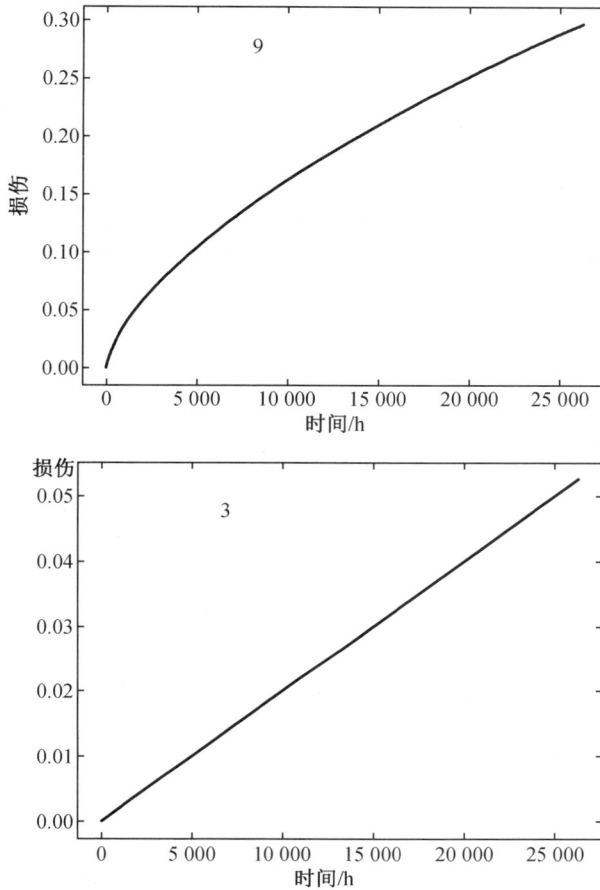

图 8-2-13 正常工况节点 9 和节点 3 的蠕变损伤曲线

表 8-2-5 为正常工况节点 9 和节点 3 的蠕变损伤、疲劳损伤及总蠕变-疲劳损伤数值。

表 8-2-5 正常工况两个节点的蠕变-疲劳损伤值

编号	蠕变损伤	应变范围	最高温度	许用周次	疲劳损伤	蠕变-疲劳损伤
9	0.296 7	0.001 356	619 ℃	>2.0×10⁴	0	0.296 7
3	0.052 56	8.658×10⁻⁵	618 ℃	>1.0×10⁶	0	0.052 56

可以看出,二者疲劳损伤可以忽略,节点 9 累积蠕变损伤值为 0.296 7,节点 3 累积蠕变损伤值为 0.052 56。可见,在正常工况下,节点的蠕变疲劳损伤都不大。

对于异常工况循环,图 8-2-14 为节点 9 和节点 3 的 Mises 应力曲线,可见,节点 9 的 Mises 应力在第一个循环下降较快,之后则保持不变。而节点 3 在第一个循环的 Mises 应力很小且保持不变,而后几个循环则均保持下降态势。

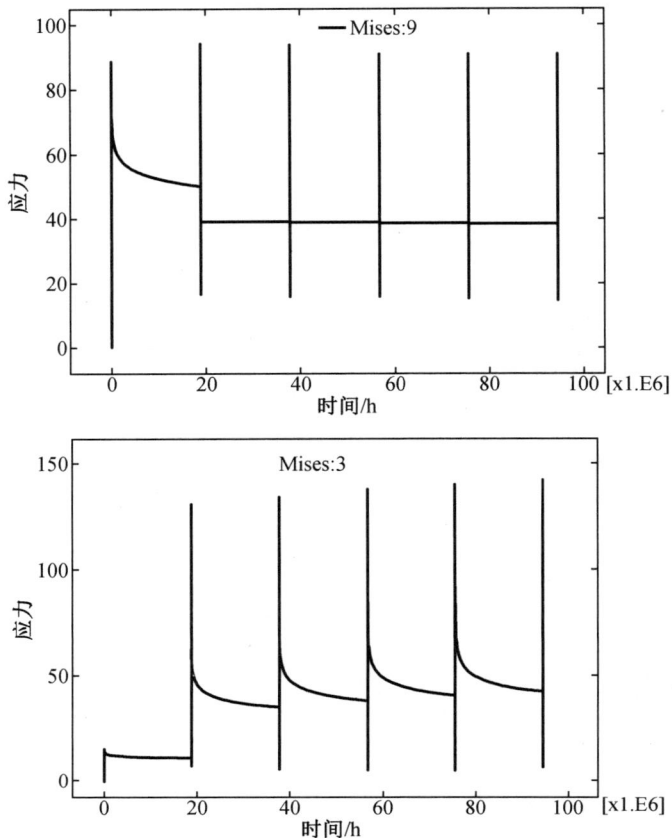

图 8-2-14 异常工况节点 9 和节点 3 的 Mises 应力变化曲线

图 8-2-15 所示为异常工况节点 9 和节点 3 的蠕变损伤曲线。可见,节点 9 的蠕变损伤第一个循环略呈非线性上升,最后则保持线性上升,节点 3 的蠕变损伤在第一个循环为零,随后几个循环则持续保持非线性上升,且上升速率逐渐增大。

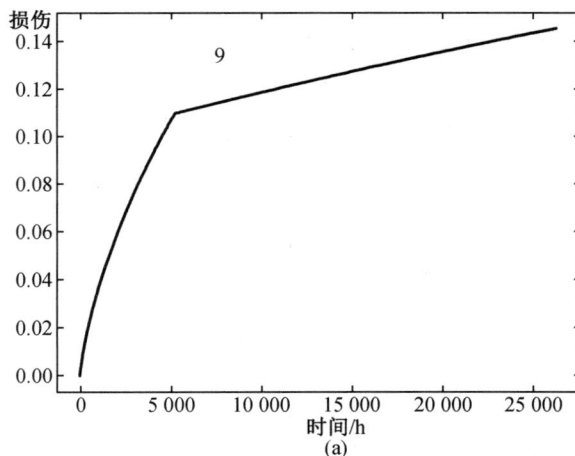

(a)

图 8-2-15 异常工况节点 9 和节点 3 的蠕变损伤曲线

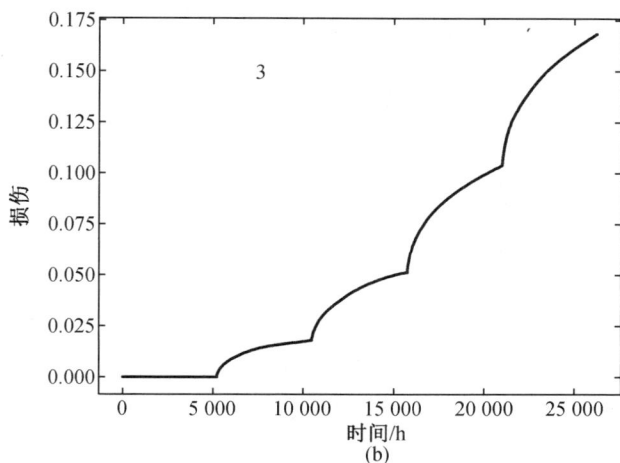

图 8-2-15(续)

表 8-2-6 为异常工况节点 9 和节点 3 的蠕变损伤、疲劳损伤及总蠕变-疲劳损伤。

表 8-2-6 异常工况的蠕变-疲劳损伤值

节点	蠕变损伤	应变范围	最高温度	许用周次	疲劳损伤	蠕变疲劳损伤
9	0.145 1	0.001 706	632 ℃	>2.0×10⁴	0	0.145 1
3	0.168 0	0.001 400	622 ℃	>4.0×10⁴	0	0.168 0

可以看出,二者疲劳损伤几乎可以忽略,节点 9 的蠕变损伤为 0.145 1,节点 3 的蠕变损伤为 0.168 0。

图 8-2-16 和图 8-2-17 分别给出了节点 9 和节点 3 不同循环经过多轴修正后应力的 1.5 倍等效应力数值随时间的变化曲线。

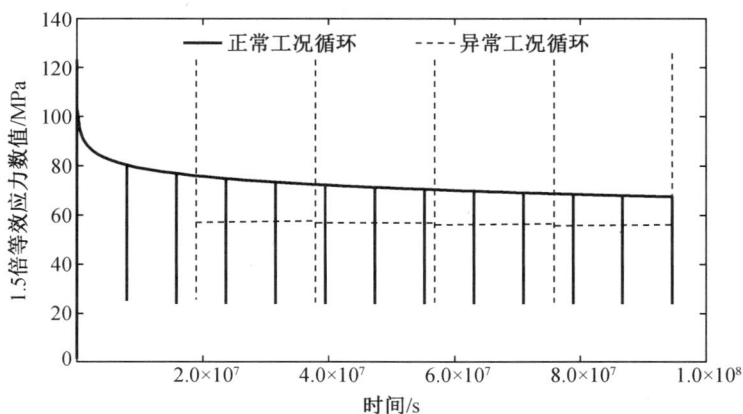

图 8-2-16 节点 9 不同循环类型等效应力

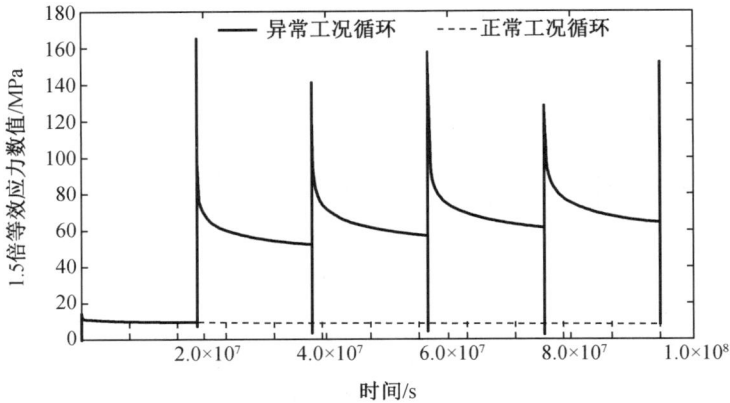

图 8-2-17　节点 3 不同循环类型等效应力

可以看出,节点 9 在正常工况循环过程中等效应力数值较大,节点 3 在异常工况过程等效应力数值较大。

经损伤包络计算,节点 9 包络后的蠕变-疲劳损伤为 0.296 7,节点 3 的则为 0.168 0,均可通过蠕变-疲劳评定。表 8-2-7 所示为考虑包络后的蠕变-疲劳损伤值。

表 8-2-7　考虑包络后的蠕变疲劳损伤值

节点编号	蠕变损伤	疲劳损伤
9	0.296 7	0
3	0.168 0	0

包络后,对于危险节点 9,若不考虑焊缝蠕变强度减弱系数,总蠕变损伤值为 0.296 7,可以满足 ASME BPVC-III-5 中的蠕变-疲劳评定。结构最大蠕变损伤值为 0.296 7,疲劳损伤可忽略不计,蠕变疲劳总损伤评定满足蠕变-疲劳损伤评定要求。

实际上,对于很多反应堆的蠕变疲劳损伤评定来说,蠕变损伤在总损伤中所占比例极大,而疲劳损伤对总损伤的贡献往往很小。所以,有时候为了提高计算效率,或者在要求不太高的初步损伤评价中,可以只计算蠕变损伤,而忽略疲劳损伤。

8.2.4　评价合理性分析

上述分析所采用的本构方程和相关方法是否合理,可以从 HBB-3214.2 中的相关描述得到答案。

HBB-3214.2 非弹性分析规定,当热载荷和机械载荷足够大,以至于产生屈服和(或)当热蠕变也起作用时,就可能要求进行非弹性设计分析。考虑到所要求的非弹性分析应足够详细,才能预测显著的材料行为特征,因此编制了非强制性附录 HBB-T 的规则和限制。通常要求将不依赖于时间的弹塑性材料行为和依赖时间的蠕变行为相结合合进行分析,以在特定热机械载荷历程中,能够预测作为时间函数的应力、应变和变形。

当非弹性行为对结构响应有显著影响时,描述非弹性行为的本构方程应反映如下特征:塑性应变硬化效应(包括循环载荷效应)和高温下的硬化或软化效应、一次蠕变和蠕变应变硬化效应(包括反向加载的软化效应)以及蠕变和塑性的顺序效应。

设计报告中应包含所采用的方法和关系式的依据。

因为准则与限值的确定综合了设计因子和安全裕度,考虑了材料性能变化和不确定性的裕度,在非弹性设计中,通常宜采用平均应力应变和蠕变数据。但非强制性 HBB 附录 T 中的屈曲和失稳限值除外。HBB-T-1510(g)指出,应采用预期的最小应力应变曲线。

从上述非弹性分析的具体要求中可以看出,采用分离型的黏塑性本构模型是合理的。因此,非弹性分析采用分离型黏塑性本构模型满足该要求,所采用本构模型具备应该具有的特性。考虑了塑性硬化,同时包括循环软化/硬化效应。

上述非弹性分析采用材料的真实应力应变关系,考虑了塑性硬化特性,但不考虑循环载荷导致的循环软化/硬化特性,因为奥氏体钢材料为循环硬化材料,循环载荷下的应力应变关系曲线比单调拉伸应力应变关系曲线更高,故采用真实应力应变曲线得到的结果更保守。

HBB-3214.2 要求考虑蠕变第一阶段以及循环过程所致的蠕变应变硬化、软化现象。上述分析采用了 Norton-Bailey 蠕变本构方程,考虑了蠕变第一阶段、第二阶段的变形特性;对应的蠕变应变硬化的影响也包含在内。关于循环过程导致的软化表现一般为:应变控制下,应力随循环周次的增加而不断降低;或者,应力控制下,应变随循环周次的增加而不断增大。在非弹性分析中,加载卸载过程为弹性安定,即卸载前后,应力应变又回到初始值,不存在应变软化的问题,分析中不必考虑。

HBB-3214.2 要求考虑预蠕变对后续塑性或者预塑性对后续蠕变的影响。在非弹性分析中,由于应力水平较低,应力最大处的塑性变形为 0 或几乎为 0,可视为不存在塑性,因此不存在蠕变与塑性的相互影响问题。

综上所述,分析的本构模型满足 HBB-3214.2 的相关要求。HBB-3214.2 主要说明应该采用平均应力应变关系曲线、蠕变变形曲线,在非弹性分析中,采用的是分离型弹塑性本构模型。其中,弹塑性本构来源于材料的等时应力应变曲线(0 时刻),蠕变应变曲线也是从等时应力应变曲线变换而来。而等时应力应变曲线就是材料性能的平均数据,因此,非弹性分析的数据和方法满足 HBB-3214.2 的要求。

8.3 ASME 和 R5 蠕变疲劳损伤
非弹性方法保守性分析

针对高温反应堆结构蠕变疲劳损伤分析的保守性,使用结构有限元仿真分析的方式,对 ASME 规范和 R5 规程的蠕变疲劳损伤分析评价的保守性进行验证。

8.3.1 计算程序开发及仿真模型构建

强度计算要将结构部件简化成理论模型,并使用弹塑性力学理论进行计算,但对于复杂部件和工况,简化过程会导致大量的失真,同时要使用很高的保守系数才能确保安全性。有限元法通过对求解区域的离散化,把连续无限自由度问题转化为离散的有限自由度问题,通过插值函数计算出各个单元内场函数的值,进而得到整个求解域上的解,是一种目前常用的数值计算方法,具有准确度高、应用便捷等优点。

随着计算机技术的发展,有限元法得到了广泛应用,出现了大量的有限元软件。其中,ABAQUS 拥有丰富的单元库和材料模型库,集成了多种分析模块,功能强大且具有良好的开放性,是国际公认的求解非线性问题最好的商用有限元软件之一。USDFLD 是 ABAQUS 用户子程序的一种,可以根据用户需求对积分点场变量进行定义,通过自定义 USDFLD 子程序实现了在 ABAQUS 软件中完成两种规范蠕变疲劳损伤计算的二次开发。

以某新型反应堆工程高温设备的非标三通结构蠕变疲劳非弹性分析为依托,通过对 ABAQUS 用户子程序 USDFLD 的二次开发实现蠕变疲劳损伤的计算,使用 ASME Ⅲ-5 规范和 R5 规程的非弹性高温蠕变疲劳损伤评价方法进行评价,由于相应工况结构的疲劳损伤较小,将程序的疲劳损伤计算进行简化处理,保守采用第一个循环的最大等效应变范围替代各个循环的最大等效应变范围,这样处理是保守的。

使用三维建模软件中建立非标三通结构模型,导入 ABAQUS 并进行网格划分后的有限元模型如图 8-3-1 所示。网格采用 C3D8R 和 C3D20 单元,共 80 610 个,在关注位置接管处进行网格加密处理,以确保非弹性分析的计算精度。

图 8-3-1　非标三通有限元模型

结构内表面加 0.2 MPa 内压,一端为固支约束,另一端加截面载荷,接管嘴处加接管载荷,载荷见表 8-3-1,F 单位为 N,M 单位为 N·m。使用材料为高温性能优良的 316H 不锈钢,工作温度为 610 ℃,拟定单次工作循环 2 190 h,总循环 12 次,共 26 280 h,单次循环温度瞬态如图 8-3-2 所示。

整个分析过程设置为以下集中时间步:初始分析步,时间较短,对自重载荷进行加载;启堆分析步,持续 13 小时,期间逐渐加载热膨胀载荷,温度持续上升,最终达到稳态热膨胀载荷工作温度;稳态分析步,持续 2 129 h,期间载荷和工作温度不变;停堆分析步,持续 48 h,停堆冷却,期间热膨胀载荷和温度持续下降;整个流程中启堆-稳态-停堆的过程不断循环,直到完成所有工作循环。

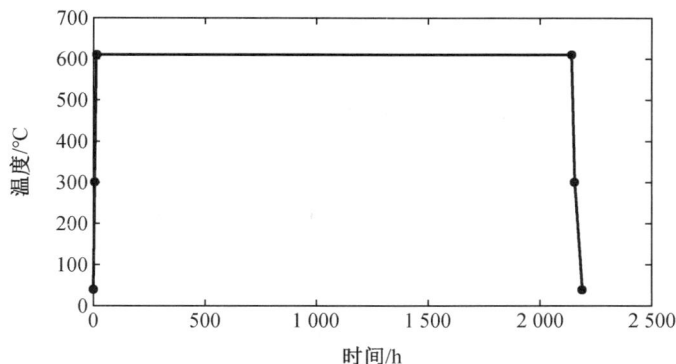

图 8-3-2　单次循环温度瞬态

表 8-3-1　非标三通载荷

载荷		F_x	F_y	F_z	M_x	M_y	M_z
接管载荷	自重	−22	0	−7	0	0	0
	热膨胀	−48	1	−52	0	5	0
截面载荷	自重	20	69	46	−3	2	−4
	热膨胀	81	−100	85	14	−2	−5

8.3.2　ASME 和 R5 损伤评价保守性分析

保守选取 316H 不锈钢 621 ℃的材料数据,弹性模量 $E = 148\ 500$ MPa,泊松比 $v = 0.3$,本构模型采用 ASME Ⅲ-5 规范 2021 版 316SS 蠕变本构,如式(8-3-1),包括公式参数说明。

$$\varepsilon_c = \frac{1}{100} \left[\varepsilon_s (1 - e^{-st}) + \varepsilon_r (1 - e^{-rt}) + \dot{\varepsilon}_m t \right] \tag{8-3-1}$$

$$\dot{\varepsilon}_m = A \left[\sinh \left(\frac{145.037\ 681 \beta \sigma}{n} \right) \right]^n e^{-\frac{Q}{R(T+273.15)}}$$

$$\varepsilon_r = \frac{C \dot{\varepsilon}_m}{r}$$

$$r = \max \{ r_1, r_2 \}$$

$$r_1 = L(145.037\ 681\sigma)^{n-3.6}$$

$$r_2 = B \left[\sinh \left(\frac{145.037\ 681 \beta \sigma}{n} \right) \right]^n e^{-\frac{Q}{R(T+273.15)}}$$

$$\varepsilon_s = \begin{cases} 0 & \sigma \leqslant 27.579\ 0 \\ G + 145.037\ 681 H\sigma & \sigma > 27.579\ 0 \end{cases}$$

$$s = \max \{ s_1, s_2 \}, s_1 = 2.5e^{-2}$$

$$s_2 = D \left[\sinh \left(\frac{145.037\ 681 \beta \sigma}{n} \right) \right]^n e^{-\frac{Q}{R(T+273.15)}}$$

$$Q = 67\ 000, R = 1.987$$

$$\beta = -4.257e^{-4} + 7.733e^{-7}(T + 273.15)$$

式中,A 为稳态蠕变速率拟合参数,单位 h^{-1};C 为蠕变第一阶段应变拟合参数;L 为蠕变第一阶段指数项 r 拟合参数,单位 $h^{-1} \cdot psi^{3.6-n}$;B 为蠕变第一阶段指数项 r 拟合参数,单位 h^{-1};G 为快速瞬态蠕变应变项拟合参数;H 为快速瞬态蠕变应变项拟合参数,单位 psi^{-1};D 为快速瞬态蠕变阶段指数项 s 拟合参数,单位 h^{-1}。其中 A、C、L、B、G、H 和 D 均为温度相关参数,具体值见 ASME Ⅲ-5 规范。使用已经开发完成且经过验证的 ASME 2021 本构 CREEP 子程序,已对单位进行过调整,对蠕变行为的描述足够准确且相对保守。

ASME 疲劳设计曲线和蠕变断裂最小应力曲线分别参考 ASME Ⅲ-5 规范表 HBB-T-1420-1B 和 HBB-I-14.6B。对 ASME 疲劳设计曲线根据调整系数进行反向处理,将得到的未经调整的曲线和 R66 手册的疲劳曲线绘制在一起,如图 8-3-3 所示。

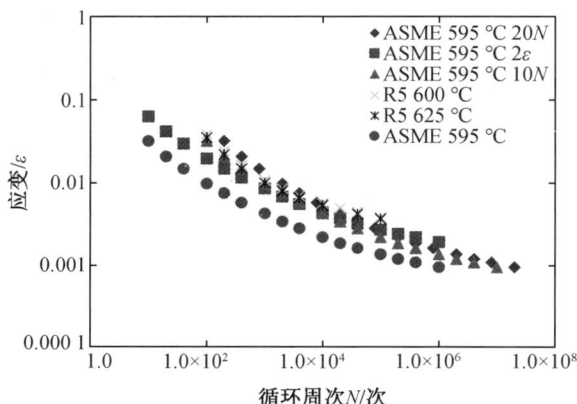

图 8-3-3 ASME 和 R5 疲劳曲线对比

可见,将 ASME 规范中 $20N$ 和 2ε 数据中的较大值视为一条曲线,即可得到原始疲劳数据平均拟合曲线,考虑到数据存在离散性,可大致认为其与 R5 疲劳曲线整体变化趋势相近,且保守性也相近。较为明显的是,R5 的疲劳数据较为有限,无法对循环周次较高的疲劳损伤进行合理评价,同时基于 ASME 调整系数中数据分散性、保守原则和便于对比等因素的考虑,R5 疲劳损伤计算保守采用 ASME 595 ℃ $10N$ 曲线,即数据分散性中的下限情况。R5 需要考虑尺寸效应,疲劳数据对应的实验室疲劳实验失效裂纹尺寸 $a_1 = 3$ mm,对于非标三通结构,其失效裂纹尺寸 a_0 为 0.2 mm。

关于蠕变损伤计算方面,R5 选用延性耗竭法,316H 的单轴延性 ε_f 数据参考 R66 数据手册、NIMS 原始数据和部分文献。R66 手册中给出了 550~675 ℃ 的 98% 置信区间下限延性,但需要注意的是,R66 手册提供的数据并未给出相关的应力参数,结合 NIMS 数据库的延性数据对比后,可以确定使用 98% 置信区间下限延性对于本书所选结构整体应力较低的情况不够保守。同时,NIMS 原始数据缺少 600 ℃ 低应力下的延性导致数据处理保守性存疑,最终保守选取 NIMS 单轴实验数据 650 ℃ 下限延性 0.03,并使用 Spindler 公式进行多轴修正:

$$\bar{\varepsilon}_f = \varepsilon_f \exp\left[p\left(1 - \frac{\sigma_1}{\bar{\sigma}}\right)\right] \exp\left[q\left(\frac{1}{2} - \frac{3\sigma_H}{2\bar{\sigma}}\right)\right] \tag{8-3-2}$$

式中,σ_1、$\bar{\sigma}$ 和 σ_H 分别为最大主应力、等效应力和静水压应力,常数 p 和 q 由蠕变实验获取,对 600 ℃ 左右的 316 型钢有 $p=0.15$ 和 $q=1.25$。

8.3.3 ASME 和 R5 损伤评价保守性验证

由于模型整体较大,仅给出关注区域的有限元和损伤结果图并进行讨论。图 8-3-4 为总循环过程中部分重要时间节点的 Mises 应力云图,可以看到应力分布发生了多次变化。

图 8-3-4(a)是初始分析步末端完成自重载荷加载后的应力云图,此时接管底部上下端都出现了明显的应力集中区域,上端的应力更高且高应力区域更大。

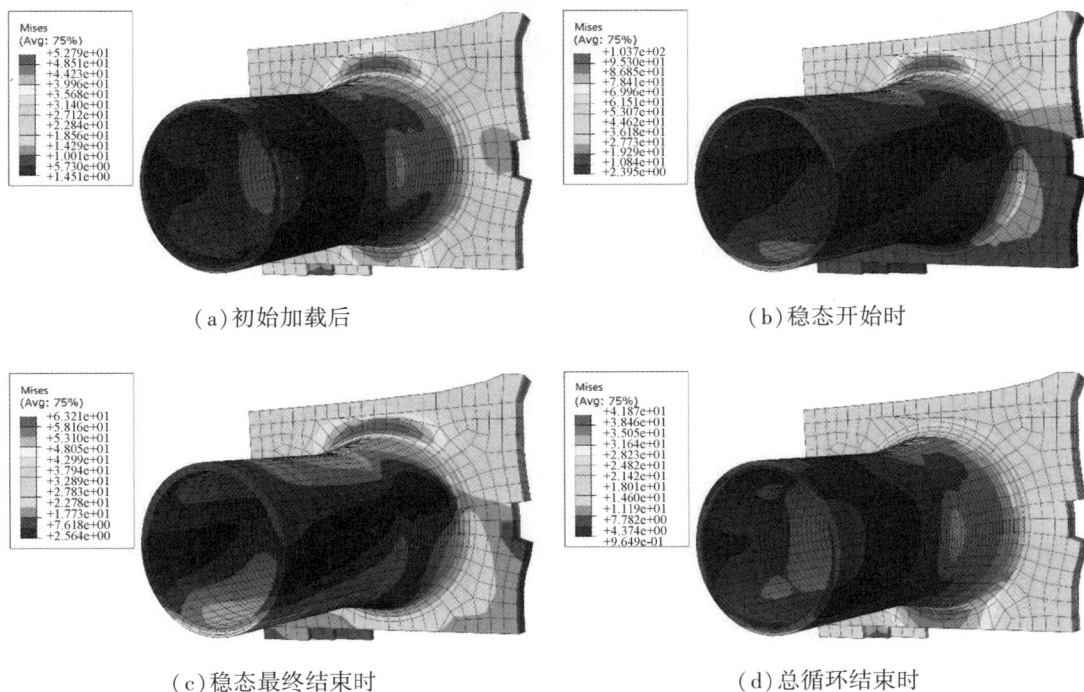

(a)初始加载后

(b)稳态开始时

(c)稳态最终结束时

(d)总循环结束时

图 8-3-4 重要时间点的应力云图

图 8-3-4(b)是第一个稳态分析步开始时的应力云图,可以看到由于热膨胀载荷和温度的上升,下端的应力集中区域消失且应力大幅下降,上端的应力集中区域进一步扩大,最大应力达到 103.9 MPa,但尚未达到屈服极限。

图 8-3-4(c)是最后一个稳态分析步结束时的应力云图,整体应力分布基本不变,但最大应力降低到了 63.21 MPa,这是典型的应力松弛现象,在稳态蠕变的过程中,弹性应变持续地转化为蠕变应变,导致应力不断降低。

图 8-3-4(d)是总循环结束时的应力云图,上端的应力集中区域消失,而下端出现了新的应力集中区域,整体应力有所降低,这是由于蠕变导致结构发生了全面的不可恢复的变形,且上端的蠕变应变远大于下端,整体应力分布发生了较大改变。

总循环结束时的等效蠕变应变如图 8-3-5 所示,可见,最大等效蠕变应变出现在接管底部上端,与图8-3-4(b)中应力集中区域高度重合,而下端的等效蠕变应变基本为0,这是因为上端应力集中区域的应力较高,导致蠕变应变快速增加,而下端的应力过低,基本没有产生蠕变应变。

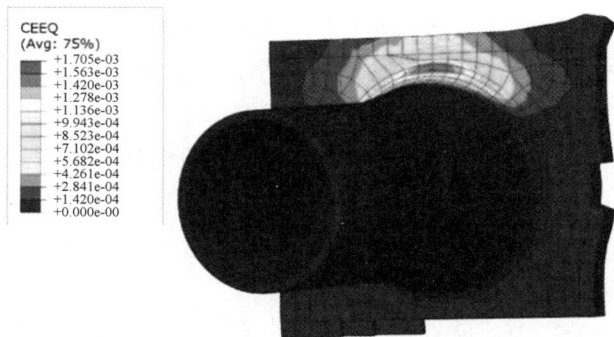

图 8-3-5　等效蠕变应变云图

等效蠕变应变最大的单元的 Mises 应力曲线和等效蠕变应变曲线如图 8-3-6 和图 8-3-7 所示。忽略启停堆阶段的应力变化,图 8-3-6 便是典型的应力松弛曲线,与图 8-3-4(b)相关联:初始处于蠕变第一阶段,蠕变应变快速增加,应力快速降低,持续一段时间之后进入蠕变第二阶段,蠕变应变速率基本保持稳定,应力则缓慢降低。

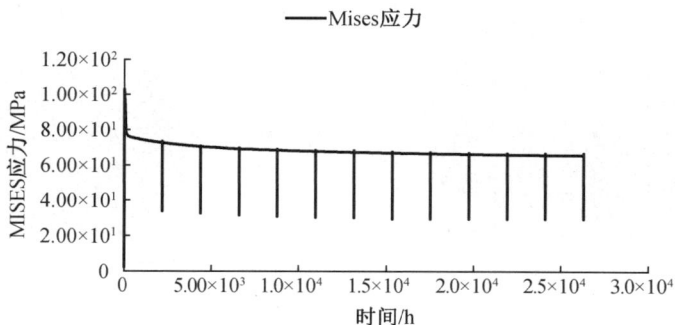

图 8-3-6　Mises 应力曲线

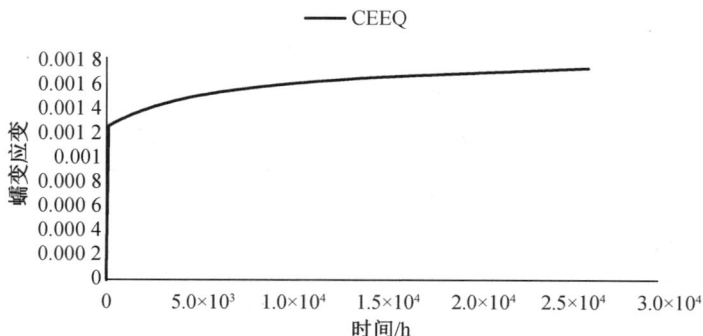

图 8-3-7　等效蠕变应变曲线

值得一提的是,等效蠕变应变最大的单元并非图 8-3-4(b)中 Mises 应力最大的单元, 也就是说,应力最大的位置的蠕变应变未必也是最大的。从概念上讲,应力降最大的位置 的蠕变应变才更可能是最大的。ASME 与 R5 的疲劳损伤、蠕变损伤和总损伤最大数值列于 表 8-3-2,ASME 和 R5 总损伤云图如图 8-3-8 所示。

表 8-3-2　各损伤最大结果

规范		疲劳损伤	蠕变损伤	总损伤
ASME	有 K'	0.001 008	2.642	2.643
	无 K'		0.269 9	0.270 9
R5		0.000 125 6	0.111 3	0.111 4

由图 8-3-8 可以看出,总损伤以蠕变损伤为主,总损伤分布与蠕变损伤分布几乎完全 一致,集中在接管底部上端,但两种规范得到的损伤最大值和分布差别较大,由于 ASME 疲 劳曲线的普遍保守性,其疲劳损伤约为 R5 的 8 倍。

在实验数据处理方法和结构参数都已确定 $M \approx 0.25$,ABAQUS 计算的单循环最大等效 应变范围为 0.001 796,对应的 R5 疲劳寿命曲线循环周次接近 105,尺寸效应约为 1.25,因 此循环周次比值约为 8 倍,故 ASME 与 R5 的损伤比值也约为 8 倍,与计算结果吻合较好。

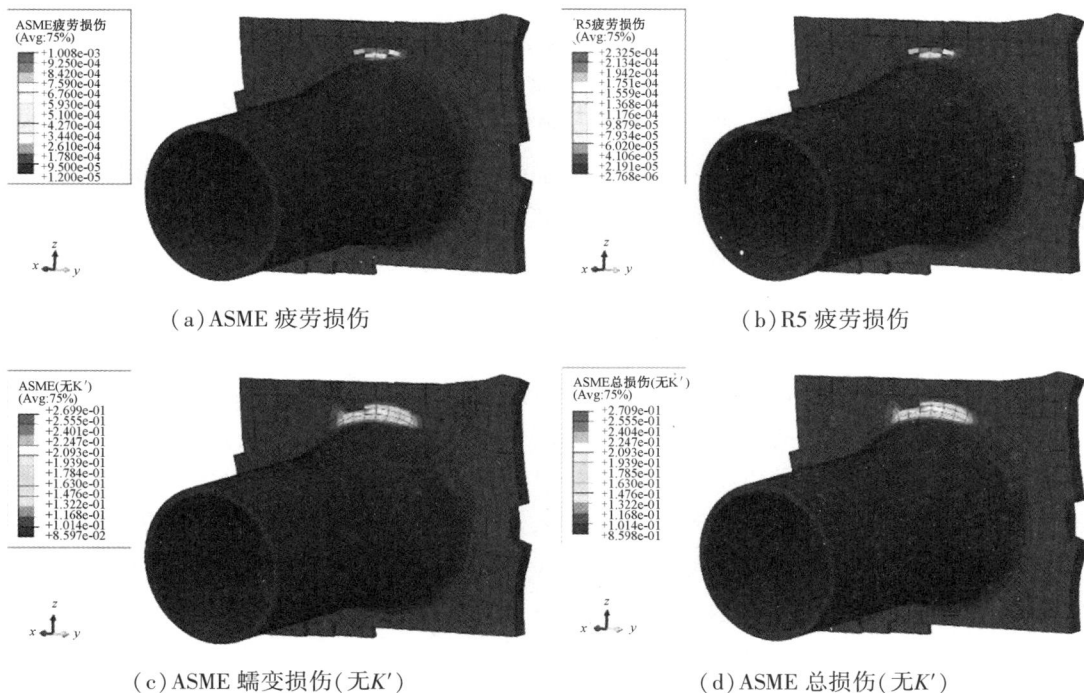

(a) ASME 疲劳损伤　　　　　　　　　　　　(b) R5 疲劳损伤

(c) ASME 蠕变损伤(无 K')　　　　　　　　(d) ASME 总损伤(无 K')

图 8-3-8　ASME 和 R5 的损伤云图

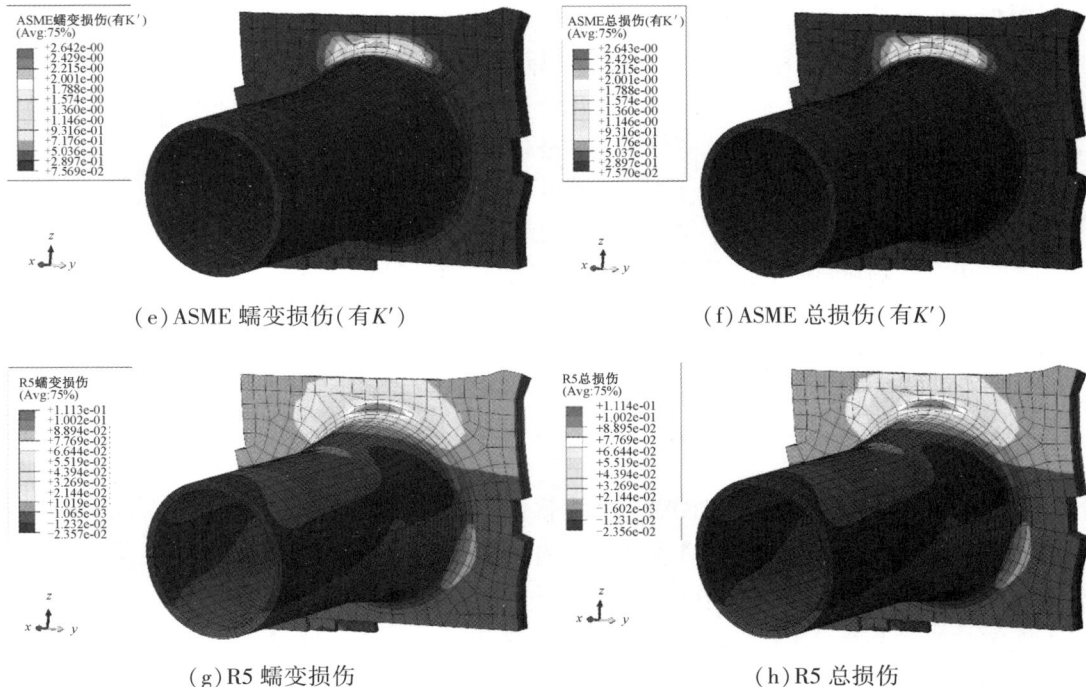

（e）ASME 蠕变损伤（有K'）

（f）ASME 总损伤（有K'）

（g）R5 蠕变损伤

（h）R5 总损伤

图 8-3-8（续）

ASME 有无安全系数的蠕变损伤相差一个数量级,且均大于 R5。ASME 总损伤分布较 R5 更为集中,这是因为时间分数法通过应力寿命间接表征蠕变损伤,寿命随应力减少迅速上升,导致损伤迅速下降,存在的量级变化导致不同区域的损伤差异较大。而延性耗竭法直接通过应变表征蠕变损伤,受应变连续性的影响,其损伤整体表现也更为连续平缓。除此之外,需要注意 R5 损伤结果存在负值,这是因为单元内积分点之间的数值梯度过大,从而导致外推值低于 0,其真实值是接近于 0 的正值。

通过专用程序可以获取整个循环过程中不同时刻的蠕变损伤,两种规范的损伤最大单元的蠕变损伤随时间变化的曲线如图 8-3-9 所示。

可见,ASME 的蠕变损伤整体呈线性增长,这是由于时间分数法通过应力确定损伤,整个过程中的应力变化相对有限,因此损伤持续稳定增长;而 R5 的蠕变损伤则是早期快速增长,后保持相对低速稳定的增长,整体与等效蠕变应变的变化趋势相近,这是由于延性耗竭法通过应变确定损伤,蠕变应变早期快速增大,整体的应变延性为相对恒定的值,因此损伤快速增长,此时的损伤增长速度大于 ASME,之后进入恒速蠕变阶段,蠕变应变低速稳定增大,损伤也低速稳定增长,但增长速率远低于 ASME,最终损伤偏小,且由于 ASME 的安全系数等多种保守性因素,R5 的最终损伤值远小于 ASME。

由于两种规范方法蠕变损伤的决定因素不同,其蠕变损伤变化趋势和最终值呈现出较大差异,相较而言,R5 的延性耗竭法更符合实际情况。

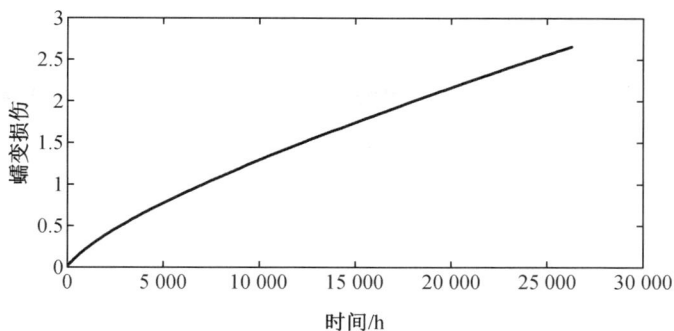

（a）ASME 蠕变损伤随时间的变化

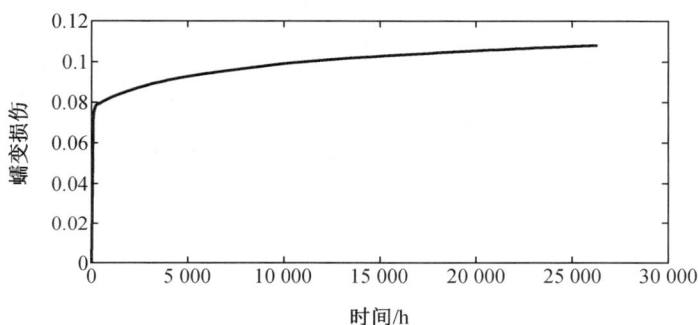

（b）R5 蠕变损伤随时间的变化

图 8-3-9 蠕变损伤随时间的变化

需要注意的是,规范中计算的损伤值是在一定假设的前提下计算的,是从宏观上评估材料的破坏情况,由于方法本身的分散性和保守系数的引入,损伤值大于 1 属于正常现象,仅代表对应条件下的失效;而损伤力学中的损伤代表的是材料在微观机制上的破坏程度,其具体值在 0 到 1 之间,达到 1 时认为材料直接失效,是蠕变本构中的因变量,与规范中的损伤是不一样的概念。

总之,上述对 R5 规程的使用在一定程度上是保守的,其蠕变疲劳损伤结果远小于 ASME Ⅲ-5 规范,总损伤最大值为 0.111 4,未超出 R5 规程的蠕变疲劳损伤包络线,符合评价要求,与不考虑安全系数的 ASME 结果相对较为相近。ASME Ⅲ-5 规范使用安全系数计算的总损伤最大值为 2.643,超出 ASME Ⅲ-5 规范的蠕变疲劳损伤包络线,不符合评价要求。

8.3.4 蠕变疲劳损伤评价方法优化

由以上分析可知,在高温结构蠕变疲劳损伤评价方法中,ASME 和 R5 对疲劳分析评价的结果基本接近,不存在太大差异。而蠕变损伤评价结果,二者却存在很大差异。具体情况为,ASME 蠕变损伤评价采用时间分数法,R5 规程采用延性耗竭法,在 ASME 不使用保守系数的情况下,二者蠕变损伤评价结果相差不大,但是,在 ASME 采用保守系数的情况下,其蠕变损伤评价结果远远大于 R5 的延性耗竭法的结果。经分析可知,R5 的延性耗竭法得到的蠕变损伤评价结果最为接近结构损伤真实情况。故可尝试将上述方法进行优化处理。

具体优化方案如 6.3.4 节所述,对于蠕变损伤评价,使用 R5 规程中的延性耗竭法替代 ASME Ⅲ-5 规范中的蠕变时间分数法,对于疲劳损伤评价,使用 ASME 规范的疲劳评价方法,对于蠕变疲劳损伤评价包络线,使用 ASME 规范的双折线包络评价图。优化方案的优势在于,既能保证考虑到蠕变疲劳存在强交互作用这一保守前提,又能得到保守性适度降低的工程评价结果。得到优化方案下的结构总损伤如图 8-3-10 所示。

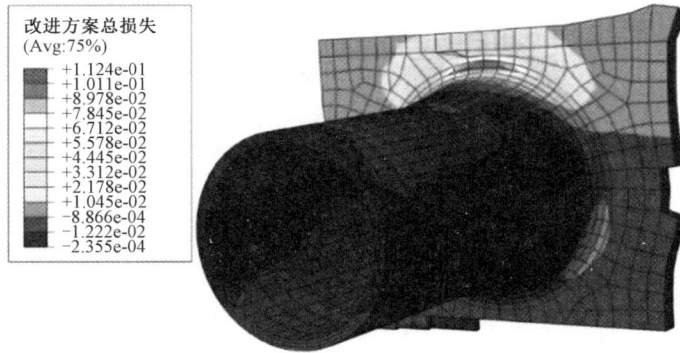

图 8-3-10   优化方案下的总损伤云图

可见,改进方案的损伤分布结果基本与 R5 一致。因为二者的蠕变损伤评价都使用延性耗竭法,两种规范的疲劳损伤分布则完全一致,其损伤值都远小于 1。优化方案与 ASME 和 R5 三种损伤评价方案下得到的疲劳损伤、蠕变损伤以及总损伤数值对比见表 8-3-3。

表 8-3-3   三种方案下各损伤最大结果对比

规范		疲劳损伤	蠕变损伤	总损伤
ASME	有 K'	0.001 008	2.642	2.643
	无 K'		0.269 9	0.270 9
R5		0.000 125 6	0.111 3	0.111 4
优化方案		0.001 008	0.111 3	0.112 4

可见,三种方案下得到的疲劳损伤数值基本一致,优化方案蠕变损伤以及总损伤最大值分别为 0.111 3 和 0.112 4,损伤数值非常接近,相差不到 1%。优化方案下的损伤结果没有超出 ASME-Ⅲ-5 规范蠕变疲劳损伤包络线,符合评价要求。

总之,ASME 使用安全系数的损伤评价方案是最保守的,不使用安全系数的损伤评价方案是较为保守的,而 R5 蠕变疲劳损伤评价方案的结果具有比 ASME 更低的保守程度,优化方案的蠕变疲劳损伤评价结果的保守程度则是最低的。

以上结果说明,优化方案的保守程度得到进一步降低,在单独使用 ASME 规范和 R5 规程无法通过损伤评价时,特别是疲劳损伤在总损伤中不占主要比例时,上述优化方法的优势是相当明显的。所以,在实际工程高温蠕变疲劳损伤评价中,推荐优先采用优化方案。

参 考 文 献

[1] JAMES L. Some questions regarding the interaction of creep and fatigue[J]. Journal of Engineering Materials and Technology, 1976, 98(3): 235-243.

[2] WAREING J. Creep-fatigue interaction in austenitic stainless steels[J]. Metallurgical Transactions A, 1977, 8(5): 711-721.

[3] 毛雪平, 刘宗德, 杨昆. 30Cr1Mo1V 转子钢蠕变-疲劳交互作用的实验研究[J]. 中国电机工程学报, 2004, 24(2): 206-209.

[4] 陈志平, 蒋家羚, 陈凌. 1.25Cr0.5Mo 钢疲劳-蠕变交互作用的损伤研究[J]. 金属学报, 2009, 43(6): 637-642.

[5] RANA M S, SAMANO V, ANCHEYTA J. A review of recent advances on process technologies for upgrading of heavy oils and residua[J]. Fuel, 2007, 86(9): 1216-1231.

[6] MORO L, GONZALEZ G, BRIZUELA G. Influence of chromium and vanadium in the mechanical resistance of steels [J]. Materials chemistry and physics, 2008, 109 (2):212-216.

[7] PLUMBRIDGE W, RYDER D. The metallography of fatigue[J]. Metallurgical Reviews, 1969, 14(1): 119-142.

[8] JULIE A B, JESS J, JAMES L. Fundamentals of metal fatigue analysis[M]. Englewood: Pretice Hall, 1990.

[9] SMITH K, TOPPER T, WATSON P. A stress-strain function for the fatigue of 57 metals (stress-strain function for metal fatigue including mean stress effect). Journal of Materials, 1970, 5: 767-778.

[10] WALKER K. The effect of stress ratio during crack propagation and fatigue for 2024-T3 and 7075-T6 aluminum[J]. Effects of Environment and Complex Load History on Fatigue Life, ASTM STP, 1970, 462: 1-14.

[11] PARK S, KIM K, KIM H. Ratcheting behaviour and mean stress considerations in uniaxial low cycle fatigue of Inconel 718 at 649oC[J]. Fatigue & Fracture of Engineering Materials & Structures, 2007, 30(11): 1076-1083.

[12] MANSON S, HIRSCHBERG M H. Fatigue behavior in strain cycling in the low and intermediate cycle range[J]. Fatigue-An Interdisciplinary Approach, 1964(1):133 -178.

[13] PLUMBRIDGE W. Metallography of high temperature fatigue. High Temperature Fatigue. Springer[J]. 1987(1): 177-228.

[14] HALES R. A Quantitative metallographic assessment of structural degradation of type 316 stainless steel during creep-fatigue[J]. Fatigue & Fracture of Engineering Materials &

Structures, 1980, 3(4): 339-356.

[15] HALES R. The physical metallurgy of failure criteria. High Temperature Fatigue[J]. Springer. 1987,1: 229-259.

[16] NAM S W, LEE S C, LEE J M. The effect of creep cavitation on the fatigue life under creep-fatigue interaction[J]. Nuclear engineering and design, 1995, 153(2): 213 -221.

[17] JEONG C Y, NAM S W. Estimation of the damaging energy under creep - fatigue interaction conditions in 1CrMoV steel[J]. Scripta Materialia, 1999, 40(5): 623-629.

[18] UENO F, AOTO K, WADA Y. Study on metallographic damage parameter in creep-damage-dominant condition under creep-fatigue loading[J]. Nuclear engineering and design, 1996, 162(1): 85-95.

[19] CHALLENGER K, MILLER A, BRINKMAN C. An explanation for the effects of hold periods on the elevated temperature fatigue behavior of 2. 25Cr1Mo steel[J]. Journal of Engineering Materials and Technology, 1981, 103(1): 7-14.

[20] TERANISHI H, MCEVILY A. The effect of oxidation on hold time fatigue behavior of 2. 25Cr1Mo steel. Metallurgical and Materials Transactions A, 1979, 10(11): 1806 -1808.

[21] GOSWAMI T. Development of generic creep - fatigue life prediction models. Materials & Design, 2004, 25(4): 277-288.

[22] PINEAU A, ANTOLOVICH S. High temperature fatigue: behaviour of three typical classes of structural materials[J]. Materials at High Temperatures, 2015, 32(3): 298-317.

[23] LAGNEBORG R, ATTERMO R. The effect of combined low-cycle fatigue and creep on the life of austenitic stainless steels[J]. Metallurgical Transactions, 1971, 2(7): 1821-1827.

[24] LEMAITRE J, CHABOCHE J, 余天庆. 固体材料力学[M]. 北京: 国防工业出版社, 1997.

[25] GOSWAMI T. Applicability of modified Diercks equation with NRIM data[J]. High Temperature Materials and Processes, 1995, 14(2): 81-90.

[26] 何晋瑞. 金属高温疲劳[M]. 北京:科学出版社, 1988.

[27] GOSWAMI T. Low cycle fatigue life prediction-a new model[J]. International Journal of fatigue, 1997, 19(2): 109-115.

[28] 陈国良, 束国刚. 12Cr1MoV 钢主蒸汽管道疲劳蠕变交互作用[J]. 中国电机工程学报, 1990, 10(1): 1-10.

[29] NAM S W. Assessment of damage and life prediction of austenitic stainless steel under high temperature creep - fatigue interaction condition[J]. Materials Science and Engineering: A, 2002, 322(1): 64-72.

［30］RAY A K, DIWAKAR K, PRASAD B. Long term creep – rupture behaviour of 813K exposed 2.25 – 1Mo steel between 773 and 873K ［J］. Materials Science and Engineering：A, 2007, 454 124-131.

［31］张同，王正，刘蔚. 2.25Cr1Mo 材料蠕变/疲劳交互作用下寿命评价［J］. 石油化工高等学校学报，2004，16(4)：40-43.

第 9 章　高温焊缝蠕变疲劳损伤及评价

9.1　高温焊缝评价研究现状

焊缝是焊接接头的一部分,即利用焊接热源的高温将焊材和接缝处金属熔化连接而成的缝。焊接接头是两个或以上零件用焊接方法连接的接头,焊接接头由焊缝金属、熔合区、热影响区和母材金属组成,是焊接结构的一部分。焊缝是焊接结构的脆弱部分,研究统计表明,大概有 70% 的高温结构失效事故与焊缝有直接关系,对焊接结构的研究十分重要。

焊接结构较单一金属材料更为复杂,其高温强度问题是高温结构寿命评价与设计的重要环节,各国对焊接接头寿命评价问题进行了大量实验和研究。

Laha 等对 2.25Cr-1Mo 母材、焊缝金属和复合材料试样进行了蠕变实验,发现不同温度和应力条件下,焊缝与母材蠕变断裂强度的相对大小有所不同。Hyde 等对 CrMoV 材料的单轴、缺口、压痕和交叉焊接试样进行了一系列的蠕变实验,并通过对比实验数据确定了母材、焊缝与 HAZ 材料的蠕变变形和断裂行为。涂善东等提出了结构破断方程的概念,通过对焊缝结构的模拟,将焊缝强度减弱系数定义在结构破断方程的基础上。

近年来,随着实验条件的进步,焊缝研究得以进一步发展。Veerababu 等对 P92 钢母材及焊缝进行了蠕变-疲劳交互作用实验,观察到母材和焊缝均表现出压缩保载敏感性,且所有实验条件下都有局部应变从热影响区转移到母材区域导致母材失效的现象。宋宇轩等进行了 P92 钢焊接接头地长期蠕变-疲劳交互作用实验,根据微观结构演化特征和局部力学性能的变化,系统地研究了蠕变-疲劳交互作用对焊缝局部蠕变行为和断裂机制的影响。但比较遗憾的是,理论方面的发展较为有限,目前仍有很多问题未能解决。

在工程设计中,一般通过引入焊缝强度减弱系数对母材强度进行修正,大多设计规范一般采用经验数值。目前,焊缝强度减弱系数的研究方法大致分为三种层次,即焊材与母材强度的比较、带焊缝试样与母材强度的比较和焊缝结构与母材结构的比较,三种方法的精度和难度逐步上升。最早在规范中引入焊缝强度减弱系数的是 ASME 规范,对应焊材与母材强度比较的研究方法,目前已经给出了多种金属材料的相关系数。但是,研究中发现焊缝整体性能才是焊接结构强度的主要影响因素,焊材强度只能部分影响,很多时候不能合理地定义焊缝强度减弱系数。带焊缝试样与母材强度的比较和焊缝结构与母材结构的比较方法要更加合理,但是进行相关实验的代价过于高昂,且部分情况完全无法进行实验。一般通过数值模拟对复杂焊缝结构进行仿真计算评价,得到的结果受本构方程、材料参数和模拟结构的精细程度等多方面影响,且很多并无实验结果支撑,真实性有待考察。目前应用较为成熟的仍然是焊材强度层次的方法,这是基于工程实际和经济性的考虑。

9.2 ASME 和 R5 高温焊缝评价方法

9.2.1 美国 ASME 规范高温焊缝评价

ASME 规范对高温焊缝蠕变疲劳损伤进行非弹性评价的方法简单明确,在进行结构非弹性分析时无须考虑焊缝结构,只需在进行焊缝损伤计算时通过焊缝蠕变疲劳减弱系数对设计许用循环数 N_d 和许用持续时间 T_d 进行处理即可。

焊缝损伤评价一般是针对焊缝附近,即焊缝中心线任一边 3 倍厚度内,但由于焊缝损伤计算评价属于结构有限元计算分析完成后的数据处理环节,后处理方法和前期计算过程无关,因此,可以对整体结构使用焊缝蠕变疲劳减弱系数,只对焊缝部位的损伤计算结果进行评价分析即可,而其余位置的计算结果无须关注。

ASME 进行焊缝非弹性蠕变疲劳损伤评价时,许用循环数 N_d 的值应为母材允许值的一半,许用持续时间 T_d 的值则需要使用焊缝最小断裂应力曲线,该曲线由母材最小断裂应力表乘以焊缝蠕变减弱系数表得到。

需要注意的是,不同的焊缝蠕变减弱系数表对应不同的焊缝金属和母材组合,使用时应根据实际情况选取的,且焊缝损伤评价仍需使用安全系数 K'。显然,ASME 结构蠕变疲劳非弹性分析时对等效应力进行 1.5 倍的放大,同样适用于焊缝蠕变疲劳分析评价。二者的评价结果均由此系数带来了极大的保守性。

9.2.2 英国 R5 规程高温焊缝评价

R5 规程使用的是基于应变的非弹性蠕变疲劳损伤评价方法,通过焊接应变增强因子(WSEF)和焊接疲劳因子(WER)处理焊缝的应变范围与疲劳许用曲线,对焊缝进行蠕变疲劳损伤计算,整体方法比 ASME 要复杂一些,但损伤的计算方法基本不变。

R5 中提供的焊缝蠕变疲劳损伤评价方法,对修整焊接件和未修整焊接件采用单一评估路线,主要适用于奥氏体钢,在铁素体钢方面仍需要进一步研究完善。为便于工程人员应用,R5 提供了部分使用建议,涵盖了组件在 650 ℃ 温度下运行并经受数百次疲劳循环的相关条件(例如反应堆内部组件、锅炉组件、蒸汽管道等)。旧版 R5 使用的是疲劳强度折减系数(FSRF),新版 R5 中则使用焊接应变增强因子(WSEF)和焊接疲劳因子(WER)的组合进行替代。WSEF 解释了由于焊接件几何形状和焊接件区域之间材料不匹配导致的应变增强,在疲劳损伤计算中用于修正焊缝应变大小,在蠕变损伤计算中用于确定焊缝初始应力;而 WER 解释了由于焊接件组成材料中存在微缺陷导致的疲劳韧性降低,只在疲劳损伤计算中用于取消形核周次 N_i,降低疲劳许用周次 N_{0j}。

R5 给出了奥氏体和铁素体焊接件的 WSEF 值,奥氏体的焊缝 WSEF 见表 9-2-1,该值基于焊接件实验数据,通过对降低的母材疲劳寿命曲线(即取消形核周次)与焊接件疲劳数据的均值比较得出的。需要注意的是,在计算疲劳损伤和表中给出的 WSEF 等值时,如果焊缝金属疲劳寿命曲线低于降低的母材疲劳寿命曲线,则应采用焊缝金属疲劳寿命曲线。

表 9-2-1　奥氏体焊缝 WSER

R5 焊缝类型	RCC-MR 焊缝类型	WSEF
1	Ⅰ.1,Ⅰ.2,Ⅰ.3,Ⅱ.1	1.16
2	Ⅲ.1,Ⅲ.2	1.23
3	Ⅴ,Ⅵ,Ⅶ	1.66

在应用 WSEF 时,对于结构截面大于 25 mm 且不超过 150 mm 的奥氏体和铁素体焊缝,需要增加厚度系数 $\left(\dfrac{t}{25}\right)^{0.25}$,其中 t 为公称厚度,单位为 mm。该厚度系数适用于未焊焊缝焊趾部的疲劳裂纹,对于一些没有此特征的焊缝,如已焊焊缝,则不需要该厚度系数。如果 WSEF 增加过大,则应考虑该系数是否适用于最大疲劳损伤的位置(若其与焊趾非同一位置)。

WER 定义为包括与不包括形核周次的疲劳许用周次之比,其中许用周次与形核次数根据式(6-3-8)至式(6-3-10)计算,所有焊接件类型的形核尺寸 a_W 同样为 0.02 mm。

使用 R5 进行焊缝损伤评价的几个前提包括:不考虑 $N>10^6$ 的高周疲劳;焊接件蠕变疲劳损伤应被认为是根据均匀母体评估和焊接件评估计算值的较高者;进行焊缝损伤评价前应首先对焊接件的几何形状进行评估。

与 RCC-MR 规范中的焊接件类型有一定相关性,R5 定义了三种焊缝类型,如图 9-2-1 所示。

(1)1 型:对应与主加载方向垂直的对接焊接件。该焊接件为全焊透,并由两块平行且在接合处厚度相等的板连接而成。焊接面基本难以破坏,但并非永久稳固。

(2)2 型:对应与主加载方向垂直的圆角或 T 形对接焊接件,该焊接件为全焊透,并由两块垂直且厚度不同的板连接而成。焊接面基本难以破坏,但并非永久稳固。

(3)3 型:对应与主加载方向垂直的圆角或 T 形对接焊接件。该焊接件可以是部分焊透或零焊透,所连接的两块板不受标称方向限制,且可以是不同厚度。焊接面可能难以破坏。

计算焊缝疲劳损伤时,将 Neuber 结构与线弹性—加二次应力范围 $\Delta(P_L+P_B+Q)$ 结合使用,以计算相应包括体积修正的主应变范围 $\Delta\overline{\varepsilon}_{tl}$(在非弹性分析中保守对应最大等效非弹性应变范围,不包括蠕变应变),再乘以 WSEF,并与对应循环的保载期间的蠕变应变增量 $\Delta\overline{\varepsilon}_c$ 相加,得到评价所需的等效应变范围 $\Delta\overline{\varepsilon}_t$:

$$\Delta\overline{\varepsilon}_t = \mathrm{WSEF}\Delta\overline{\varepsilon}_{tl}+\Delta\overline{\varepsilon}_c \tag{9-2-1}$$

焊接类型	示例	焊接接头类型的 RCC-MR 定义				
1	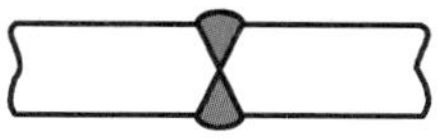	I.1	对接焊	全熔透	两端自由	背面焊接
	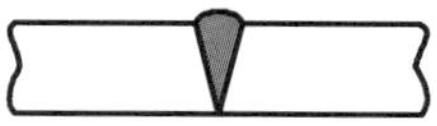	I.2	对接焊	全熔透	两端自由	包含或不包含背面气体保护
	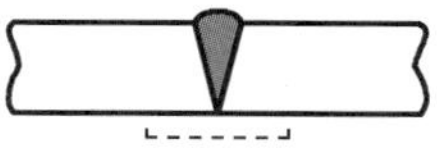	I.3	对接焊	全熔透	两端自由	对于临时背条拆除背条后可进行检查
	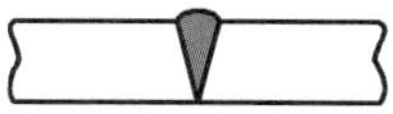	II.1	对接焊	全熔透	背面固定	包含或不含气体保护
2		III.1	圆角或T形焊接	全熔透	两端自由	背面焊接或背面加工
		III.2	圆角或T形焊接	全熔透	背面固定	气体背部保护
3		V	圆角或T形焊接	部分熔透或没有熔透	直角或单开间工艺	双焊缝
	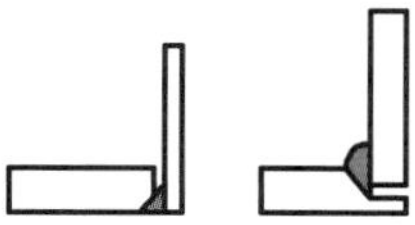	VI	圆角或T形对接焊接	部分熔透	单开间工艺	单焊缝
		VI	圆角或T形焊接	没有熔透	直边穿透	单焊缝

图 9-2-1 焊缝类型

再使用母材疲劳寿命曲线(通过 WER 降低)或焊缝金属疲劳寿命曲线两种规范中较低值计算焊缝疲劳损伤,损伤计算公式使用式(6-3-7)。

计算焊缝蠕变损伤时,需要假定循环加载是显著的,即前文提及的不考虑 $N>10^6$ 的高周疲劳,R5 提供了以下两种可行的方法。

(1)不使用 WSEF,从非弹性分析的结果来评估保载期间的等效蠕变应变增量,将蠕变应变增量加以提高以抵消 WSEF 和性能不匹配对初始应力的影响,并使用与评估位置相适应的材料蠕变延性计算焊缝蠕变损伤。此方法适用于非弹性分析,但方法相关的建议文献无法获取,因此无法使用,这也体现出 R5 规程在工程应用方面的一大不足,即可供工程使用的数据和方法细则较为有限。

(2)在循环峰值时,将 Neuber 结构与线弹性一加二次应力范围 $\Delta(P_L+P_B+Q)$ 结合使用以计算相应包括体积修正的主应变范围$\Delta\bar{\varepsilon}_{tl}$（在非弹性分析中保守对应最大等效非弹性应变范围$\Delta\bar{\varepsilon}_{tl}$，不包括蠕变应变），再乘以 WSEF，得到修正后的等效应变范围，通过母材循环应力应变曲线得到修正后的母材应力范围$\Delta\sigma^*_{(p)}$，然后使用材料屈服特性和其他方法得到修正后的母材初始应力σ'_0，最终通过简化的延性耗竭法计算焊缝蠕变损伤。

此方法在 R5 中用作弹性分析，由于 R5 中焊缝非弹性蠕变损伤评价方法的内容有所缺失，分析后决定结合使用弹性焊缝蠕变损伤评价方法和非弹性有限元结果，进行非弹性焊缝蠕变损伤评价。

对于焊缝金属内的评估点，如果母材的循环强度高于焊缝金属的循环强度，则取σ_0作为母材的初始应力。然而，如果焊缝金属的循环强度较高且有充分的焊缝金属循环应力-应变数据，则在对$\Delta\bar{\varepsilon}_{tl}$进行处理时，母材应力范围$\Delta\sigma^*_{(p)}$以及初始应力$\sigma_0$应乘以焊缝与母材循环强度之比，以得到直接的焊缝金属应力范围$\Delta\sigma^*_{(w)}$以及初始应力σ_{0w}。在没有足够的焊缝金属循环应力-应变数据的情况下，可以采用从循环应力-应变数据得出的焊缝金属和母材 0.2%的屈服极限比值来近似焊缝强度增加的影响。

对于焊缝金属内的评估点，应使用焊缝金属蠕变延性来计算蠕变损伤；对于母材中的评估点，所用的蠕变延性应为母材和热影响区（HAZ）材料中较低的值。需要注意的是，应力修正的延性衰竭方法（选项3）仅限于对蠕变疲劳实验数据进行验证的材料和材料组合，目前不包括焊接，该方法有待与焊接评估方法一起验证。

9.2.3 ASME 和 R5 高温焊缝评价保守性分析

ASME 委员会对高温焊缝规范的相关规定进行了审查，对其保守性给出了审查结论。对 HBB-T-1710 的规定应该有条件地接受，理由是该规则会导致保守设计，并提醒设计人员将焊缝放置在低应变区。但是，在高温结构应用中，由于焊接残余应力的松弛，即使因焊后热处理导致焊接残余应力一定程度降低的区域，也会发生应力松弛开裂，这一结论已经有多人的研究论文证实。审查人员建议，应由设计者确保其设计考虑了应力松弛开裂的可能性，即预先评估过应力松弛开裂的影响，方可接受。

对于 HBB-T-1711 范围和 HBB-T-1712 材料特性，审查建议接受，因为根据第 4 节 HBB-T-1710 中讨论的实验数据，规范规则规定了高温下焊缝金属的有限延展性。

对于 HBB-T-1713 应变极限，审查建议接受，因为对焊件应变极限考了 1/2 的减弱系数，提供了 HBB-T-1710 讨论具有足够的保守性。

HBB-T-1715 蠕变疲劳降低因子也是可以接受的，因为用于疲劳评估程序的折减系数预计会产生保守设计。通过对测试数据与规范规则的广泛比较，Corum 于 1989 年已经对此提供了保守的验证。

但是，关于非弹性焊缝蠕变疲劳损伤评价方法的保守性，ASME 和 R5 两种规范则表现出很大差异，分析如下：

1. 失效评价和总损伤包络曲线

非弹性焊缝蠕变疲劳损伤评价方法主要是对蠕变损伤和疲劳损伤进行了修正，总损伤的计算和评价基本没有变化，相关结论不变，可参考前文内容，此处不再赘述。

2. 疲劳损伤计算

焊缝疲劳减弱系数的对象不同,ASME 对设计疲劳曲线进行修正,R5 则分别对应变范围和设计疲劳曲线进行修正。ASME 对大量的高温焊接件疲劳实验数据进行分析评估后,认为对应变范围使用 1.2 的高温增强系数,就足以保证焊缝疲劳损伤是足够保守的,这大致对应于 ASME 当前使用的设计疲劳曲线的焊缝疲劳减弱系数 2。值得一提的是,ASME 完整规范中有全面使用疲劳强度折减系数 FSRF 的方法,对不同的材料种类和焊接件类型等条件都有对应的值,但在 ASME Ⅲ-5 规范中只给出了一个简单值。

R5 基于实验数据与相关理论,使用焊接应变增强因子(WSEF)和焊接疲劳因子(WER)取代 FSRF,根据材料种类和焊接件类型的不同,使用对应的 WSEF 增大应变范围,解释了由于焊接件几何形状和焊接件区域之间材料不匹配导致的应变增强;并通过 WER 取消裂纹形核周次,降低疲劳许用周次,解释了由于焊接件组成材料中存在微缺陷导致的疲劳韧性降低。WSEF 可以参考 ASME 的结论,影响效果较小,而 WER 则影响较大,不同 M 值下 WER 随循环周次增大,如图 9-2-2 所示。

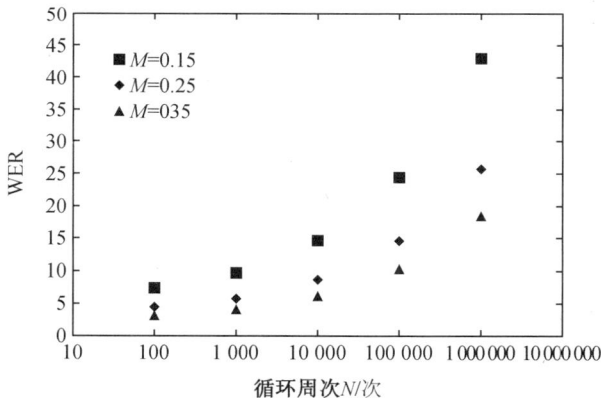

图 9-2-2　WER 随循环次数的变化

可见,随着 M 值的减小和循环周次的增加,裂纹形核周次在总的断裂循环周次的占比增大,WER 迅速增加。相较而言,R5 规程结合实验与理论,使用的 WSEF 和 WER 因子拥有一定的物理意义,可以处理多种情况,整体方法更加明确合理,保守性更低。

为了更加直观地对比两种规范焊缝疲劳减弱系数的区别,根据 ASME 与 R5 的焊缝疲劳减弱系数对疲劳曲线进行简化处理,将得到的焊缝疲劳曲线绘制在一起,其中 R5 的相关参数对应本书所选的非标三通结构,WSEF 对总应变范围取 1.23(WSEF 不增强蠕变应变,此处为便于处理,取保守值),M 取 0.25,WER 通过消除裂纹形核阶段处理,如图 9-2-3 所示。

可见,根据 R5 原始数据处理得到的焊缝疲劳曲线的保守性是最低的,甚至全面低于未处理过的 ASME 疲劳曲线,但数据非常有限,缺少循环周次 $N>10^4$ 的数据。而对于本书基于数据全面性和保守性考虑选取的替代 R5 疲劳曲线的 ASME 595 ℃ 10N 曲线,在使用 R5

方法处理后,与 ASME 的焊缝疲劳曲线在保守性上互有高低,很明显,R5 焊缝疲劳减弱系数的保守性大于 ASME。但是,图 9-2-3 在处理时放大了 WSEF 的效果,实际的保守性对比结果还需要参考损伤计算数据。但是可以明确的是,在 9.2.2 节相关结论的基础上,如果能通过分析得到结构的非弹性应变范围和蠕变应变的构成,那么便可以得到两种规范的焊缝蠕变疲劳损伤的大致量化关系。

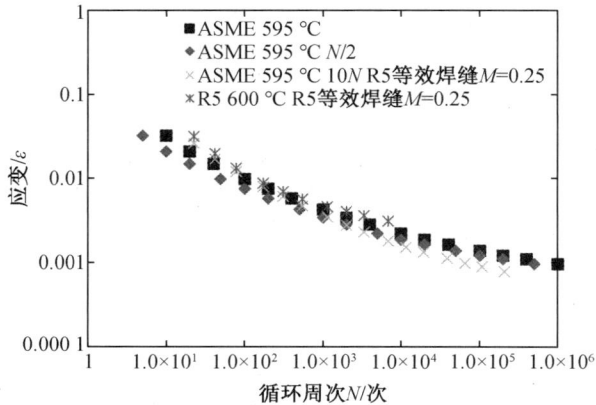

图 9-2-3　等效焊缝疲劳曲线对比

3. 蠕变损伤计算

焊缝蠕变减弱系数的对象不同,根本在于使用的蠕变损伤计算方法不同。ASME 基于大量焊接件蠕变实验工作和数据,考虑了焊接行为复杂性和相对材料可变性的影响,认为通过已有的多种应力安全系数,使用简单的焊缝强度折减系数可以确保合理保守的焊接件损伤评价。ASME 对焊接件实验数据进行处理,将焊接件试样的母材与焊缝金属的平均蠕变断裂曲线进行比较,整理总结了许多不同材料焊接件的焊缝强度折减系数。R5 并未讨论时间分数法的焊缝蠕变损伤计算方法,仅对延性耗竭法提供了部分建议,主要基于 WSEF 增强蠕变过程中的非弹性应变范围大小,并通过等时应力应变曲线确定修正后的应力范围,进一步得到蠕变期间的等效应力降,最终通过简化的延性耗竭法保守计算焊缝蠕变损伤。比较明确的是,整体而言,由于采用延性耗竭法与保守系数较少,R5 焊缝蠕变损伤的保守性是低于 ASME 的。但 R5 焊缝蠕变调整采用了简化的延性耗竭法,且蠕变评价的应力和应变方法难以直接对比,对于焊缝蠕变减弱系数的保守性很难得到类似焊缝疲劳的结论。

目前对焊缝结构的研究较为有限,ASME 与 R5 都是通过焊缝蠕变疲劳减弱系数对焊缝结构进行处理。两种规范的区别在于,ASME 的方法简单直接,焊缝蠕变疲劳减弱系数完全依赖焊接件实验结果,蠕变方面对于不同焊接件材料提供了不同的焊缝强度折减系数,疲劳方面则直接通过统一的疲劳曲线减弱系数进行处理。而 R5 结合实验数据与焊缝结构的部分特性,通过 WSEF 和 WER 处理焊接件形状差异、材料性能不匹配以及存在微缺陷的问题,蠕变方面通过 WSEF 增强应变范围获取应力范围和等效应力降,并通过简化的延性耗竭法计算焊缝蠕变损伤,疲劳方面使用 WSEF 增强应变范围和 WER 降低循环周次调整焊缝疲劳损伤。总之,蠕变方面,焊缝蠕变减弱系数的保守性难以直接界定,需要结合有无焊缝的蠕变损伤进行对比,由于延性耗竭法和保守系数较少,R5 的焊缝蠕变损伤保守性更低;疲劳方面,ASME 焊缝疲劳减弱系数的保守性较低,但焊缝疲劳损伤保守性依然是 R5 低。

9.2.4　基于 R5 规程的焊缝蠕变损伤评价优化

R5 中仅对弹性方法进行了详细说明,当采用非弹性方法进行计算时,严格来说无法完成焊缝蠕变疲劳损伤的工程评价。但是,本书尝试进行一种工程评价方法的研究,即基于保守性原则,结合使用弹性焊缝蠕变损伤评价方法和非弹性焊缝有限元结果,探索完成一种非弹性焊缝蠕变损伤评价方法。

本方法需要确定弹性跟随系数。在应力松弛过程中,弹性应变被不断产生的蠕变应变取代,在应变控制的应力松弛实验中总应变不变,但在实际情况中总应变是增加的,即弹性跟随现象,该过程可由以下形式的方程式描述:

$$\frac{\mathrm{d}\overline{\varepsilon}_{c}}{\mathrm{d}t}+\frac{Z}{\overline{E}}\frac{\mathrm{d}\overline{\sigma}}{\mathrm{d}t}=0 \qquad (9-2-2)$$

$$\overline{E}=\frac{3E}{2(1+v)} \qquad (9-2-3)$$

式中,$\overline{\varepsilon}_{c}$ 为等效蠕变应变;$\overline{\sigma}$ 为等效应力;$\overline{E}$ 为有效弹性模量;E 为弹性模量;v 为泊松比;Z 为弹性跟随系数。对式(9-2-2)积分变换后可得

$$Z=-\frac{\Delta\overline{\varepsilon}_{c}\overline{E}}{\Delta\overline{\sigma}}=-\frac{\Delta\overline{\varepsilon}_{c}}{\Delta\overline{\varepsilon}_{e}} \qquad (9-2-4)$$

式中,$\Delta\overline{\varepsilon}_{c}$ 为蠕变应变的增量;$\Delta\overline{\sigma}$ 为蠕变期间的等效应力降;$\Delta\overline{\varepsilon}_{e}$ 为弹性应变的减少量。弹性跟随系数 Z 表征在高温蠕变期间的不同的应力应变变化路径,$Z=1$ 对应恒定应变下的松弛实验,$Z\to\infty$ 对应恒定应力下的蠕变实验。R5 在验证计算中发现,Z 具有随着应力松弛的持续而增加的总体趋势,结合公式、蠕变和松弛知识分析可知:在应力松弛持续过程中,应力值逐步接近松弛极限,作为公式分母的应力降低速率逐渐减小乃至趋近于 0;而在整个蠕变过程中蠕变应变都是在不断增加的,作为公式分子的蠕变应变增量对应蠕变应变速率,在蠕变第二阶段达到最小值并保持不变,易知 Z 值在此过程中呈增加趋势。

R5 中提供了三种评估弹性跟随的选项:

(1)不考虑应力松弛。此选项对应 $Z\to\infty$,直接使用蠕变数据评估应变值,可应用于任何情况,但会导致较高的保守性。

(2)$Z=3$。该选项来自基于对由尖端位移加载的悬臂的分析研究,适用于结构等温(温度变化不超过 10 ℃)且有承受应力松弛能力的情况。

(3)基于非弹性分析结果。R5 通过简化的非弹性计算模拟线弹性运动学的变化,得到相对保守的 Z 值,此方法需要较为全面的材料数据和较为复杂的分析流程。相对而言,根据全面的非弹性分析结果在材料数据需求和分析流程上要更加简单,本书使用的即此类

方法。

本方法使用简化的延性耗竭法,假设保载期间最繁重的应力状态始终适用、蠕变延性 $\bar{\varepsilon}_L$ 始终等于下层延性 ε_L,蠕变损伤计算有

$$D_c = n_j d_{cj} \tag{9-2-5}$$

$$d_c = \frac{\Delta \varepsilon_c}{\bar{\varepsilon}_L} \tag{9-2-6}$$

对于弹性分析,考虑应力松弛,有

$$d_c = \frac{Z \Delta \bar{\sigma}'}{\bar{E} \bar{\varepsilon}_L} \tag{9-2-7}$$

变换后可得

$$Z = \frac{\bar{E} \bar{\varepsilon}_L}{\Delta \bar{\sigma}'} d_c \tag{9-2-8}$$

式中,Z 为弹性跟随系数;$\bar{E}$ 为有效弹性模量;$\Delta \bar{\sigma}'$ 为蠕变期间考虑弹性跟随的等效应力降。

非弹性分析可以完全模拟应力松弛的过程,因此,确定对应条件下的 Z 值可以通过非弹性分析结果获取,但在实际应力松弛过程中,弹性应变和蠕变应变的转变过程存在应变耦合作用等情况,相对复杂,出于保守考虑,并未选取式(9-2-4)进行计算,而是使用各参数保守处理后的式(9-2-8)以获取更为保守的 Z 值。蠕变损伤 d_c 根据前文提供的详细的延性耗竭法方法计算获取,蠕变延性 $\bar{\varepsilon}_L$ 使用整个非弹性分析过程中的最大值($\bar{\varepsilon}_L$ 由单轴延性数据和多轴系数确定,在非弹性分析过程中存在变化)以保证 Z 值的保守性,有效弹性模量 $\bar{E}$ 可以通过材料参数获取,等效应力降 $\Delta \bar{\sigma}'$ 可以通过非弹性分析中确定的初始保载应力 σ_0 减去保载阶段末端应力 σ_{ed} 确定,确定 Z 值的参数主要从非弹性分析中等效蠕变应变最大的位置获取。

将循环峰值的最大等效非弹性应变范围 $\Delta \bar{\varepsilon}_{tl}$(不包括蠕变应变),乘以 WSEF,得到修正后的等效应变范围,通过母材循环应力应变曲线得到修正后的母材应力范围 $\Delta \sigma^*_{(p)}$,使用材料屈服特性和其他方法得到修正后的母材初始应力 σ'_0,减去保载阶段末端应力 σ'_{ed},得到最大等效应力降 $\Delta \bar{\sigma}'_{max}$ 延性 ε_L 使用整个非弹性分析过程中的最小值以保证损伤结果的保守性,Z 值使用前文中获取的结果。

总之,本书结合高温焊缝非弹性分析计算结果以及焊缝弹性评价方法,在全面保守的原则基础上,通过非弹性有限元结果确定保守的 Z 值,使用保守的简化延性耗竭法计算焊缝蠕变损伤,计算结果是非常保守的。需要注意的是,如果焊缝金属材料与母材材料性能存在一定差异,需要参考前文中提到的焊缝金属应力范围 $\Delta \sigma^*_{(w)}$ 等相关内容。

作为有益的尝试,本方法将为高温焊缝蠕变疲劳损伤评价提供可靠且保守的备选方法。

9.3　焊缝损伤工程评价实例

9.3.1　焊缝损伤计算参数

为验证焊缝蠕变疲劳减弱系数的相对保守性,仍使用某特种高温反应堆非标三通结构进行焊缝蠕变疲劳损伤评价,参数基本保持不变,仅对增加的部分焊缝蠕变疲劳损伤计算的相关参数进行说明。

对于所选的非标三通结构,母材与焊缝金属材料均为316H,ASME Ⅲ-5规范的蠕变强度折减系数使用规范内断裂应力系数表HBB-I-14.10 B-3,疲劳减弱系数为2,对应疲劳设计曲线循环周次的降低。R5的WSEF为1.23,对应于奥氏体钢的2型焊接件的应变增强,WER通过使用公式消除形核周次表达疲劳曲线循环周次的降低。

简化延性耗竭法相关参数的确定相对复杂,包括有效弹性模量 $\bar{E}$、多轴延性 $\bar{\varepsilon}_L$、弹性跟随系数 Z。$\bar{E}$ 根据弹性模量和泊松比计算得到,对于 621 ℃ 的316H不锈钢为171 346.16 MPa;在非弹性计算中可以获得整个过程的多轴系数,$\bar{\varepsilon}_L$ 通过延性数据和多轴公式获取,取整个蠕变阶段延性最小值0.014 28;Z 通过公式(9-2-8)计算,$\bar{\varepsilon}_L$ 取整个蠕变阶段延性最大值0.017 65,蠕变损伤 d_c 值为 0.111 3,等效应力降 $\Delta\bar{\sigma}'$ 通过第4章的非弹性计算获得,取等效蠕变应变最大位置在整体稳态蠕变阶段中的最大等效应力降37.07 MPa,最终确定保守 Z 值为9.08。

9.3.2　ASME和R5焊缝损伤评价

ASME规范和R5规程的焊缝疲劳损伤、蠕变损伤和总损伤最大结果见表9-3-1,焊缝疲劳损伤、蠕变损伤和总损伤云图如图9-3-1所示。

表 9-3-1　各焊缝损伤最大结果

规范		疲劳损伤	蠕变损伤	总损伤
ASME	有 K'	0.002 016	7.227	7.229
	无 K'		1.207	1.209
R5		0.001 888	0.324 7	0.325 3

由上述损伤云图可以明显看到,R5最大焊缝总损伤并非其最大焊缝蠕变损伤和最大焊缝疲劳损伤之和,这是因为R5焊缝疲劳损伤和蠕变损伤的最大值不在同一位置,如图9-3-1(b)(g)(h)所示,且与前文情况不同,此时的R5疲劳损伤增加了一个量级,对总损伤产生了可见影响,体现为总损伤的较大值区域有所增加。ASME则仍是总损伤分布与蠕变损伤分布完全一致,疲劳损伤的相对量级过小,难以造成可见影响。

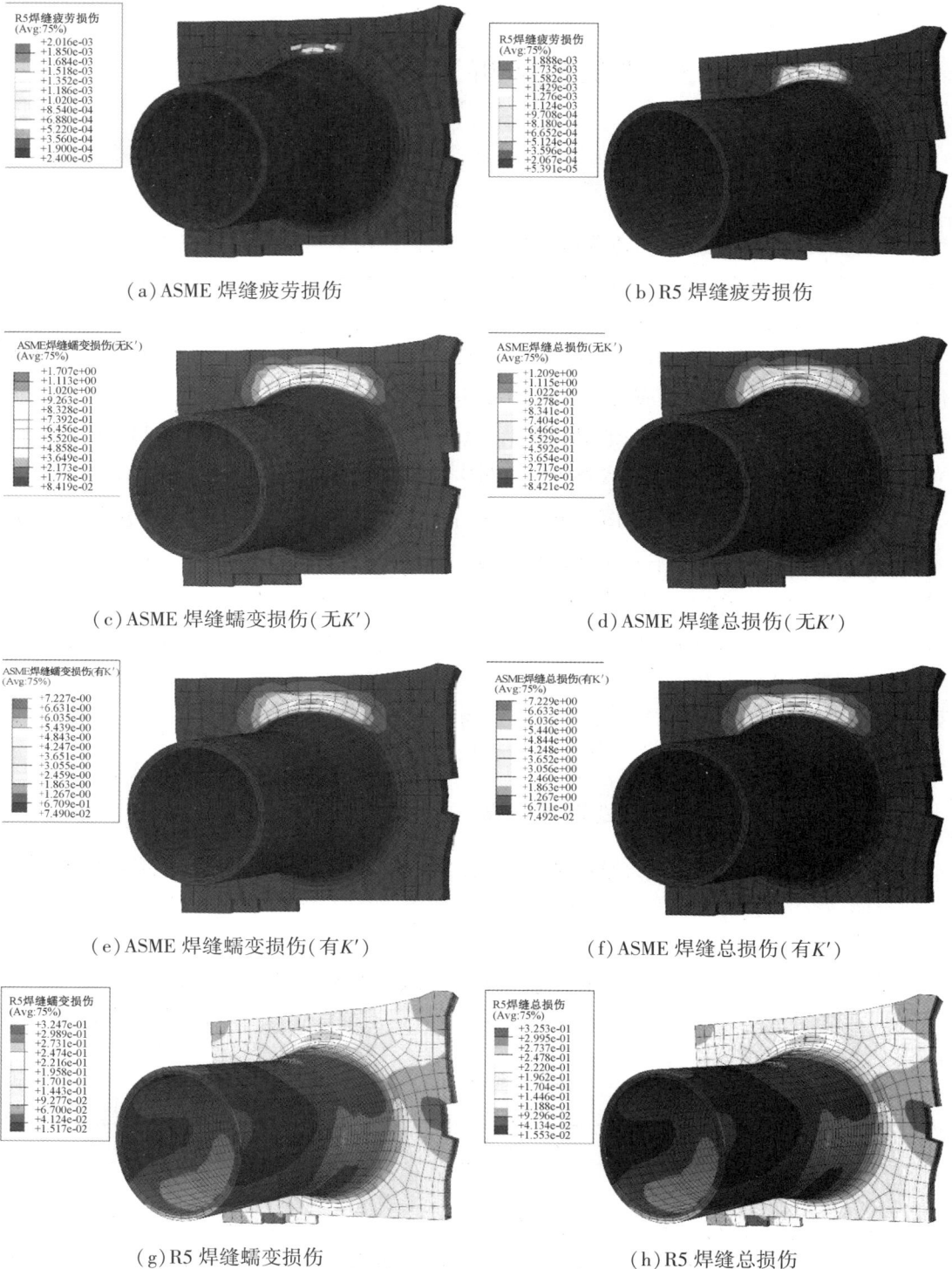

(a) ASME 焊缝疲劳损伤

(b) R5 焊缝疲劳损伤

(c) ASME 焊缝蠕变损伤(无K')

(d) ASME 焊缝总损伤(无K')

(e) ASME 焊缝蠕变损伤(有K')

(f) ASME 焊缝总损伤(有K')

(g) R5 焊缝蠕变损伤

(h) R5 焊缝总损伤

图 9-3-1　焊缝损伤云图

焊缝疲劳损伤方面,两种规范的最大损伤值 0.002 016 和 0.001 888 十分接近,损伤分布则不太相同,ASME 依然集中于少数几个单元,R5 则相对有所扩散,且最大损伤位置更加明确。这是因为 R5 的焊缝疲劳减弱系数同时修正了最大等效应变范围和疲劳曲线,割裂了两种规范间由于最大等效应变范围相同和疲劳曲线调整系数导致的较为明确的量化关系,且 WER 大幅降低了许用周次,导致损伤梯度的减小,因而展现出损伤区域有所扩大的结果。

与两种规范无焊缝的疲劳损伤结果相比,R5 的疲劳损伤增加到原来的 15 倍,ASME 则是 2 倍,可以看出 R5 焊缝疲劳减弱系数的保守性远大于 ASME,但焊缝疲劳损伤的保守性仍然小于 ASME,且应用 R5 时采用的是较为保守的 ASME 595 ℃ 10N 曲线,如果采用 R5 提供的原始曲线,得到的焊缝蠕变损伤还会进一步降低。但需要注意的是,如果结构的壁厚过薄,M 值降低到一定程度,R5 的焊缝疲劳损伤保守性则有可能大于 ASME。

焊缝蠕变损伤方面,R5 的损伤最大值仍比 ASME 低一个量级,保守性更低,损伤值分布等情况与无焊缝基本一致,唯一的区别在于,R5 有焊缝的蠕变损伤集中区域相较于无焊缝梯度更加平缓,这主要是因为有焊缝的非弹性方法采用简化的延性耗竭法,不考虑损伤累积的过程,延性统一使用保守值,梯度相对有限;无焊缝的非弹性方法多轴延性会随着应力变化,应力集中区域延性相对其他区域较小,且逐步累积损伤,因此梯度更加陡峭。

另外,R5 结构损伤分析中部分损伤存在负值现象,当采用简化延性耗竭法的保守处理后,焊缝损伤未发现负值现象。

与两种规范无焊缝的蠕变损伤结果相比,ASME 在使用安全系数的情况下,蠕变损伤增加到接近原来的 2.8 倍,R5 则是接近原来的 3 倍,可以认为 R5 的焊缝蠕变减弱系数大于 ASME,不过需要注意,此处使用的 R5 方法具有较大的保守性,如果 R5 能给出更完善的方法,R5 的焊缝蠕变减弱系数应该是小于 ASME 的。ASME 如果不使用安全系数,焊缝蠕变损伤会增加到无焊缝情况的 5 倍,焊缝蠕变减弱系数更大,主要是因为不使用安全系数的实际应力值较小,而 ASME 给出的蠕变强度折减系数表中应力越小对应的折减程度越高。

总之,R5 规程的焊缝疲劳损伤结果与 ASME-Ⅲ-5 规范相近,焊缝蠕变损伤结果远小于 ASME Ⅲ-5 规范,焊缝总损伤最大值为 0.325 3,不超出 R5 规程的蠕变疲劳损伤线,符合评价要求。ASME-Ⅲ-5 规范无论是否考虑安全系数,焊缝蠕变损伤都大于 1,总损伤超出 ASME Ⅲ-5 规范的蠕变疲劳损伤线,不符合评价要求。

实际上,对 R5 规程的使用已经相当保守,其焊缝蠕变疲劳损伤结果小于 ASME-Ⅲ-5 规范,ASME-Ⅲ-5 规范使用安全系数计算的焊缝总损伤最大值为 7.229,超出 ASME 的蠕变疲劳损伤包络线,不符合评价要求。

9.3.3　焊缝损伤评价的优化方案

由以上分析可知,在高温结构蠕变疲劳损伤评价中,ASME 和 R5 对疲劳分析评价的结果基本接近,不存在太大差异。而蠕变损伤评价结果,二者却存在很大差异。具体情况为,ASME 蠕变损伤评价采用时间分数法,R5 规程采用延性耗竭法,在 ASME 不使用保守系数的情况下,二者蠕变损伤评价结果相差不大,但是,在 ASME 采用保守系数的情况下,其蠕变损伤评价结果远远大于 R5 的延性耗竭法的结果。分析可知,R5 的延性耗竭法得到的蠕变损伤评价结果最为接近结构损伤真实情况。

故而可以尝试将上述评价方法进行优化处理,具体优化方案如9.2.4节所述,对于蠕变损伤评价,使用 R5 规程中的延性耗竭法替代 ASME Ⅲ-5 规范中的蠕变时间分数法,对于疲劳损伤评价,使用 ASME 规范的疲劳评价方法,对于蠕变疲劳损伤评价包络线,使用 ASME 规范的双折线包络评价图。优化方案的优势在于,既能保证考虑到蠕变疲劳存在强交互作用这一保守前提,又能得到保守性适度降低的工程评价结果。ASME、R5 和改进方案的焊缝疲劳损伤、蠕变损伤和总损伤最大结果见表9-3-2。

表 9-3-2　各焊缝损伤最大结果

规范		疲劳损伤	蠕变损伤	总损伤
ASME	有 K'	0.002 016	7.227	7.229
	无 K'		1.207	1.209
R5		0.001 888	0.324 7	0.325 3
优化方案		0.002 016	0.324 7	0.324 7

可见,使用焊缝评价优化方案,即以 R5 规程的延性耗竭法替代 ASME Ⅲ-5 规范中的蠕变时间分数法,焊缝总损伤最大值为0.324 7,未超出 ASME Ⅲ-5 规范蠕变疲劳损伤包络线,符合评价要求。

焊缝蠕变疲劳评价优化方案的结果,疲劳损伤与 ASME 基本一致,但比 R5 结果约大7%,蠕变损伤分布结果与 R5 基本一致,但比 ASME 的结果小很多,约为 ASME 考虑安全系数的结果的27%,约为 ASME 不考虑安全系数的结果的5%。总损伤相比大小趋势基本相同,优化方案的最大损伤与 R5 基本一致,比 ASME 有非常大的降低。这也是由于 R5 焊缝蠕变损伤最大值的位置与 ASME 焊缝疲劳损伤最大值的位置不完全一致导致的,因为 R5 采用的简化延性耗竭法,其蠕变损伤分布发生了一定变动。

优化方案下,焊缝总损伤云图如图9-3-2所示。

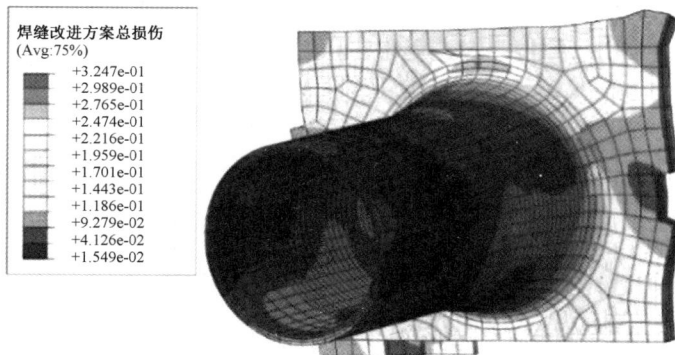

图 9-3-2　优化方案焊缝总损伤

总之,优化方案的蠕变疲劳损伤评价结果与 R5 的相关结果基本一致,但比 ASME 焊缝评价方案的结果有较大降低,反应堆结构焊缝蠕变疲劳损伤评价中,应优先采用优化方案,其次也可采用 R5 方案,至于 ASME 焊缝蠕变疲劳损伤评价方案,由于过分保守,一般情况下,不建议采用。

参 考 文 献

[1] 王飞,郭万林.钛合金材料 IMI834 高温蠕变和蠕变断裂的连续损伤力学分析[J].机械强度,2005,27(4):530-533.

[2] 徐鸿,袁军,倪永中.基于 Norton-Bailey 模型的 P92 钢初期蠕变过程分析[J].材料科学与工程学报,2013,31(4):568-571.

[3] 雷航,胡绪腾,宋迎东.GHl88 合金蠕变本构模型研究与应用[J].机械科学与技术,2011,30(10):1623-1628.

[4] 王晓艳.UNS N10003 合金高温蠕变理论模型与数值模拟研究及应用[D].北京:中国科学院大学,2018.

[5] BASINSKI Z S. Thermally activated glide in face-centred cubic metals and its application to the theory of strain hardening[J]. Philosophical Magazine, 1959, 4(40): 393-432.

[6] RICE J R, TRACEY D M. On the ductile enlargement of voids in triaxial stress fields[J]. Journal of the Mechanics and Physics of Solids, 1969, 17(3): 201-217.

[7] COCKS A C F, ASHBY M F. Intergranular fracture during power-law creep under multiaxial stresses[J]. Metal science, 1980, 14(8-9): 395-402.

[8] KACHANOV L M. Time of the rupture process under creep conditions, Izy Akad[J]. Nank SSR Otd Tech Nauk, 1958, 8: 26-31.

[9] ROBOTNOV Y N. Creep problems in structural members[M]. Amsterdam: North-Holland Publishing Company, 1969.

[10] BECKER A A, HYDE T H, SUN W, et al. Benchmarks for finite element analysis of creep continuum damage mechanics[J]. Computational Materials Science, 2002, 25(1-2): 34-41.

[11] LEMAITRE J. How to use damage mechanics[J]. Nuclear Engineering and Design, 1984,80(2):233-245.

[12] XU Q, HAYHURST D R. The evaluation of high stress creep ductility for 316 stainless steel at 550℃ by extrapolation of constitutive equations derived for lower stress levels[J]. International Journal of Pressure Vessel and Piping,2003,80(2):689-694.

[13] GOODMAN J. Mechanics applied to engineering[M]. New York:Longmans, Green, 1918.

[14] PALMGREN A G. Die Lebensdauer von Kugellagern (Life Length of Roller Bearings In

German)[J]. Zeitschrift des Vereines Deutscher Ingenieure, 1924, 68(14): 339-341.

[15] MINER M A. Cumulative damage in fatigue[J]. Journal of Applied Mechanics, 1945, 12: 159-164.

[16] COFFIN J L F. A study of the effects of cyclic thermal stresses on a ductile metal[J]. Transactions of the American Society of Mechanical engineers, 1954, 76(6): 931-949.

[17] IRWIN G R. Analysis of stresses and strains near the end of a crack traversing a plate [J]. Journal of Applied Mechanics, 1957, 24: 361-364.

[18] PARIS P, ERDOGAN F. A critical analysis of crack propagation laws[J]. Journal of Basic Engineering, 1963, 85: 528-534.

[19] THOMPSON N, WADSWORTH N, LOUAT N. The origin of fatigue fracture in copper [J]. Philosophical Magazine, 1956, 1(2): 113-126.

[20] ZAPPFE C A, WORDEN C O. Fractographic registrations of fatigue[J]. Transactions of the American Society for Metals. 1951, 43(8): 958-969.

[21] FORSYTH P J E, RYDER D A. Fatigue fracture: Some results derived from the microscopic examination of crack surfaces [J]. Aircraft Engineering and Aerospace Technology, 1960(1):10-12.

[22] FOMIN F, HORSTMANN M, HUBER N, et al. Probabilistic fatigue-life assessment model for laser-welded Ti-6Al-4V butt joints in the high-cycle fatigue regime[J]. International journal of Fatigue, 2018, 116: 22-35.

[23] 张文鑫,吕震宙. 涡轮盘疲劳寿命可靠性设计仿真及优化策略[J]. 国防科技大学学报,2023,45(1):117-128.

[24] TAIRA S. Creep Structure[M]. New York:Academic Press, 1962.

[25] SONG Y, MA Y, CHEN H, et al. The effects of tensile and compressive dwells on creep-fatigue behavior and fracture mechanism in welded joint of P92 steel [J]. Materials Science and Engineering: A, 2021, 813: 141129.

[26] 涂善东,巩建鸣.焊接结构高温强度设计的研究进展[J].化工机械,1996(1):7.